JN208081

世界を旅して見つめた

# クマと人の長いかかわり

グロリア・ディッキー 著
Gloria Dickie
水野裕紀子 訳

# EIGHT BEARS

## Mythic Past and Imperiled Future

化学同人

あらゆる点で並みのクマよりも優れている、父と母に

世界を旅して見つめたクマと人の長いかかわり　目次

本書はノンフィクション作品です。個人の名前や、個人の特定につながる可能性のある詳細情報については、変更を加えている場合があります。

※本文中の〔 〕内は訳者注である。
※引用のうち、邦訳があるものは適宜参照した。出典の情報は原注を参照。
邦訳のないものは独自に訳出した。

# まえがき

二〇一三年夏、私は米コロラド州ボルダーのダウンタウンで、コンドミニアム二階の小さな部屋に住み始めた。ボルダーは、ロッキー山脈の山麓を臨む学園都市だ。私はコロラド大学ボルダー校で環境ジャーナリズムの修士課程を始めるところであり、ボルダーはその研究に適した場所に思われた。山々に向かってなだらかに傾斜するこの町は、手つかずの自然との境界という厄介な場所にある。夜明け前に、五つのフラットアイロン（アイロンを立てたような独特の形をした岩山）のどれかひとつに登ってから会社に向かっても、始業時間に間に合う土地柄なのだ。のちに、こういう場所を表す「野生の土地と都市との境界（WUI）」という専門用語があることを知った。

WUIは、人にも動物にも等しく、さまざまな困難をもたらす場所だ。こうした地域に建てられた家は、激しい山火事で焼失するリスクが大きい。山火事のあとには土壌が浸食され、しばしば川が氾濫して大量の水が黒焦げの土の上を流れ、川岸を削り取る。WUIでは、人と野生生物の間での土地の奪い合いも生じる。ボルダー屈指の高級住宅と、町の上に広がる松林をうろつくアメリカクロクマやピューマとを隔てる距離が、二キロメートルにも満たない場所もある。

私が住み始めた当時、ボルダーではクマが頻繁に出没していた。かつて広大な果樹園があったノース・ボルダー地区でリンゴを食べているのが目撃されたり、フラットアイロンにほど近い、何百人もの学生が暮らす寮のあるユニバーシティヒル地区に現れたりするのは、珍しいことではなかった。大型ごみ収集容器から生ごみが路地にあふれ出し、それに引きつけられてクマが山から降りてくるのだ。

ボルダーに移る前、私はカナダに住んでいた。カナダはその昔、建国者たちがクマのいる場所を意味する「ウルサリア」を国名として検討したほど、クマの多い土地である。ただし、私が育ったのは国内有数の人口密集地であるオンタリオ州南西部で、オジロジカよりも大きな野生動物は人間の手によって絶滅していた。私はアメリカクロクマに囲まれていたのに――避暑地として人気の北オンタリオ地方にも、国境を越えれば米国のミシガン州やニューヨーク州にもクマがいたのに――クマの空白地帯に住んでいたのだ。それは、野生動物に夢中な子どもには不運だった。私にとって一番大きくて魅力的な動物は、リスだったのだから。子どものころにクマを見るチャンスがあったのは、アルバータ州カルガリーに住む祖母に会いに行くときだけだった。祖母の家はロッキー山脈のふもとの町、バンフの近くにあった。だが、ロッキー山脈を訪れる際には、放っておいたら先に登山道を駆けていって、グリズリー〔北アメリカに生息するヒグマの亜種。ハイイログマともいう〕に襲われるのではと心配した両親に、私は(恥ずかしいことに)革ひもでつながれていた。刺激の少ない、単調な幼少時代だった。

ボルダーは、そんなに単調ではなかった。私は地元紙『デイリー・カメラ』の動物目撃情報を熱心に追った。大学構内の木の上で眠っているクマ。(1) 飼い猫とにらみ合うピューマ。(2) 裏庭をうろつくボブキャット。(3) その秋は、ほとんど毎週、町に入り込んだアメリカクロクマの記事が載っていた。クマをボルダーから離れた場所に移すのは、野生生物を管理する州機関であるコロラド公園野生生物局の仕事だ。たいていはワイオミング州との州境付近まで移送するのだが、数か月後には、同じクマが町に戻ってきたという記事を目にするのだった。しかし、野生生物のすぐ近くで暮らすのは、思っていたほどわくわくする体験ではなかった。ボルダーは、クマの理想郷ではなかったのだ。コロラド州当局には、「再来」に関する方針があった。(4) いわゆる「悪い行ない」を繰り返す厄介なクマを捕獲した場合には、殺処分にするのである。

九月初旬のある日、ボルダーのコロンビア墓地付近にある背の高いオーク林で、雄のアメリカクロクマがいねむりをしていた。(5) 耳の緑色のタグは、このクマが過去にも町に出没したことを示すものだ。近隣のフラットアイロンズ小学校では、クマがうろついているのに子どもたちを下校させるわけにはいかず、午後三時に学校を封鎖した。現場に駆けつけた州の野生生物担当職員は、クマが自ら山に帰るのを期待して三時間待ったものの、動く様子が見られなかったため、そのクマを殺処分にした。小学校の保護者たちはこの結末を喜ばず、子どもたちも、静かに眠っていたクマがどうなったかを知ってひどく悲しんだ。その三日後には、また別の巨大なアメリカクロクマ（体重約二七〇キログラム）が小学校の外で殺された。[6] そのクマも、当局職員の間では知られた個体だった。[7] 死体を解剖すると、太ったクマの胃のなかには（包装されたままの）ステーキが二枚、パスタ、ジャガイモ、卵、アボカド、ペーパータオル、リンゴ、加工肉食品、ニンジンが詰まっていた。[8] どれも、近くにある大型ごみ収集容器をあさって集めたものだ。

市民は怒り、市議会に押し寄せた。死んだクマたちが、いつでも容易に見つけることのできる人間の食べ物に引き寄せられて、町に下りてきたのは明らかだった。市民は、クマ対策ごみ箱（クマが開けられない複雑な構造に設計された容器）にごみを捨てて鍵をかけることを住民に義務づける条例の可決を、市議会に迫った。[9] そうした条例は、カナダのバンフや、米国のタホ湖周辺の町のような、山間の小さな町ではすでに存在していたが、米国の大都市で可決されるのは初めてのことだった。[10] 人口が一〇万を超えるボルダー市が、アメリカクロクマに対処するためにこのような戦略を実行せざるをえないという事実は、米国西部に大きな変化が訪れていることを示していた。都市の拡大に伴い、腹を空かせたアメリカクロクマは、人間が勝手に決めた境界内にとどまっていられなくなったのだ。

こうして私の「クマをめぐる旅」が始まった。私は、修士課程の途中から、研究テーマをロッキー山脈周辺のクマと人間との軋轢に絞った。さわやかな秋の週末には、ボルダーのコミュニティ・フルーツ・レスキューという団体と行動をともにした。数十人のボランティアが、鉤爪のついた果物収穫器と枝編み細工のかごを手に、ノース・ボルダー地区の住宅所有者から依頼を受けて裏庭をまわり、リンゴをひとつ残さず収穫するのだ。クマが銃で殺されるのを防ぐために、森から誘い出す可能性のある食べ物を除去するのが目的である。私はボルダー・ベアシッターズ[11]という団体とも交流するようになった。この市民団体は、クマが夜に無事に山へ帰れるように、日中に町で眠っているクマを見守る活動をしていた。

クマの反乱に直面しているのは、ボルダーだけではなかった。米国西部のいたるところで、アメリカクロクマが都市や町に侵入し、グリズリーが生息域を拡大していた。私はコロラド州アスペンで、無造作に捨てられたごみを見て回る警察官に同行する機会を得た。クマは、アスペンの町じゅうに出没して厄介事を起こしていた。ある警官は、ひも一本で固定したごみ箱がひっくり返されているのを調べながら、「自分の仕事はクマばかりだ」と言った[12]。「ごみのなかにクマ。車庫にクマ。車にクマ。家のなかにクマ」。アスペンではその年の夏、夜に非番の警察官がごみだらけの路地を歩いていてクマに襲われるという事件も起きていた[13]。アスペンからカナダに向かい、アルバータ州のバンフに足を運ぶと、同州では八年前に趣味の狩猟が禁止されてからグリズリーの個体数は回復傾向にあり、その生息域は東部の丘陵地帯に広がりつつあった。そしてロッキー山脈を南へ下り、イエローストーンを訪れると、そこにはグリズリーの急増を憂慮する牧場主たちがいた。一九七五年、米国の種の保存法のもとで初めて保護対象となってから、広域イエローストーン生態系に生息するグリズリーの数は倍以上に増えている。クマたちは、国立公園を出て、ウシやヒツジの群れに入り込むようになった。

こうした生息域の拡大によって、クマと人間との軋轢が急増していた。私がボルダーで気づいたように、人は、すぐ近くにいるクマとどのように共存すればよいのか、よくわかっていなかった。ニュージャージー州では、アメリカクロクマの個体数がわずか五〇年の間に三〇倍に増え、二〇一四年には、アメリカクロクマがハイキングをしている人を追いかけて殺す事件が発生していた。[14] これは同州の歴史上、初めてのクマによる死亡事故である。カリフォルニア州では、エンジェルス国有林にほど近いシエラ・マドレで、裏庭のハンモックで昼寝をしていた若い女性がアメリカクロクマに襲われた。彼女は、クマの顔にノートパソコンをたたきつけて逃げた。[15] 一方、西部山岳地帯の各州では、グリズリーの襲撃が急増していた。二〇二〇年夏、モンタナ州ビッグスカイの近郊で、マウンテンバイクに乗っていた男性がクマに襲われ、ひどい傷を負った。[16] 彼は重症で話すことができず、自分の身に起きたことを伝えようとして、砂利に「クマ」と書いて倒れたという。イエローストーンの有名な間欠泉オールド・フェイスフル・ガイザー近郊では、グリズリーの母グマと子グマに遭遇した女性が攻撃された[17]。その年、イエローストーン近辺では、七月の時点でこのほかにも五人が襲撃され、過去の記録が更新されている[18]。以前は、ほとんどの襲撃が晩秋に起こり、ワピチ（アメリカアカシカ）を狩る猟師が襲われていたのだが、二〇二〇年に被害に遭ったのは、大半がジョギングやハイキング、サイクリングなど、狩猟以外の屋外レクリエーションをしている人たちだった。

人間とクマとの関係は、転機を迎えようとしているように思われた。

ロッキー山脈での経験は、やがて私をさらに遠い地へと導くことになる。私は、現存する野生パンダの多くが暮らす岷山(びんざん)山脈を歩き、南アメリカにいまも生息する唯一のクマを探してアンデス山脈に赴いた。インドのアラバリ山地では、食事中のナマケグマに遭遇した。しかし、私が実際に見ることができたのは、ほとんどが柵のなかのクマたちだった。飼育繁殖施設のパンダ、胆汁を採取するクマ農場の檻のなかのツキノワグマ、救出された「クマ踊り」のナマケグマ。幸運にもそうした人工的な場所以外で見ることのできたクマたちも、たいていは分断された原野の辺縁部で暮らしていた。北の果てに目を向ければ、気候変動の影響で海氷が解け、ホッキョクグマが陸上で過ごす時間が増えている。科学者たちは、ほとんどすべてのホッキョクグマが今世紀末を待たずに姿を消してしまうだろうと予測している[19]。一部の種のクマについては、現地を訪れても、自由に歩き回っているところを見ることはできなかった。この旅で私が目にしたのは、人新世という時代を生きるクマたちが儚(はかな)い存在だという現実である。

クマの保全は課題が山積みだが、私は自分が出会ったクマたちに差し伸べられている慈悲と善意に感じ入ることも多かった。ほかの捕食動物と比較すればなおのことだ。北アメリカでは、野生生物当局が、いわゆる「問題のある」クマを殺処分する役割を担うが、そのような不要な死を何とか防ごうと、多くの人が奮闘していた（クマを見守るベアシッターのように、オオカミやピューマを見守る団体など、聞いたことがない）。私がモンタナ州で会った、皮の手袋をはめ、つやのあるカウボーイハットをかぶった荒々しい男たちは、オオカミやコヨーテには容赦しないだろう。遠吠えが風に乗って聞こえてくれば、彼らは銃に手を伸ばす。しかし、クマとなれば話は別だ。私は、この違いに頭を悩ませた。なぜクマは、ほかの捕食動物と区別して扱われるのだろう？ もしかしたら、それは人間社会の成り立ちによるのかもしれない。私たちが生まれて初めて目にする、動物の形をしたものは、クマであることが多い。生まれて間もないころ、寄り添うようにベビーベッドに置かれるぬいぐるみだ。その後の幼少期に親が読み聞かせるおやすみ前のお話にも、くまのプーさん、バーンスタイン・ベアーズ〔クマの家族が登場する、米国で定番の絵本〕、ルパートベア〔英『デイリー・エクスプレス』紙に一九二〇年から連載されているマンガの主人公。白いクマ〕、くまのパディントンなどのクマが、主人公として登場する。幼いころに空想的なイメージを植えつけられることで、私たちは知らず知らずのうちに、クマという動物と複雑な関係性を築いてしまったのだろうか。

物語に登場する敵役を見てみよう。『赤ずきん』や『三びきのこぶた』のお話では、大きな悪いオオカミが絶大な力を振るう。しかし、グリム兄弟が世界でもっとも有名な童話集を編纂していたころ、おとぎ話の発祥地であるドイツのシュヴァルツヴァルト（黒い森）ではまだヒグマが徘徊していたはずなのに[20]、私は悪党のクマが出てくるお話を聞いたことがない。古くから伝わるクマの物語としておそらくもっとも有名な『三びきのくま』の話では、読者はクマの家族に対してではなく、勝手に家に入り込む人間に腹を立てる。一八三七年にこの物語を初めて出版した英国の詩人ロバート・サウジーは、三びきの雄グマ（「とっても小さなくま」、「中くらいのくま」、「とっても大きなくま」）を、穏やかで、気立てがよく、悪意のない、親切なクマとして描いている。対照的に、人間のゴールディロックスは、あつかましく、口が悪く、醜くて、汚い（サウジーは当初、この人物を白髪の老婆としていたが、その後、物語が繰り返し書き直されるうちに、金髪の少女や子どもに変わった）。この三びきの優しいクマは、図らずも、自分たちの家に侵入し、お粥を食べ、「とっても小さなくま」のお気に入りの椅子を壊す自己中心主義の人間の犠牲になるのだ。ゴールディロックスは、勝手放題をしたあとに、クマのベッドで眠ってしまう。

現代の世界では、このおとぎ話の世界とあまり変わらないことが現実になっている。人間は、クマの許可なく彼らの生息地に侵入し、そこで見つけたものは自分たちのものだと勝手に主張してきた。物語『三びきのくま』の「とっても小さなクマ」は、「だれかがぼくのベッドでねている」と言ったが、私たちはまさに、それと同じことをしているのである。

# 序章

クマ科の動物は、かつて人間にもっとも近縁の生物のひとつだと考えられていた。[1] 各地の古い伝承や神話には、人間にとてもよく似た動物が登場する。それは、基礎的な部分を共有し、この世界において同じ道のりを歩んできた生き物、あるいは意のままに人から獣へ、獣から人へと変身できる生き物である。こうした考えは、クマが、母親や、守護者、教師、呪医（じゅい）として表現される踊りや言い伝えのなかに残っている。北アメリカ西岸では、先住民族が大河の河口をグリズリーやアメリカクロクマと共有し、同じように海と陸を行き来する。[2] 長老たちは、森で迷うことがあれば、有毒なザゼンソウを除いて、クマが食べるあらゆるもの——サーモンベリー〔キイチゴの一種〕、ヨウシュツルキンバイ、クロユリなど——を食べて生き延びろと説く。[3] ペルーの農民は、アンデス山脈をめぐりながら若い女性をさらう熊男の物語を伝える。北欧ではラップランド人が「毛皮を着た老人」の話をする。[4] ロシア極東のヤクート族は、身近な場所にいるヒグマを「祖父」や「おじ」と呼ぶ。[5]

クマと土地を共有するほぼすべての人類文化には、家族のようなクマの物語が存在する。でも、なぜなのだろう？　クマは人間に似ていて、人間のように振る舞うからかもしれない。現存の哺乳類に、後ろ足で歩けるものはほとんどいない。[6] 霊長類や齧歯類、センザンコウ、カンガルー、そしてクマは、科学的には「時折、直立二足肢位をとる動物」と呼ばれる例外的な存在である。死んだクマの皮をはぐと、その青白く光る死体はぞっとするほど人間の体に似ている（中世フランスの神学者ギヨーム・ドーヴェルニュは、クマ肉の味はかなり人肉に似ていると述べている。[7] どうやって比較できたのか考えると食欲が失せるが）。また、クマの足のサイズは人間の靴で言えば二九センチメートルに相当し、土についた足跡は人間の五本指の足跡によく似ている。フランスのピレネー山脈の羊飼いは、ヒグマのことをla va-nu-pieds（裸足の者）と呼ぶ。[8] 米国の自然保護主義者ジョン・ミューアは、クマについて饒舌に語ることで知られ、「クマは私たちと同じちりでつくられている。同じ風を吸い、同じ水を飲むのだ」と書いている。[9]

古代ギリシャの哲学者アリストテレスも、この類似に気づいていた。[10] 紀元前四世紀に書かれた『動物誌』（岩波書店）には、クマの直立姿勢、ひとつの胃、五つの鉤爪、各指の三つの関節についての記載がある。またギリシャ神話には、カリストというニンフ（妖精）の話が出てくる。カリストは、森のなかで女神アルテミスに純潔を誓うが、最高神ゼウスが現れると、その約束を守ることができず、ゼウスの子を身ごもってしまう。不貞の罰として、アルテミスはカリストをクマの姿に変える。やがてその息子アルカスが、狩りで遭遇したクマを自分の母親とは知らずに仕留めようとする。それを見たゼウスが、カリストとその息子を空に送り、星空のなかで生き続けられるようにしたという。それが、大熊座と小熊座である。

アリストテレスやローマの博物学者大プリニウスの著作のなかで強調される、人間とクマは近縁であるという考えは、中世まで存続する。当時、サル、ブタ、そしてクマの三種類の動物は、野生世界における人間の兄弟だと考えられていた。[11] その理由は、サルは人間の行動や表情をまねるように見え、ブタは医学生が解剖した際に人間の解剖学的構造とよく似ていることがわかったからだ。しかしキリスト教会は、このふたつの類似を道徳的に好ましくないものとみなした。人間の行動をまねるサルは、下劣な詐欺師であり、悪魔のような生き物だ。大食いで怠惰なブタも、同じように悪魔の動物に分類された。「だからこそ、医者は豚が解剖学的には人間の同類であると知っていても、それを大声で主張したりはせず、聖職者たちが、人類に最も近似している動物は豚でも猿でもなく、熊に他ならないと宣言するのを、敢えて放置していた」のだと、フランスの中世史研究者ミシェル・パストゥローは『熊の歴史』（筑摩書房）のなかで述べている。[12] それでも、後述するように、後世の人々はクマを百獣の王の座から引きずり下ろすべく、残酷な見せ物にするようになる。

やがて、古生物学、そして遺伝分析の登場により、人間とクマとの真の近縁性は否定される。人類の「進歩の行進」は、クマからではなく、ヒトとサルの共通の祖先から始まったのだった。クマの系統は、いまから約三〇〇〇万年前に、ミアキス類と呼ばれる哺乳類の一群から分岐した。当時の地球環境の変化が刺激となって、さまざまな肉食動物がミアキス類から分離したのだ。[13] ミアキス類は、鋭い歯を持ち、ほっそりとした体形で、今日のジャコウネコやテンによく似ていた。現存する肉食動物の原始的な祖先であり、そこから進化したのが現代のアザラシやアシカ（クマ科にもっとも近縁の現存動物だと考えられている）、クズリ、イヌ、そしてクマである。かつてはイヌのような姿をしたクマもいて、人間の親友になれたかもしれないのだが、これらは絶滅してしまった。知られているなかで最古のクマ類であるウルサブス属（*Ursavus*）が現れたのは約二〇〇〇万年前であり、米国コロラド州や中国で発掘された化石によると、そのクマは牧羊犬ほどの大きさだった。つまり、最古のクマの登場は、最古の人類の登場よりも一桁、時代が古いのである。人類の祖先が現れたのは、約七〇〇万年前にすぎない。

初期のクマ類は、今日私たちの知るクマとは似ても似つかぬ姿をしていた。これまでに、いくつかの絶滅種が発掘され、特定されているが、最初の真のクマ種だと考えられているのは、アケボノグマ（*Ursavus elmensis*）だ。ずんぐりした体格で、大きさはネコとさほど変わらず、顔つきはイヌに似る。ふさふさした長い尾があり、樹上で狩りをする際にバランスをとるのに用いていたらしい。現存のクマの系統のほとんどは、過去わずか五〇〇万年の間に現れたもので、これは地質年代的にはきわめて最近の出来事である。中新世末期の小規模な絶滅イベントにより、ウルサブス属を含む古い時代のクマはほとんどが姿を消した。現存のクマは、生態系に残された空白を埋めるようにして進化してきたものたちだ。熱帯の密林が乾林へ、乾林が草原へと姿を変えるにしたがい、クマは新しい環境で生き延びるために食性を適応させていった。やがて、ショートフェイスベア〔顔が前後に短い、大型のクマの仲間〕の系統群が平原に現れる。一二〇〇万〜三〇〇万年前に生きたアグリオテリウム（*Agriotherium*）は、サハラ砂漠以南のアフリカに生息した唯一のクマであり、その化石がエチオピアで発掘されている。クマの仲間は、やがてアフリカとユーラシアから北アメリカへ、そして南北のアメリカ大陸が地続きになった二七〇万年前ごろには、南アメリカへと生息域を広げていった。約五〇万年前にはホッキョクグマが北方の海岸に現れ、世界でもっとも「新しい」種のクマとなる。完新世が到来するころには、クマの仲間はほとんど世界中で見られるようになった。

いまから約二万五〇〇〇年前、多くの種のクマが絶滅し始める。[14] ヨーロッパでは、ホラ

アナグマ（*Ursus spelaeus*）が姿を消した。このクマを絶滅に追い込んだ要因は学界の争点であり、気候の寒冷化と人類との競合という二説の間で論争が続いている。近年、支持が広がっているのは後者の説である。ホラアナグマの遺伝的劣化は、約三万年前に最終氷期極大期が訪れる前から、すでに始まっていた。二〇一九年に英国の学術誌『サイエンティフィック・レポーツ』に掲載された研究論文では、遺伝子シーケンシング技術を用いて、ヨーロッパの一四地点から収集した五九頭のホラアナグマの完全なミトコンドリアゲノムを復元している。[15] この研究によると、ホラアナグマの個体数が減少し始めたのは約四万年前であり、これは氷と雪ではなく、現生人類がヨーロッパに広がり始めた時期と一致する。ネアンデルタール人と現生人類は、住まいとする洞穴をホラアナグマと争っただけでなく、ホラアナグマを狩猟対象としていたことでも知られる。したがってホラアナグマは、人類が絶滅へと追いやった最初のクマである可能性が高い。[16]

南アメリカに生息したショートフェイスベアの一種のアルクトテリウム・アングスティデンス（*Arctotherium angustidens*）は、ホンダの乗用車シビックと同じくらいの巨体の持ち主だったが、このクマもまた、更新世を越えて生き延びることはなかった。当時、おそらく南アメリカ大陸で最大の陸上肉食動物だったと思われるこのクマは、時速七〇キロメートル以上のスピードで走ることができた。ショートフェイスベアの系統群に属するほかのほとんどの種も、「第四期の大量絶滅」として知られる時期に姿を消している。この時期には、アメリカ大陸で三〇種以上の大型哺乳類（ウマ、マンモス、大型のビーバー、ジャコウウシなど）が絶滅した。これもまた、人類のせいなのだろうか？　当時北アメリカに住んでいたクロービス人が、太古のクマを消滅に追いやったと疑われることは、これまでほとんどなかった。古生物学者は、クロービス人がショートフェイスベアを狩猟していたという証拠を示していない[17]。しかし、クロービス人がそのほかの大型哺乳類の狩りをしていたのは確かで、アメリカ大陸の各地の遺跡に鋭利な石の穂先（尖頭器）が残されている。クロービス人が草食動物を好んで獲物にしたことが、気候変動と相まって、クマを絶滅させたのかもしれない。

現存するクマ科の動物は、非常に数が少ない。イヌ科の動物は、オオカミからドール（アカオオカミ）、ジャッカル、キツネまで、三五種が存在する。ネコ科は四一種である。クジラ目（クジラやネズミイルカ、イルカ）は数が多く、九〇種を超える。そして霊長類は五〇〇種にも及ぶ。ところが、クマ科の種は、二桁にも満たない。

現在、世界に残るクマは八種だけである。このうち、ヒグマ（*Ursus arctos*）、アメリカクロクマ（*Ursus americanus*）、パンダ（*Ailuropoda melanoleuca*）、ホッキョクグマ（*Ursus maritimus*）は、自然界の象徴として愛されている。それ以外の、ツキノワグマ（*Ursus thibetanus*）、マレーグマ（*Helarctos malayanus*）、ナマケグマ（*Melursus ursinus*）、メガネグマ（*Tremarctos ornatus*）は、あまり広く知られていない。人を惹きつけるクマも、嫌われるクマも含め、残っているのはこの八種だけだ。太古の昔から人類のそばに存在し、私たちの文化や、山野の自然、物語を形づくってきたクマ科の、これがすべてなのである。

現生するクマはすべてクマ科に属し、[18] クマ科にはクマ亜科、メガネグマ亜科、ジャイアントパンダ亜科の亜科がある。クマ亜科に分類されるのは、ホッキョクグマ、ヒグマ、アメリカクロクマ、ツキノワグマ、ナマケグマ、マレーグマであり、生物学者はこれらを進化上でもっとも新しいクマ類であると見なしている。人類の祖先が絶滅に追いやったホラアナグマも、このグループである。かつてショートフェイスベアの系統群が属したメガネグマ亜科には、いまではアンデス地方に生息するメガネグマしか残っていない。同様に、パンダはジャイアントパンダ亜科の唯一の現生種であり、クマ科の祖先であるウルサブス属から一九〇〇万年前に分岐した最古のクマの系統である。約二〇〇万年前には、パンダの祖先であるアイルロポダ・ミクロタ（*Ailuropoda microta*）が生息していた。科学的復元によると、その姿は現生のパンダによく似るが、現生種が体長約一五〇センチメートルであるのに対し、九〇センチメートルほどと小さかった。ただしそれ以外の点においては、パンダの体の構造は、はるか昔からほとんど変化していない。二〇〇七年、中国南部でこの小型の祖先の骨が発見されたのを受け、古人類学者のラッセル・シオチョンは、『ニューヨーク・タイムズ』紙に「パンダは何百万年もの間、パンダ以外の何者でもなかった」と語っている。[19]

多くの人が、無邪気にも、クマが八種しかいないことを認めようしない。コアラやレッサーパンダの名を挙げて反論するのだ。クマに似て非なる動物としてもっとも有名なのは、コアラである。ヨーロッパ人がオーストラリアに到来した際に、このユーカリを食べる小さな生物はクマの仲間に違いないと考えて、「コアラベア」という名をつけたのが誤解の始まりだ。この有袋動物には、一八一六年に、「袋のある灰色のクマ」という意味の *Phascolarctos cinereus* いう学名が与えられている。実際には、コアラにもっとも近縁の動物はウォンバットである。オーストラリアのドロップベアも、同様にクマではない。いや、これは実在の動物ですらないのだ。この架空の生物 *Thylarctos plummetus* は、外国人旅行者を怖がらせるためのデマ以外の何ものでもない。パンダは（そうでないと考える人もいるようだが）クマであり、一方、レッサーパンダはクマではない。レッサーパンダは、最近になってシセンレッサーパンダとネパールレッサーパンダの二種に分類されたが[20]、レッサーパンダ科を構成する現存生物はこの二種のみである。目のまわりの模様を除けば、レッサーパンダとパンダにはほとんど共通点がない。最後に、クマムシという生物がいる。この八本足の微小な緩歩動物は歩き方がクマに似ていることからその名がついた。深海から泥火山、宇宙空間でも生存できるきわめて順応性の高い生物だが、残念ながらこれもクマではない。

それでも、八種の正真正銘のクマたちは、それぞれにすばらしい存在である。クマは四つの大陸のさまざまな環境に生息している。アンデスの雲霧林にも、アジアの竹林にも、インドの低木地にも、ヒツジの点在するピレネー山脈にも、モンゴルの乾燥したゴビ砂漠にも、クマがいる。ただし、クマが文化的な象徴である地域は、北方に偏在している。学者はこの現象を「北極付近のクマ崇拝の伝統[21]」と呼ぶ。これは、北半球の国々のほうが、赤道付近の国々よりも、図像や口承の歴史においてクマへの執着が深いという考えである。この考えにおいては、クマは「北アメリカからユーラシアまでの北極周辺の全域において非常に尊ばれる、人間以外のものでは特別な存在」だと仮定される。[22]カタロニアからルーマニアに至る地域では、昔からクマを呼び物にした祭りが行なわれており、クマの儀式に関する考古学的遺物も各地で発掘されている。南半球に近い地域にも、それぞれに独特な四種のクマが生息しているのだが、この地域ではトラやヒョウ、ジャガーなどの大型ネコ科動物をたたえる傾向が強い。

八種しか残っていないとはいえ、クマたちの身体的な特徴は驚くほど多様である。世界各地のクマたちは、姿も大きさもさまざまだ。鼻の長い種も、短い種もいる。体重が七〇キログラムほどのものもいれば、四五〇キログラムを超えるものもいる。あるものは昆虫をなめとり、あるものは肉を食べ、またあるものは果実を食べる。ヒグマは英語でブラウンベア（茶色のクマ）と言うが、黒い個体もいる。そうかと思えば、アメリカクロクマの毛が茶色の場合もある。だから、こんなややこしい訂正記事が、ニュースサイトに掲載されることもあるのだ。「以前、本記事に登場するクマをブラウンベアと表記していました。このクマは茶色のクマなのですが、ブラウンベアではなく、(茶色い)クロクマでした。この点を反映して記事を修正します[23]」

外見や習性は多様だが、八種のクマはすべて、それぞれの暮らす自然環境においてきわめて重要な役割を担っている。メガネグマやアメリカクロクマはいわば森の庭師で、糞(ふん)のなかの種子を散布する。たとえば、米コロラド州のロッキーマウンテン国立公園で採取した一塊のクマの糞に含まれていた種を温室で育てたところ、一二〇〇本もの実生が得られたという[24]。沿岸地域では、ヒグマやアメリカクロクマがサケを川から森へ運び、腐敗した魚の死骸がアメリカネズコの木々の肥料になる。そして肉を大量に食べるクマは、シカやヘラジカの個体数の均衡を保つのに一役買っている。もっとも重要なのは、クマはとくに大きい動物であるため、クマの生息地を保全すれば、食物連鎖においてクマの下に連なるすべての種の保全につながるということだ。

そして、その多様性にもかかわらず、地球上のクマの多くは、いま、あるひとつの特徴を共有している。どのクマも、困難な状況に置かれているのだ。

かつては自分たちにもっとも近縁の動物だと考えていたクマに対し、人間はあまり思いやりのある態度を示してこなかった。人類の繁栄する場所では、たいていは時を同じくしてクマが衰退していく。国際自然保護連合（ＩＵＣＮ）のクマ専門家グループは、二〇〇七年に深刻な評価結果を発表した。[25] クマは八種しか残っていないだけでなく、いまやそのうちの六種に絶滅の恐れがあるというものだ。アメリカクロクマだけが、その広範な分布の全域で、絶滅の心配がないとされている。その個体数は九〇万頭を数え、ほかの七種のクマの総数よりも多い。ボルダーにいたころの私は、明らかに経験不足だった。最初に私の好奇心をかき立てた、人家付近に出没するアメリカクロクマは、決して保全の失敗を示すものではなく、いかに安定した個体群が維持されているかを示していたのだ。アメリカクロクマは保全の成功例である。そしてほかのクマの状況を明らかにするには、世界中を旅する必要があった。

現実世界のクマは、私の想像とは異なっていた。私が初めて見た野生のグリズリーのまわりには、高くそびえる山々や、サケに埋め尽くされる激流はなかった。私が目にしたのは、カナダ大陸横断高速道路の建設現場の近くで植物の根を掘っている姿だ。インドのナマケグマは、土地が不足しているうえに環境保全予算がトラにつぎ込まれている国で、必死に生き延びようとしていた。北極圏に近い町、カナダのマニトバ州チャーチルでは、濡れたクリーム色の毛を腹部からつららのように下げたホッキョクグマが、浮氷から浮氷へとすばやく飛び移る姿を見ることはできなかった。ホッキョクグマは、永遠に姿を消してしまう前にその姿を一目見ようと訪れた観光客を乗せた、何十台もの大型車に囲まれていた。中国でパンダを見るのは簡単だった——毎年、何十頭ものパンダが飼育下で誕生し、ふわふわの外交要員として世界中に送られているのだから。そしてベトナムで出会ったツキノワグマとマレーグマは檻のなかにいて、たいていは毛のない皮膚に注射の傷跡があった。どこへ行っても、クマたちは、かつての姿の影のように思われた。

クマは、いつの時代もこれほど屈辱的な扱いを受けていたわけではない。かつては、クマのことを、立派で、役に立ち、信頼できる社会の一員だと考える文化もあった。たとえば、一〇〇〇年前に北方の島々を闊歩したバイキングのベルセルク〔北欧神話の狂暴な戦士〕は、憑かれたような狂暴性をクマから獲得して荒れ狂い、戦場では獣のように吠え、泡を吹いて怒り、鉄製の盾に嚙みついたと言われている。[26] 古期ノルド語の berserkr は、「クマの上着」という意味である。

すでに一二世紀には、ロマ族の流浪の民が隊を成し、飼い慣らしたクマを連れて東ローマ帝国一帯を旅していた。隊には、動物の調教を担うウルサリと呼ばれる者が随行した。[27] 大みそかの少し前、ロマの一隊は、強い魔力を持つと言われるクマを引いて村落に立ち寄り、クマを踊らせて、去りゆく年の悪霊を追い払う。何百年もの間、ヨーロッパじゅうを渡り歩いてヒグマに大道芸をさせていたウルサリは、一九世紀になると多くが現在のルーマニアの地に根を下ろした。だが流浪生活を捨てても、彼らはクマを使い続けた。また、踊らせる以外にも、クマの脂は痛み止めに用いられ、クマの毛は魔除けの装身具に入れられた。二〇世紀になると、ルーマニア政府はクマ舞踊を禁止する法律の制定に乗りだすが、ようやく終止符が打たれたのは、二〇〇七年、ルーマニアが欧州連合に加盟してからである。それでも、クマにまつわる根強い文化は失われていない。いまでも毎年、ルーマニア人やロマ族の人々は、クマの姿に仮装して村の通りを練り歩く。[28] そして行進の最後には、「クマ使い」役がつくり物のクマをナイフで切りつけて血を流させ、内なる悪霊を解き放ち、幸運を迎え入れる。

北極圏のイヌイット族は、ホッキョクグマ（ナヌーク）を恐れ敬うに値する存在だと考えている。狩りの成否を支配するのはホッキョクグマだからだ。[29] イヌイット族は、生きているホッキョクグマも死んだホッキョクグマも敬おうと努める。長老たちは、ホッキョクグマを殺した者がそのクマを手厚く扱えば、死んだクマはそれをほかのクマに知らせるので、ほかのクマも喜んで命を捧げると信じている。

先住民族の言い伝えには、クマを人として位置づけるものが少なくない。クマの毛皮をかぶれば、人はクマになることができる。カナダのブリティッシュコロンビア州沿岸に住むハイダ族、ニスガ族、チムシアン族、ギックサン族などの先住民部族の伝承のなかでもとくに有名なのが、クマの母（ベア・マザー）の物語だ。[30] 野イチゴを摘んでいた女が、針葉樹の森に暮らすクマに対して敬意を欠く行動をとる。すると、クマは彼女をさらい、グリズリーの長の息子と結婚させる。やがて女は二頭の子グマを産むが、子グマはクマのようでも人間のようでもある姿をしていて、どちらにもなりきれない。この物語は、動物を、なかでもとくにクマを、敬い尊ぶことの大切さを教えている。最近の研究によると、ブリティッシュコロンビア州の中部沿岸における、グリズリーの遺伝的多様性と先住民言語集団の多様性の地理的分布には、類似性が見られるという。これは、この両者が同じように環境の影響を受け、相並んで進化してきたことを示唆している。ファーストネーション〔イヌイットとメティスを除くカナダの先住民族〕のリーダーと科学者たちは、グリズリーとホッキョクグマは文化的キーストーン種[31]であると主張し、この二種の再生と保全には、先住民族と非先住民族との和解を進展させる力があると述べている。

古代の時代にも、クマは尊ばれ、敬われていた。古代ギリシャのアッティカ地方に存在した一二都市のひとつ、ブラウロンでは、クマが二足動物であることが壮大な思想をもたらした。少女たちが「アルクティア[32]」と呼ばれる通過儀礼を通して、偉大なる雌グマ、アルテミスを賛美するのだ。思春期を迎えようとする少女たちは、クマの毛皮をまとい、クマの動きをまねてゆっくりと、おぼつかない足取りで踊った。しかし、アルクティアも、ブラウロンの町も、紀元前三世紀のある時期に歴史から姿を消す。そして紀元前一四六年に古代ギリシャがローマに支配されると、人間と野生動物との関わり方に残忍な理念が浸透していく。クマは、もはや神々しいものでも、霊的なものでも、家族のような存在でもなく、流血のショーでなぎ倒す、狂暴な敵と見なされるようになるのである。闘技場では、初めのうちは一般大衆の娯楽として、ふたりの剣闘士がどちらかが死ぬまで戦っていた。だがそれが新味を欠くようになると、ローマ皇帝は観衆に与える新たなスリルを探し求め、「ヴェナトル」(狩人)を登場させる。

紀元前一八六年、ローマのある将軍が、ヒョウとライオン数頭を人間と戦わせるショーを主催したのが最初だと言われている。これが一夜のうちに大評判になり、ヴェナトルは帝国を熱狂させた。ユリウス・カエサルは、珍獣の大量虐殺を主催するために特別な円形闘技場の建設までしている。ローマ皇帝たちは、魅力的な動物を捕らえるために高官を世界中に派遣し、ローマには多種多様な動物が送られてきた。サイ、ワニ、ライオン、チーター、トラ、それにカバが、ローマの門をくぐったと記録されている。戦わせる動物は相当に魅力的でなければならなかった。そしてクマも、闘技場で人気の敵役として登場するようになる。

この血なまぐさい時代には、また別のアンチヒーローも登場する。「ベスティアリウス」(闘獣士)である。[33] 彼らはヴェナトルのように訓練された戦士ではなく、有罪判決を受けた罪人である場合が多く、罰として野獣のいる闘技場に投げ込まれた。どうひいき目に見ても、ぞっとする見せ物でしかない。ベスティアリウスは、剣闘士の基準でも長生きとは言えなかった。恐ろしい死を迎えるよりはと、闘技の前に自殺する囚人さえいたほどだ。ローマの雄弁家クイントゥス・シンマクスによると、サクソン族の囚人二九人が、闘技予定日の前夜に、合意のうえで監房のなかで互いを絞め殺したこともあった。[34]

クマは、こうした闘技にたびたび登場し、一回の闘技に一〇〇頭が投入されることもあった。しかし、クマはローマの統治者を困らせもした。戦いたがらないクマもいたからである。のんびりとしたクマが、まわりにまったく関心を示さずその場に座り続け、観衆からやじが飛ぶこともあった。クマがどうしても檻から出てこないために（きわめてクマらしい行動だが）、後半戦には代わりにヒョウを投入するはめになった例もある。[35] もうひとつの問題は、ローマにもっとも近いクマの生息地であるスコットランドの高地地方が、当時はまだローマ支配下ではなかったことだ。クマを調達するために北アフリカまで赴く高官もいた。

ローマの治世が終焉を迎える紀元四七六年ごろまでに、何千人ものベスティアリウスやヴェナトルが命を落とした。そして、それを大きく上回る数の野生動物が殺された。帝国外の民が支配権を握るころには、ローマの流血への飽くなき欲望のために、アフリカや地中海沿岸の一部地域からは野生動物が完全に姿を消していた。カバはナイル川のほぼ全域で見られなくなり、ライオンはメソポタミアから消え、ゾウが北アフリカを歩き回ることはなくなった。そしてクマの数は、イギリス諸島でも北アフリカでも大幅に減少した。ローマ帝国の初代皇帝アウグストゥスは、自身の治世の間だけで二六回の闘技会を開催し、三五〇〇頭の「アフリカの野獣」を死に至らしめたと誇らしげに語っている。[36]

クマの虐待は、ローマ帝国の滅亡後も長く続いた。中世になると、キリスト教の聖典がヨーロッパのイデオロギーを支配するようになり、クマはさらに嫌われるようになる。教会は、人間はほかのすべての創造物よりも優れた存在として創造されたという考えを説き広めた[37]（この考えは今日まで存続している）。この考えにおいては、人間と、動物界のその他の生物とを区別することが重要である。体の姿勢が人間に似るクマは、唯一至高の存在である人間を大いに脅かすものだ。崇敬は危険なのである。だから、クマはすみやかに権威のある地位から引きずり降ろされ、愚鈍なピエロ役に変えられて、人間によるあらゆる類の残酷な仕打ちを受ける立場になった。英国では、ヒグマは踊るクマとしても訓練された。そして鎖につながれ、町から町へと引きずり回されて、おだてる観客の前で芸をさせられた。

大道芸としてさらに人気を博したのが、クマいじめである。[38]その着想は、ローマの闘技場での戦いに似る。クマを柱につなぎ、攻撃的な性質のイヌ（たいてはマスチフや怒りっぽいブルドッグ）の群れをけしかけて戦わせるのだ。観客はやじを飛ばし、どのイヌが勝つかを賭ける。古代ローマと同じように動物は死に至るまで戦うが、クマは人間の相手に値しないのだから、威厳ははるかに損なわれている。この見せ物は、庶民にも王族にも大変に好まれた。王族がクマ長官(39)という役職を設け、ロンドンじゅうのクマの活動を監督させて、クマ芸の大道芸人に有料で許可証を発行していたほどだ。闘技場はベアガーデンと呼ばれ(まったくひどい場所にそぐわない、美しい名称である)、ロンドンのバンクサイド地区のパリスガーデンと、国王ヘンリー八世のホワイトホール宮殿にあったものがとくに有名だ。王室はここに、階段状の観覧席のある特別な闘技場を建設した。一六世紀の宮内官ロバート・レインハムは、クマいじめについてこう語っている。「襲ってくる敵を血走った目で追うクマ、すばやく動いたり止まったりしながら不意を打とうとするイヌ、そしてまたその攻撃を避けようとするクマの力と知恵を見るのは(中略)とても愉快な競技である(40)」。女王エリザベス一世がこの見せ物を愛好したのは有名で、一五八五年に議会が廃止しようとした際には、これを退けている。

ヒグマは、中世の初期にイギリス諸島から姿を消したと思われる。大道芸人は、ヨーロッパの他地域でクマを調達しなければならなくなった。クマ芸の人気も、時とともに衰えていく。それでも、英国議会がようやくクマいじめを禁止したのは一八三五年のことである。クマ踊りは一九一一年まで許されていた。

ヨーロッパ人は、ついに自分たちの住む土地から野獣を排除したころに、大西洋を横断する。そして北アメリカ大陸に上陸し、ここでも野生生物を消し去ろうという激しい意欲を示した。植民地の開拓者たちは、大陸を西へ西へと進みながら新しい世界を形成していく。そこはもはや野生の捕食動物の世界ではなくなり、恐ろしい動物たちは家畜や家屋敷を守るという名目で退治されていった。広大な未開の原野を前にした開拓者の恐怖をもっともよく表しているのは、*Ursus arctos horribilis* というグリズリーの学名かもしれない〔*ursus* はラテン語、*arctos* はギリシャ語で「クマ」の意、*horribilis* はラテン語で「恐ろしい」の意〕。（ルイス・クラーク探検隊の）ウィリアム・クラークは一八〇五年五月五日の日誌に、それまでに見たなかでもっとも大きいグリズリーについて、「とても大きく、恐ろしい姿の動物」で、「殺すのは非常に困難だ」と書いている。[41] それでも、殺すには殺したのだ。彼の部下が、そのグリズリーの急所に一〇発の銃弾を撃ち込んで殺し、同様にしてほかにも多くのグリズリーを殺した。その後に続く世代の人々も、同じ行為を繰り返した。

各州の政府は、北アメリカ大陸に生息する五万頭のグリズリーを撲滅するために奨励金を出すようになる。[42] グリズリーは、発見されると、捕獲され、銃で撃たれ、毒殺された。未開の原野は徐々に浄化されていく。森林地帯は開拓されて町になり、町は都市へ、そして大都市へと発展していった。クマのねぐらや食物を探す場所を切り裂くようにして、道路が建設される。かつて約四五〇〇万平方キロメートルあった米国の森林地帯は、一九〇〇年には三〇〇〇万平方キロメートル以下に減少した。[43] 森だった場所は切り開かれて放牧地に生まれ変わり、うつろな目をしたウシの群れが点在するようになった。それに呼応するように、グリズリーの数も減少していく。テキサス州では一八九〇年、ニューメキシコ州では一九三一年、コロラド州では一九五三年というように、一州また一州と、グリズリーが姿を消していった。二〇世紀半ばを迎えるころには、合衆国本土に残るグリズリーの個体数は一〇〇〇頭未満となり、絶滅に近い状況になっていた。それほど「恐ろしい姿」ではないアメリカクロクマでさえも、多くの場所で局所絶滅の瀬戸際に追い込まれる。ミシシッピ州に残る個体数は一二頭に満たず[44]、フロリダ州の個体数は、ヨーロッパ人の入植以前には一万一〇〇〇頭だったものが、一九七〇年代には三〇〇頭にまで激減した[45]。ただ、低緯度の地域でアメリカクロクマとヒグマの姿が見られなくなっても、カナダとアラスカにはタイガ（冷帯針葉樹林）が広がっているため、クマが生存できる場所は残されていた。

北アメリカとヨーロッパの温帯林が食料や繊維、燃料を得るために切り倒されていく一方で、熱帯林は二〇世紀初頭まで比較的良好な状態に保たれていた。ナマケグマの生息地はインドからブータン、ネパールまで広がり、ツキノワグマはアジア大陸に広く分布していた。マレーグマも、インド北東部から中国南西部までアジアに多数が生息していた。しかし、やがて人口の増加とともに森林破壊が加速していく。アフガニスタン、バングラデシュ、ブータン、インド、ネパールの森は切り開かれて耕作地になり、そこに棲むナマケグマやツキノワグマは危険にさらされるようになった。中国の人口は、一九四九年に五億四一〇〇万人に達し、森林の国土面積に占める割合は一〇パーセントにまで減少した[46]。消失した森林の多くは、パンダの棲む竹林である。そして東南アジアでは、脆弱(ぜいじゃく)な熱帯雨林の生態系が、価値の高い熱帯材や、アブラヤシ、ゴムのプランテーションに置き換えられていった。

自然の荒廃と身近な森の減退を目の当たりにした米国人は、二〇世紀に入ると、破壊の道から進路を変える。ジョン・ミューアやアルド・レオポルドなどの著述家の詩的な言葉が、大勢の人々を環境保全運動へと導き、残されたわずかな野生の地を守るように促した。「動物や植物について〝これは何の役に立つのか〟と問うのは無知の極みだ[47]」とレオポルドは嘆く。『野生のうたが聞こえる』（講談社）のなかで、レオポルドは「大足爺さん（オールド・ビッグフット）」と呼ばれたハイイログマ〔グリズリーの別称〕の物語を詳述している。そのクマはアリゾナ州に残る数少ないグリズリーの一頭だったが、エスクディーア山で殺された。レオポルドは、この山を特徴づけるのは「進化の演ずる野外劇（中略）その見事な作品」であるハイイログマだったと述べている。

ハイイログマを仕留めた政府派遣の罠猟師は、自分の力でエスクディーアを牛のために安全な場所にしたのだ、と思った。だが、いわば夜明けの星のコーラスがはじまって以来営々と築かれてきた大建築物の尖塔を倒すのに等しい行為をしてしまったのだということには、気づかなかったのである。（中略）エスクディーアは今も地平線に聳えているが、もはや、これを見てもクマのことを思う者はいない。エスクディーアは、今はただの山にすぎないのである。[48]

米国人は、野生世界とそこに棲む生物に価値を見いだすようになる。第二六代大統領セオドア・ルーズベルトは、在任中〔一九〇一～一九〇九年〕に森林局を設立し、五か所の国立公園と一八か所の国家記念物を制定して、最終的に約九三万平方キロメートルの公有地を保全のために確保した。しかし彼の名前は、別の理由で語り継がれている。

一九〇二年、ルーズベルトはミシシッピ州の森へ四日間のクマ狩りに出かけた。猟犬を連れて先を行く狩猟ガイドが小柄な雌のアメリカクロクマを追い詰めると、窮地に陥ったクマは一匹の猟犬を攻撃してその背骨をくだき、さらに別の一匹も襲おうとした。ガイドはあわてて飛び入り、ライフル銃の台尻でクマの頭を思いっきり叩いた。そして、体の自由がきかなくなったクマを柳の木に縛りつけ、大統領を呼んでとどめを刺すように言った。山道で泥まみれになりながら、ようやくガイドに追いついたテディ〔セオドアの別称で、ルーズベルト大統領の愛称〕は、もうろうとしているクマを撃つのはスポーツマンシップを欠く行為だと言って拒んだ。[49]

そして、その代わりにナイフでクマを殺して楽にしてやるように、同行者に指示した。はたして同情心なのか疑わしいこの行為は、まもなく「ミシシッピで一線を引く」という題のついた政治風刺漫画として新聞に掲載される。[50] そこに描かれていたのは、丸い大きな耳の、弱々しく小さなアメリカクロクマだった。この漫画から着想を得て、「テディベア」が誕生したと伝えられている。一九一〇年代の終わりごろには、一〇〇万個近くのテディベアのぬいぐるみが生産された。

米国がまだ野生動物の駆除に夢中だった時期に、テディベアは状況を変える力になった。クマは、かつてないほど人気者になったのである。もっと好ましい玩具があるのに、子どもはこのふわふわしたぬいぐるみを選ぶ、と親たちは不満を漏らした。「世界中のあらゆる場所で、テディベアが求められている。気の毒なお人形さんたちは、人気の衰えを止める術もなく、大きな目を見開いて、ただ悲しげに見つめているだけだ」と、当時の『ワシントン・ポスト』紙が伝えている。[51] テディベアには、大人のファンも現れる。一九〇五年には、大人の女性がテディベアを手にお茶に出かけるのは珍しいことではなくなった。[52]

かつて森と引き替えにコンクリートを手に入れた米国の都市生活者たちは、自然を求めてぞろぞろと都市を出るようになった。双眼鏡ごしにアメリカクロクマを観察し、（誤った行為なのだが）自動車の窓からサンドイッチを与えた。それから数十年後には、絶滅しつつあった恐ろしいグリズリーにも、種の保存法の下で保護することにより、和解を申し出る。

そしていま、アメリカクロクマとグリズリーは、ゆっくりと、かつての生息地を取り戻しつつある。米国の魚類野生生物局（USFWS）の二〇二一年報告書によると、グリズリーは現在、アラスカとハワイを除く米国本土四八州において、歴史的生息域の六パーセントに生息しており（数十年前の二パーセントから増加）、モンタナ州、アイダホ州、ワイオミング州、ワシントン州の個体数は二〇〇〇頭近くに上る。[53] アメリカクロクマも、数十年に及ぶ州と連邦による保護のおかげで、アメリカ南東部で生息地を取り戻しつつある。テキサス州からミシシッピ州にかけて分布するルイジアナクロクマ（アメリカクロクマの亜種）は、二四年にわたり、種の保存法の下で「絶滅の恐れのある種」に指定されていたが、回復したと見なされ、二〇一六年に指定が解除された。アメリカクロクマは、何百年も姿が見られなかった地域に進出しつつあり、首都ワシントン特別区の郊外や、最近ではニューヨーク市にほど近いニューヨーク州南東部のヨンカーズ市でも目撃されている。[54]

しかし、こうした成功例は世界のほかの地域では見られない。ナマケグマの個体数は減少しており、すでにバングラデシュでは絶滅し、ブータンでも絶滅していると見られる。また、小柄なマレーグマが棲む熱帯地域では、毎年約四万平方キロメートルもの原生林が失われており、[55] その結果、わずか三〇年の間にマレーグマの個体数は三分の二に減ったと考えられている。南アメリカに棲む警戒心の強いメガネグマの行く末も、気候の変動によって木々が失われていく雲霧林の運命とともにある。ホッキョクグマは、海氷の融解のために、今世紀末までに消滅しそうな勢いで激減している。そしてアジアでは、人間の介入はさらに直接的だ。約二万頭のツキノワグマが自然の世界から連れ去られ、胆汁を採取するクマ農場に閉じ込められている。

だが、もう何をしても手遅れというわけではない。比較的、対処しやすそうな問題もある。人は、身近な場所に現れるクマと共存することを学べるだろうか？　各国政府は、アジアにおける胆汁採取を目的とした残酷なクマ農場の慣行を禁止し、温室効果ガス排出量を削減し、森林破壊を抑えるために、一致協力できるだろうか？　そして世界の八種のクマたちは、今世紀末以降も真の野生世界で生存し続けられるように、その習性や行動を変えることができるだろうか？

かくして私は、本書の出発の地である南アメリカに向かった。南アメリカ大陸に残る唯一のクマ、メガネグマを研究する科学者たちに会うためだ。そしてその後、アジアではナマケグマ、パンダ、ツキノワグマ、マレーグマを絶滅から救うべく取り組んでいる人々に出会った。米国では、アメリカクロクマが、居住地域を拡大し続ける人間に負けじと、一風変わった適応を見せていることを学んだ。ヒグマが大きな犠牲を払いながら生息地を広げているアメリカ西部では、保護賛成派と反対派の両方から話を聞いた。そして最後に、前途がもっとも厳しいホッキョクグマに残されるわずかな希望を確認するために、北極圏カナダのマニトバ州にある小さな町、チャーチルを訪れた。

本書は、現存する八種のクマの物語であり、人間の物語でもある。顔幅が広く、一本につながった眉毛を持つホモ・エレクトゥスが、ヒト科の先駆けとしてアフリカ大地溝帯を越えてユーラシアに足を踏み入れて以来、人間はこの世界におけるクマの運命を支配してきた。人間は、クマの物語を書き、クマの神話を共有してきた。そして、自然を相手に闘い、自然の王たちを崇拝してきた。

人間は、この偉大なる捕食動物を征服しようとし、その強大な力に服従もした。クマを見せ物にし、商品にし、戦士に仕立てた。そしていま、私たちは、その未来をも決定づけようとしている。

# 第Ⅰ部

# 南アメリカ

SOUTH
AMERICA

まもなくクマがここにやってきて、
あなたを連れ去るだろう。
——メガネグマの神話より

第1章

# 雲に棲まうもの

メガネグマ
*Tremarctos ornatus*
エクアドル、ペルー

一九五八年、くまのパディントンが小さな茶色いスーツケースひとつを手に、首に「どうぞ　このクマのめんどうをみてやってください」[1]という お願いが書かれた札をつけて、ロンドンに向けて出発したとき、もといたところは「暗黒の地アフリカ」だと言った。もちろん、アフリカにはあらゆる種類のすばらしい動物がいるが、残念ながらクマはいない。

パディントンの生みの親、マイケル・ボンドは、著作権代理業者のハーヴェイ・ウナに原稿を送ったとき、うかつにもそのことを知らなかった。ウナはすぐに熱意を込めて返事を書いたが、その手紙には重要な訂正点が指摘されていた。

あなたの書いた『くまのパディントン』の物語を読みました。出版する価値は大いにあると思います。私自身、このお話が気に入りました。ただ、あなたはちょっとした間違いをしているようです。私の個人的な情報源によると、アフリカには、暗黒の地にもそれ以外の場所にも、クマはいません。すでに知っている子もいるでしょうし、いま知らなくてもいずれ知ることになるでしょうから、しかるべき修正をしてはいかがでしょうか。そのために、原稿をお戻しします。クマは、アジアや、ヨーロッパ、アメリカにたくさんいますので、取り替える選択肢には事欠かないでしょう。[2]

ウナの指摘したとおり、アフリカにクマはいない。ただし、昔からそうだったわけではない。一七世紀ごろまでは、アトラスヒグマ（*Ursus arctos crowtheri*）というヒグマの亜種が、北アフリカのアトラス山脈に生息していた。[3] しかし、（おそらくローマの闘技場での戦いのために数百年にわたって捕獲・取引され、[4] さらにその後に）狩猟によって、野生では絶滅に追い込まれた。モロッコ王が一八三〇年までアトラスヒグマを飼育しており、それとはまた別の個体を同年にマルセイユ動物園に送ったという説もあるが、この主張を裏づける証拠はない。いずれにしても、二〇世紀にパディントンが汽車の駅に到着したころには、アフリカのクマは歴史のかなたに消えていた。

それは何とも恥ずかしいミスだった。ボンドは、修正をするためにウェストミンスターの公共図書館に出かけ、主人公の候補になりそうなクマを調べた。[5] その後、リージェントパークにあるロンドン動物園にも足を運んだ。金色に塗られた鉄の門をくぐって公園に入り、舗装された小道を歩いていくと、ペンギンプールと歩道があり、その先には動物園で一番人気のあるニシローランドゴリラの「ガイ」がいた。ボンドは太ったグリズリー数頭と、ホッキョクグマの「ブルーマス」を見たが、どうもしっくりこない。どちらにも、彼の求めているような、興味をそそる雰囲気や異国情緒がなかったのだ。熟考の末、ボンドは、図書館の動物学の本で見つけたメガネグマ（*Tremarctos ornatus*）という不思議なクマに決めた。南アメリカのジャングルにほんの少数しか生息していないというのが、ピッタリだと感じたのだ。それに、南アメリカ大陸に棲む唯一の種であるのに、このクマがあまりよく知られていないというのも、物語に登場する架空の密航者に謎めいた雰囲気を与えるだろう。そう思ったボンドは、家に戻り、ふたたびペンを取って書き始めた。

ブラウンの奥さんは、身をかがめて、「あなた、とても小さいクマでしょう。」と、いいました。（中略）「もといたところって？」と、奥さんは、たずねました。すると、クマは、用心深くあたりを見まわしてから、こうこたえました。
「暗黒の地ペルーです」〔『くまのパディントン』より〕

ペルー南部の都市クスコから雲霧林までは、それほど遠くない。直線距離にすれば、六十数キロメートルの距離だ。しかし、満員のミニバンに乗り、アンデス山脈のカーブだらけの山道を行く旅は、街の中心部から五時間近くを要した。運転手は、ヘアピンカーブとみるや猛スピードで突っ込んで、急ブレーキをかける。私は吐き気がして、冷たい窓ガラ

スに額を押しつけ、目を閉じた。そうすれば、小石が崩れ落ちる絶壁から三〇〇メートルあまりの落差を見ずにすむ。このあたりの道は、崖崩れが起きやすいのだ。

私の隣に詰め合って座っているのは、生物学者のラス・ヴァン・ホーンだ。もう何十回もこの道を通っているので、道端の崩壊箇所や曲がりくねった道にもほとんど動じる様子はない。彼は米国ミネソタ州の出身で、広々とした空と、どこまでも続く畑、それを整然と区切る木々、という風景のなかで育ったという。ペルーとは似ても似つかない世界である。そんな彼が、就職先を探しているときにクマの研究者の募集を見つけた。研究対象は、東南アジアのマレーグマか、南アメリカのメガネグマ（南アメリカでは、メガネグマは一般にアンデスグマと呼ばれる）の二択だった。どちらもあまりよく知られていない種だったが、マレーグマはパーム油生産にまつわる国内政治問題との関係が深すぎるように思われた。他方、南アメリカのクマには、そうした問題はなさそうだった。「科学によって、アンデスグマを救うことができるのではないかと思ったんだ」とヴァン・ホーンは言う。そうして彼は、もう何年もこの道を使って、警戒心の強い研究対象のもとに通っている。いまでは、サンディエゴ動物園の母体であるサンディエゴ動物園グローバルに務めるかたわら、国際自然保護連合（ＩＵＣＮ）アンデスグマ・エキスパートチームの共同議長も担う。

私は前の晩に、クスコのアルマス広場にある大聖堂の前の階段で、ヴァン・ホーンと待ち合わせをした。そして、広場の北西の角にある小さなレストランに入り、熱々のキヌアスープとチチャモラーダ（アンデスの人々に愛される、紫トウモロコシの甘いジュース）のグラスの上に身を乗り出して、翌日に迫った調査旅行の打ち合わせをした。ヴァン・ホーンは、毎年、乾期にペルーを訪れ、メガネグマの行動に関する基礎情報を集めている。今回、私はその調査に同行させてもらうことになっていた。三日間かけて、標高約六〇〇メートルから約三七〇〇メートルに広がる雲霧林を移動し、さまざまな標高に設置してある自動撮影カメラを確認するのだ。その映像によって、谷底から山頂まで、メガネグマが森のなかをどのように移動し、森の資源をどう利用しているのかがわかる。

ヴァン・ホーンは、ペルー南東部の雲霧林に生息するメガネグマが標高の低い場所に降りてこない理由を、ぜひとも解明したいと考えていた。自動撮影カメラがこの付近の現地調査地点で捉えた三年分の写真のなかに、標高一五〇〇メートル以下の地点でメガネグマが写っているものはひとつもないのだ。南アメリカのほかの地域の雲霧林でも、メガネグマが標高約六〇〇メートル以下まで下りてきて、アマゾン低地に移動した例はほとんどない。そして気候変動が、この科学的問いの妥当性をよりいっそう高めている。

科学者たちは、気候の温暖化のために、西半球の雲霧林の六〇〜八〇パーセントがわずか二五年のうちに減少・乾燥する可能性があると指摘している。[6] 陸地の気温が上昇すると、湿度の高い大気は、水蒸気が十分に冷えて雲に凝縮する前に山の斜面を上るようになり、結果として雲が形成される高度が押し上げられる。そうなれば、雲底に育つ多種多様な着生性の草木は、当然ながら行き場を失ってしまう。クマたちが、より温暖で乾燥した低地の環境を利用できないとしたら、どこに行くのだろう？　世界でもっとも研究が進んでいる雲霧林調査区のひとつ、コスタリカのモンテベルデの雲霧林では、すでに著しい変化が観察されている。一九九〇年、爬虫類の研究者たちは、絶滅種オレンジヒキガエルを気候変動の最初の犠牲者であると見なした。[7]このカエルは、かつてモンテベルデの雲霧林で約四平方キロメートルの小区画に多数が観察された種である。私はこれまで、世界のクマに対する気候変動の影響を思うとき、解ける海氷と、海を泳ぐホッキョクグマのことしか頭に浮かばなかった。しかし、今後も温室効果ガスの排出量が変わらなければ、早ければ二〇六〇年にも、西半球の雲霧林の九割もが影響を受けることになるという。[8]そうなれば、警戒心の強いメガネグマたちは、どうなってしまうのだろう？

ミニバンは、泥でできた粗末な家々の横を通り過ぎていく。家の外壁には、過去の選挙の際に書かれた、トウモロコシの穂や、山、サッカーボールなどの、色あせた政党シンボルが残っていた。赤褐色の屋根には、陶製のウシと十字架が飾られている。数百年の昔、インカの人々は豊作を祈ってアルパカを描いたというが、現在のクスコでは家を建てる際、幸運を招き入れるために屋根のてっぺんにウシを飾る。昼食をとるためにミニバンが停まると、道ばたでは、色鮮やかなポジェラ（ひざ丈のたっぷりとしたスカート）をはいた女たちが屋台を切り盛りしていた。ジュージューと音を立てる麺に、グリーンハーブソースのかかった子羊肉とフライドポテトを添えて売っている。だが、私は食事をとる代わりに、ブドウ味の酔い止めを飲んだ。最後の上り坂に入ると、白い霧で道が見えなくなった。私はうとうとしてきた――標高約三〇〇〇メートルの場所で視界の効かないなかを走る恐怖と闘うために、酔い止め薬の力を借りる戦略である。やがて目が覚めると、運転手が、ミニバンの屋根に取りつけられた金属製の荷台から私たちの荷物をとって、濡れた赤土の上に放り投げているところだった。その横に、「ワイケチャ雲霧林生物学研究所」という看板が見える。

この研究所は、世界的に有名なペルーのマヌー国立公園の南端に接している。ボリビアとの国境までの距離は三〇〇キロメートルほどだ。観光客は、ホエザルやジャガーを見にマヌー国立公園内のアマゾン低地に行くのだが、科学者たちは希少な雲霧林を研究するためにここにやってくる。約一五キロメートルに及ぶ登山道が整備されているので、コスニパタ渓谷を自由に歩けるのだ。コスニパタとは、先住民ケチュア族の言葉で「霧のある場所」を意味し、まとわりつくような霧への敬意が込められている。重い科学機材を担いで森に入る研究者にとって、これ以上は望めない調査地である。

翌朝、登山道の本道に入ると、植物生態学の研究者たちが、プラスチック管と注射器具を満載した手押し車を押しながら、急いで私たちを追い越していった。その道具は、森のなかを波のように動く雲の水滴を集めるために使われるものだ。イチジク属の木に着生するアナナスやラン科の植物、シダや地衣類の緑に覆われた渓谷を見下ろしていると、一瞬のうちに森が見えなくなった。霧状の冷気が降りてきたのだ。うねるような白い海が私たちを包みこんだ。アオミミハチドリとニジハチドリが、花蜜に惹きつけられてトケイソウの花に急降下し、細長いくちばしを小さな刀のように振り回す。その鳥たちの羽音が、雲の立ちこめる空気のなかにこだまする。

ヴァン・ホーンが先を行き、狭い登山道をゆっくりと下っていく。長靴のビシャ、ビシャ、という足音から、長く単調な道を少しずつ前進しているのがわかる。植物はとても美しいのだが、密集していてすぐに引っかかってしまう。標高二七〇〇メートルを超える場所なので、低地の人間である私たちふたりは呼吸が荒くなる。私は柔らかい薄緑色の地衣類に覆われた細い木に手を伸ばして寄りかかろうとした。ヴァン・ホーンが、「鋸歯(きょし)状の葉のある木生シダに気をつけろ。イラクサよりもたちが悪い」と注意を促す。ふさふさした口ひげの奥から出す声は、くぐもって聞こえる。ヴァン・ホーンは一九〇センチメートルを超える長身だ。一方、ペルー人の生物学者や大学院生、現場技術者は全員が女性で、彼よりもずっと小柄なのだが、この湿気に満ちた森のなかを歩く速度は彼女たちのほうがずっと速い。六〇センチメートルもあるマチューテ〔中南米で用いられる長刀のなた〕で厄介な蔓(つる)を手際よく切りながら進んでいく。酸素の薄さはまったく影響しないようだ。

雲霧林にはびこる、ほかの多くの蔓植物と木生シダを見分けるのは容易ではない。湿ったコケの房や、先端が淡紅色のアナナス、うっとうしいシダが、木の幹のあちらこちらから生えている。これらは、地面に根を張らず、空中に自由にぶら下がる着生植物と呼ばれる仲間だ。ほかの植物の上で成長するが、その植物には害を与えず、根皮と呼ばれるスポンジ状の組織から雲の湿気を吸収する。「この森をほんの数分歩けば、ここのほとんどの植物が、雲が多く湿潤な条件にかなり強く適応しているのがわかる」と森林生態学の専門家が教えてくれた。植物相だけを見ても、ここの生態系はアマゾン低地よりも多様性に富み、希少性もきわめて高い。地球上の熱帯林に占める雲霧林の割合は、わずか三パーセントである。

低地の雨林の樹木は背が高く、幹は細く、日光を求めて天高く伸びている。だが、この森の木々はずんぐりしていて、林冠部では互いに絡まり合っている。蔓植物の丈夫で長い蔓が、樹木の先端からまるでラプンツェル〔グリム童話に登場する髪の長い少女〕が解き放った髪の毛のように揺れ、キラキラ光る薄片のような地衣類が枝のまわりを飾る。おとぎ話の世界の木々に囲まれながら、ヴァン・ホーンと私は雲の奥深くへと分け入っていった。光沢のある肉厚の葉が落葉し、林床を覆っているが、そこに届く木漏れ日はごくわずかだ。くまのパディントンのふるさとは、本当にとても暗かったのだ。

ペルーでしか見られない固有種の鳥類、哺乳類、カエル類は二七〇種あるが、その三分の一以上がこの雲に覆われた森で暮らしている。[9] 希少なメガネグマもこの森を棲処とする動物で、すべりやすい木々の幹をはい上り、アナナス（半円筒状でトゲだらけの葉を持つ植物）や木の実をむさぼり食う（なお、メガネグマがマーマレードサンドイッチ〔くまのパディントンの好物〕を食べるという記録はない）。「メガネグマは、枝を集めて簡単な棚をつくる。巣のようなものだ」。ヴァン・ホーンが、枝のからみ合う樹冠を見上げながら説明する。いま、私たちが歩いているペルー南東部ではあまり見かけないが、南アメリカの他地域の調査地では、その一風変わった行動が記録されている。メガネグマは、着生植物を押しつぶしたベッドの上で休むことが多く、長ければ二日も林冠にとどまるという。

　南半球に棲むクマは、冬眠をしない。赤道付近では昼の長さに変化はなく、気候も温暖で、食べ物も豊富なので、ほとんどいつでも活発に動いている。つまり体内時計が人間と同じであり、体の大きさから考えても、森のなかでメガネグマを見つけるのは容易だろうと、私は期待していた。体重が一五〇キログラムほどになるメガネグマの雄は、熱帯アンデス地方では最大級の動物であり、どっしりしたヤマバクに次ぐ大きさだ。しかし、私の考えは甘かった。ヴァン・ホーンによると、このクマは警戒心が強く、林冠部に隠れていないときでも見つけにくいのだという。調査地で何か月も過ごす生物学者たちも、目にすることはほとんどない。人間がメガネグマに歩み寄ろうとしても、ヒグマのように突進してきて威嚇しようとはせず、逃げてしまう。「メガネグマの顕著な特徴のひとつは、攻撃的でないことだ」。息苦しい森のなかを、草木を押し分けて進みながら、ヴァン・ホーンが言った。頭にしっかりとかぶったカーキ色のつばつき帽子に、枝が当たって跳ね落ちる。「人間を攻撃することはない」（あの愛嬌のあるパンダでさえ、観光客に嚙みつくことがあるというのに）。マイケル・ボンドをあれほど魅了した神秘性に加えて、私たちの不利に働く要素がもうひとつあった。そもそも、メガネグマの数が少ないのだ[10]。

かつてメガネグマは、雲に覆われた森から、アンデス高地に広がるパラモの草原、熱帯雨林、乾燥林、さらには低木の生える海岸沿いの砂漠地帯にまで、広範囲に生息していた。しかし、過去数百年の間に、アンデス山脈の谷間の肥沃な地域で人口が急増すると、メガネグマの生息地は破壊され、耕作地やウシの放牧地に姿を変えていった。クマは、放牧地のウシが襲われるのを恐れる農場主たちに迫害され、生き残ったものは、おもに雲霧林やアンデス山脈の尾根沿いに続く高地に逃れていった。科学者たちの推定によると、今日、メガネグマは、ベネズエラ、ボリビア、エクアドル、コロンビア、アルゼンチン、ペルーにわずか一万三〇〇〇～一万八〇〇〇頭しか残っていない。そして、そのうちの最大の個体数、約三八〇〇頭が、ここペルーに生息している。

私たちのチームは少人数で、みな小型のナップザックを背負っていた。中身は、豆とご飯の昼食と、ノート、カメラのバッテリー、インスタントコーヒーの小袋（ペルーでは高級品はみな輸出にまわされる）、そして高山病対策に、コカの葉を含んだキャンディーである。この地域でのコカの密売についてヴァン・ホーンに聞くと、コカが栽培されているのはもっと標高の低いマヌー付近だと教えてくれた。それでも、研究者たちは時折、野生生物調査用の登山道を歩いていると、収穫された乾燥コカ葉の束を見かけることがあるという。コカ栽培者たち（コカレロ）が、谷からアンデス高地の村々へコカを運ぶときに、この道を使うのだ。ヴァン・ホーンは、コカ葉の束を見かけたあたりにはカメラを設置しないように気をつけている。

ヴァン・ホーンは口数が少なく、米国中西部の癖のない英語を話す人だ。その話し方は、スペイン語でも同じだった。話の途中で長い間だまりこむことが多く、彼が話し終えたのかどうか、いつも確信が持てなかった。私たちは、木々の生い茂る登山道がカーブしているところに、ネコ科動物のとぐろ状の糞を見つけた。雲霧林では、糞を見つけること自体がきわめてまれである。雨が多い上に、せっせと糞を食べるフンコロガシがたくさんいるので、哺乳類の糞はすぐに片づけられてしまうからだ。だから、この糞は新しいものに違いない。リマから来た若いペルー人の生物学者で、私たちに同行しているデニセ・マテオ・チェロにとって、糞が少ないのはとてももどかしいことだった。彼女は、メガネグマがどのようにして糞を介して雲霧林に種子を散布し、森林の自然再生を助けているかを研究している。

マテオは糞から動物を推定した。「ピューマだ」

ペルー南東部では、ジャガーがこの高度まで山を登ってくることはない、とマテオは言う。ピューマは雲霧林に多数が生息しているが、赤道付近のピューマは北アメリカに棲む仲間よりも小型なのだそうだ。野生のネコ科動物が身を潜められそうな緑の深い場所が周囲にないか確認していた私は、この話を聞いて少し安心した。

そこから登山道は狭くなり、谷底へ続く傾斜の急な川岸に沿って慎重に足を運ばなければならなくなった。数名のペルー人生物学者がグループから分かれ、川の付近に設置したカメラにクマが顔を見せていないか確認しにいった。ヴァン・ホーンと私は、まだ完全に高地に順応していなかったので、急で危険な山道を行く役割は免除された。それでも、この登山道には木々や地衣類が覆いかぶさっている場所があり、四つんばいになってぬかるんだトンネルをはい進まなければならなかった。乾期のさなかだというのに、雲のせいで何もかもが濡れてしまう。数キロメートル進むと、五つ設置されている隠しカメラのひとつめに到着した。カメラは林床から約六〇センチメートルの高さに固定してある。私たちは、汗と雲の水分でびしょ濡れの荷物をドサッと降ろした。マテオが黄色い耐水メモ帳を取り出し、高度（二七〇〇メートル）と緯度・経度を書き留める。私たちは、アンデス山脈の切り立つ山肌に広がる雲霧林の、上限に近い場所を歩いていたのだ。

現地の生物学者で、マチューテ使いの名手でもあるカリーナ・ヴァルガス・セラーノが、カメラボックスを開けた。写真を確認するために、メモリーカードを取り出して、青い小型全自動カメラに差し込む。研究チームがここにカメラを設置した五か月前から、森のなかで一八〇〇枚以上の写真が撮影されていた。私は写真の確認を始めた。ほとんどの写真は、揺れる蔦や光の散乱に反応して撮影されたものだった。マテオが肩越しにのぞき込んでいる。三月に、黄褐色のクルペオギツネがカメラの前を横切っていた。次いで、絶滅の恐れのある小型の有蹄動物、コビトマザマも登場した。このシカの仲間には、短くて太い、ちょっとおかしな角がある。そしてついに、数百枚めの写真で、マテオが「あっ、いた！」と叫んだ。そこには、探し求めていたものが写っていた。

パディントンは世界一有名なメガネグマかもしれないが、本物とは似ても似つかない姿をしている。まずもって、メガネグマは黄褐色ではなく黒いクマで、淡い色の毛が小さな黒い目の周りを丸く囲んでいる。その模様のために、メガネをかけているように見えるのだ。首はがっしりとして短く、鼻は前後に短くて太い。軽やかに木を登る脚はたくましい。淡い色の筋が、鼻先を通って聡明な瞳へと伸び、その小さな瞳が液晶画面から私たちをじっと見つめている。メガネグマは、一頭ごとに異なる顔の模様で識別できる唯一のクマ種だ。ふわふわの太縁メガネをかけたような模様の顔は、黒ではなく白く見える。そうかと思えば、目の上に白い小さなY字模様があるだけのものもいる。現地での経験が長い研究者は、この模様だけで個体を識別できる。トラの研究者が、しま模様で個体を識別するのと同じだ。

ヴァン・ホーンがこの個体を目にしたのは初めてだった。三か月前に撮影された一枚めの写真では、そのクマはカメラに関心を示さずにゆっくりと通り過ぎていった。その後の一連の写真を見ると、シャッター音に気づいて驚き、ぐるっと回って引き返してきて、この見慣れない物体を調べ始めたようだ。至近距離でさっと画面に入った黒い耳が、ぼやけて写っている。マテオがカメラボックスからつまみ出した二本の硬いクマの毛は、そのときに引っかかったものだろう。デジタルメモリに映像が保存されていたすべての動物のうちで、このような知的好奇心を見せたのはメガネグマだけだった。「ここのクマはカメラに体をこすりつけるが、ペルー北東部のクマはカメラをいくつも壊している」とヴァン・ホーンは言う。「あっちのクマは、カメラがバキッと外れるまで引っ張るんだ」

海抜二四〇〇メートルを超えるこの場所にメガネグマがいるのは、驚くことではない。ここは確実に、メガネグマにとって生態学的に快適な範囲内だからだ。メガネグマは、標高の高いアンデス高地のパラモと呼ばれる地域にも生息し、地上に生える巨大なアナナスを食べる。だから、この場所を数か月前にメガネグマが通った証拠を見つけて興奮したとはいえ、それは安心材料にはならなかった。雲霧林の温度は、今世紀末にはいまよりもおよそ五℃上昇すると推測されており、暑さに対応するため、すでに一部の植物は湿気と低温を追うように、より高い場所へ移り始めている。[11] しかしメガネグマは、すでに、雲霧林の広がるアンデス山脈のなかでも高度の高い地域で暮らしているのだから、ほかに行き場がない。雲霧が形成される高度が高くなれば、拡大しつつある湿潤な低地を利用できないかぎり、クマたちの生息地は失われていく。メガネグマは、パッションフルーツやバカーバ〔ヤシの木の一種〕、アグアヘ（オオミテングヤシ）の実が豊富なアマゾンでも生き延びることができるはずなのだ。しかし、何かがそれを抑止している。

「なぜクマたちは低地に降りていかないのだろう、という問いは、抽象的に聞こえるかもしれない」。ふたつめのカメラの地点に到着したとき、ヴァン・ホーンは言った。話している間にも、カメラは雲底に隠れて見えなくなる。「でも、もし高温が理由なら、気候は温暖化しているわけだから、影響があるかもしれない。そうではなく、ジャガーがいるから低地を避けているのだとしても、気候変動の影響でジャガーの生息域は変わるから、それもまた制約になる」

後者の状況は、すでにボリビア・アンデスで起こっている。ボリビアでは、低地での人間活動と気温上昇が原因で、食物連鎖の頂点に位置する捕食動物の間で衝突が急増していると、ヒメナ・ベレス・リエンドから聞いていた。彼女は、ヴァン・ホーンとともにIUCNアンデスグマ・エキスパートチームの共同議長を務める人物だ。「ストレスを感じて低地から高地に移動する動物が増えている。本来、いるはずのない場所にカピバラがいる。そしてジャガーもカピバラを追って移動する」。リエンドは、家の階層にたとえて説明した。「ピューマは最上階、メガネグマは二階、ジャガーは一階にいる動物だ。でもいまは、三種ともが重なり合う地域がある。ひとつの生態系に、最上位の捕食動物が三種もいるのだ。

これではバランスが保てない」

どう予想するにせよ、メガネグマの未来は、対抗するふたつの科学的事実に依存すると思われる。熱帯地方に棲む生物が耐えられる気温の幅はとても狭く、ほんの少しの環境変化が絶滅を引き起こす力になりうる。だが同時に、クマは、地球上の生物のなかでもとくに適応力が高いと言われている。雲霧林の生物に、これほど急激な環境変化を生き延びられるものがいるとしたら、それはメガネグマを置いてほかにいない。「森の特定の場所で得られる食べ物の種類が変わるというだけなら、おそらく大丈夫だろう……」とヴァン・ホーンは言った。キエリニジフウキンチョウのチチッチチッという鳴き声が、長い沈黙を埋める。「……それにメガネグマの体は大きくない。もしヒグマくらい大きかったら、栄養が足りなくなるかもしれないが」

翌朝、私たちは四つめのカメラを確認するために出発した。私は、生物学者のヴァルガスが振り上げるマチューテから十分に距離をとって、彼女と四人のペルー人現場技術者のあとに続いた。草木の茂る斜面の縁を走る細い登山道を、一列縦隊で進んでいく。ヴァン・ホーンとマテオは、少し遅れていた。カーブを曲がると、ほとばしる水の音が聞こえ

てきた。峡谷である。おそらく、山崩れによってつくられた地形だろう。峡谷には、すり減った板をつないだ板橋がわたしてあり、その下を勢いよく流れる水が川岸を削り取っていく。草木が生い茂っていて、川面がどのあたりなのかを見極めるのは不可能だが、一〇メートルはありそうだ。でも、この壊れそうな橋を渡るほかに道はない。四人の現場技術者がひとりずつ、先に橋を渡った。私は、彼女たちより一〇キログラムくらい重いだろうか――そのうえ、高所恐怖症ときている。私の番がきて、橋を渡りだすと、一歩進むたびに橋が揺れてきしんだ。向こう岸だけを見て、落ち着いて、ゆっくりと、歩を進めていく。長靴が堅い地面を踏んだ瞬間、安堵のため息がもれた。安全に渡れたので、あとは遅れているふたりを待つばかりだ。しかし三〇分経っても、ヴァン・ホーンとマテオは現れなかった。峡谷の向こうへ届けとばかり、私たちは彼らの名前を叫んだ。答えはない。昨日のピューマの糞が、ふと頭をよぎった。

ヴァルガスが、二人を探しに戻るという。重い長靴でふたたび板橋を渡りだすと、最後からふたつめの板がバキッと大きな音を立てた。板橋を突き破ってしまったのだ。あえて口に出さずにいた恐怖が、突如として恐ろしい現実になったのだと理解するのに、少し時間がかかった。ヴァルガスの右足は大きく空を蹴っていたが、なんとか両手で橋にしがみつき、板が外れてできた穴に腰のところで引っかかっていた。スケートをしていて氷を蹴破った人に走り寄ると危ないのと同じ理由で、私たちは橋に駆け寄って助けるのを自制した。ヴァルガスは、途中でバランスを崩しかけながらも、慎重に自分の体を引きずり上げ、四つんばいで私たちのほうに戻ってきた。まさにそのとき、ヴァン・ホーンとマテオが、楽しそうにクマの話をしながら、角を曲がって元気に姿を現した。橋が壊れたので、調査隊はふたつに分かれることになった。ヴァルガスひとりの重さで橋がおかしくなったのに、ヴァン・ホーンの体重は彼女の倍近くあるのだから、別行動は致し方ない。ヴァン・ホーンとマテオは研究所に戻り、私はヴァルガスと現場技術者たちと一緒に、予定どおり、残りのふたつのカメラを確認しにいった。

四つめと五つめのカメラには、メガネグマは写っていなかった。ほどなくして、少しくたびれた様相ながら、チーム全員がワイケチャ研究所の簡易食堂で再会した。川のほうに行っていた班も戻っていたが、標高の低い地点でもメガネグマは確認されていなかった。それでも、雲霧林の踏査は、この生態系がいかに地球の健全性にとって重要であるかを教えてくれた。この地で捉えられた水分は、赤茶けた谷川となって山の斜面を下り、やがてアマゾン川に注ぎ込む。そのアマゾン川は、何千キロメートルも流れて大西洋に至る。その過程で、無数の人々と動物が、川の恵みを享受している。森を渡る雲が少なくなり、いまよりもよく晴れて暑い日が多くなれば、この脆弱な森だけでなく、はるか遠方の自然環境も姿を変えることになるだろう。

ワイケチャ研究所の電気は、毎晩六時から九時の間しかつかない。だから、日没直後は暗いなかで仕事をすることになる。私が熱いコカ茶をすすっていると、携帯電話でニュースをチェックしていたヴァン・ホーンが、「火山の噴火のニュースを聞いたか?」と言った。「ペルー南部だ……ボリビアに火山灰が降っている」。その地殻変動は、山々から水、そしてクマまで、この地の自然がいかにつながり合っているかを思い起こさせるものだった。スズメパッと電気が点灯し、横長の大きな窓に、巨大な蛾が光を求めてぶつかってきた。スズメと見まがうような大きさの蛾も混ざっている。

「メガネグマの未来について、私は慎重ながらも楽観的に考えている」とヴァン・ホーンは言った。「少なくとも、いくつかの広い生息地があって、それらが連結している地域では」。その後に長い沈黙があった。ふたたび口を開くと、彼の声には不安の影が感じられた。

「でも……私たちは、アンデスグマにとって、どのような生息環境が良好なのか、良好でないのかを判断できる情報を持っていないのだ……だから、そう考えるのはいかにも単純すぎた、ということになるかもしれない」

チャビン・デ・ワンタルは、ペルーの熱帯低地と海岸の中間に位置する古い神殿遺跡だ。

モスナ川とワンチェスカ川が合流するあたりの、険しい山脈の狭間にひっそりと佇んでいる。神殿は上部が平たい、U字型の石造建築で、内部には小室をつなぐ迷路のような石畳の回廊があり、ジャガーやオウギワシ、カイマン、アナコンダなど、この高地では見られない異国の動物の精緻な彫刻で飾られている。その昔、敬虔な信者たちが神託を求めてこの神殿を訪れ、流血の儀式を行なった。神殿の中心部にある十字状の部屋の中央に日光が差し込み、花崗岩でできた三角柱状の一本石を照らす。頂部が天井に届く石柱の高さは五メートルほどで、石には彫刻が施されている。大きく見開いた目の下には、平たい鼻先に、丸い鼻の穴。歯をむき出しにして、うなるような表情。巻き毛の頭髪が顔のまわりを囲む。毛の先は蛇の頭になっていて、ギリシャ神話のメドゥサを思わせる。片方の手は、手のひらをこちらに向けて上げている。まるであの世へ向かう道を進むのを許しているようだ。もう片方の手は、体の横に降ろしている。両足からは、それぞれ五つの鉤爪が突き出ている。かつて信者たちは、その足もとに惜しみなく食物や陶器を供えたのだろう。これが主神体、「ランソン」である。

ランソンは、ペルーのこの地域で紀元前九〇〇〜二〇〇年にかけて繁栄した古代チャビン文明の最高神だ[12]。学者たちは、チャビン文明をアンデス文明の母体だと考えているばかりでなく、世界史上六つ存在する原始文明のひとつ、つまり先に存在した文明から派生したものではない、独自の文明だと主張する。その文明の中心がランソンであり、チャビン美術の重要なモチーフであるジャガーを表しているとされる。[13] チャビンこそがジャガー信仰の創始者であり、この神殿を訪れた人々はジャガーの獰猛な性質をあがめたのだと信じる人類学者もいる。[14] だが、保全生物学者のスザンナ・ペイズリーがランソンを見るとき、そこに見るのはジャガーではない。クマだ。

英国ではマーマレードまみれのパディントンが愛されているのに、古代の南アメリカではメガネグマの図像は驚くほど少ない。インカ文化においても、アマゾン文化においても、人工遺物におけるクマの不在は顕著である。クマの姿が見られる彫刻も、陶器の破片も、かご細工もない。エクアドルの首都キトにある先コロンブス期美術博物館（ここの動物展示は公開されたばかりだった）、クエンカの先住民文化博物館、ペルーのクスコにある先コロンブス期美術館の通路を歩いたとき、私はクマがいないことに落胆した。収蔵品のなかには、金色の蛇や、ジャガーのパイプ、太ったサルのような形の粘土壺はあるのに、クマはひとつもなかったのだ。

このクマの不在についての不満を、ワイケチャの研究所でヴァン・ホーンに話すと、ペイズリーと連絡を取るように勧めてくれた。ペイズリーは、南アメリカの森で何年もメガネグマを研究していた人だ。いまは英国に戻り、野生の世界で過ごした経験を生かして、美しい織物を制作している。その作品には、木に寄りかかってアナナスを食べているメガネグマの模様が施された布もある。

ペイズリーの考えによると、南アメリカにクマの図像が少ないのは偶然ではない。原始の時代には、メガネグマもジャガーと同じようにこの切り立つ山々に広く生息していたし、いまでも時折、マチュピチュの遺跡周辺を歩き回っているのが観察される。アンデスの人々が、林冠を移動したり、畑に侵入して作物を奪ったりするメガネグマを目にしなかったはずはない、とペイズリーは言う。クマが描写されていないのは、ジャガーに比べて重要度が低かったからではない。それどころか、初期のチャビン文明ではクマがあまりにも重要だったために、ランソン以外には、クマを具体的に描いてはならないというタブーが生まれたのだと、ペイズリーは考えている。[15]

ジャガーにまつわる話が好まれる傾向の一因は、北極付近のクマ崇拝の伝統にあると、ペイズリーは思っている。北方のクマに対する崇敬は、スカンジナビアのサーミからカナダのイヌイットに至る北半球の文化を特徴づける性質だとする考え方である。人類学者のリディア・T・ブラックの言葉によれば、「旧石器時代の昔から、ほとんどのクマ類は重要な儀式的象徴として用いられ[16]」、人間が霊界と交信するためにいけにえとして捧げられることも多かった。これに対して、熱帯地方のクマたちは注目されてこなかった。南アメリカの人々は、「クマはグリンゴ〔中南米で、白人の外国人（とくに英米人）を指して言う言葉〕のものだ。私たちにはジャガーやヒョウがいる」という態度を示すのだと、ペイズリーは言う。こうした風潮のせいで、文化的な盲点ができてしまったのではないか。考古学者には、目の前にあるクマが見えていないのではないだろうか。

そんなふうに、見えないクマについてあれこれ考えていたときに、ペイズリーは突然ひらめいた。「それまでずっと、古い時代のクマの絵や彫刻はないかと考えていました。そしてあるとき、ふと一冊の本に目をやりました。手元にあった、南アメリカの先住民族に関する本です。表紙のランソンの写真を見て、〝なんてこと！　これはクマだ！〟と思ったのです」。そう解釈するのは、ペイズリーだけではない。ヴァン・ホーンによると、クマを研究する生物学者は、ランソンの写真を見ると、ほとんど全員がペイズリーに同意するという。ジャガーよりも、はるかにクマに似ているというのだ。だがジャガーを熱烈に支持する人たちは、この問題はもう決着がついているとして取り合わない。

その後、ペイズリーはチャビン・デ・ワンタルを訪れ、主神体をくわしく調べた。彼女が注目したのは、その直立姿勢だ。クマは、後ろ足だけで歩けるという点で、大型哺乳類のなかではかなり珍しい存在である。ネコ科の動物は四足をすべて使わないと森のなかを移動できない。そしてジャガーを描いたほとんどの美術作品は、四足歩行の姿を表している。さらに、ランソンの一本石には、北半球の先住民族の諸部族が建てたクマのトーテム像を連想させる点があった。それは、片方の前足を上げ、もう片方を下げた姿勢だ。この両前足の位置は、古代文化で畏敬された二元性を象徴するものだと考古学者は指摘するが、その姿勢は、前足を手のように振るクマのイメージにおかしいほど似ている。たしかに、ランソンの口からは二本の大きな牙が突き出ていて、それはジャガーを意味しているのかもしれない。だが、北極付近のクマ崇拝の美術品にも、きらりと光る二本の犬歯を持つクマを表現したものがたくさんある。私も、ランソンの写真やスケッチを見直したとき、クマに似ている点を見いだすことができた。こうした真摯な解釈は、無視できるものではない。ペイズリーが『ワールド・アーキオロジー』誌に書いているように、「ランソンはチャビン文化の中心の中心に位置している」[17]。彼女の仮説が正しければ、メガネグマは熱帯雨林の忘れられた動物ではなく、先コロンブス期のアンデス文化においてきわめて重要な動物だったことになる。

ラス・ヴァン・ホーンと私は、チャビン・デ・ワンタルの神殿遺跡には行かなかった。代わりに、ワイケチャからの帰路に、ペルー南部のパウカルタンボという小さな町に立ち寄った。アンデス山脈の氷河から解け出る水を源とする川が急流となって、町を二分している。路上から見た限りでは、どこにでもあるような町だ。クスコ発のバスが、食料や燃料を補給する休憩地としてよく利用する場所である。それでもヴァン・ホーンは、訪れる価値があると言って強く勧めた。厚い雲が山々の頂上を覆い、私たちが町を歩きだすと雨が降り始めた。凜とした白い制服に身を包んだ子どもたちが、屋根のある場所に駆けていく。すり減った石畳の橋を渡ると、町の広場に出た。白い漆喰壁にコバルトブルーの鎧戸とドアが映える建物に囲まれた広場の中央に、大きな金色の像があった。

その像は、目と口の部分が開いた覆面をかぶり、目の隙間は天を向いている。足は少し曲げ、股を広げて、岩とサボテンの模様が施された岩の上に立つ。体には、形のくずれたぼさぼさの上衣。たくましい腕と、血管の浮き出た首が、趣味の悪いコートから突き出ている。背にぶら下げているのは、巻き毛の少女だ。少女の服は、太ももの半ばまで巻き上がっている。サンダルを履いた足をばたばたさせ、拳を高く振り上げて、自分を捕まえた無表情の男、「ウクク」を殴ろうとしているかのようだ。

ウククは、半分人間、半分メガネグマだと言われる神話上の生きものである。[18] 南アメリカに、クマを具象化する芸術品のタブーがあるとしても、ウククはその範疇に入らない。この熊男たちは社会の調停者として、ボリビアやペルーのアンデス高地を歩き回る。高地と低地、人間と動物、病と健康、秩序と混沌を結ぶ存在なのだ。ともあれ、それが当たり障りのない定義である。ウクク（先住民族のケチュア族の言葉でクマを意味する）は、女性を連れ去って暴行するという、もうひとつの習性のほうが有名だ。インカの神話では、クマは「人間の生殖や性と強い関連があり、[19] 羊飼いの少女を連れ去ることで悪名高い」と、ペイズリーは『ワールド・アーキオロジー』誌に書いている。高地の歴史物語には、熊男や人間の男に姿を変えたクマが若い女をさらい、無理やり洞穴まで連れていって暴行する話が多い。奔放な女が熊男を神の化身だと信じて純潔を捧げるという形をとるものもある。この自然に反する性行為によって絶大な力を持つ熊人間が生まれる、という物語もある。

アンデスでは、多くの若い女性が、本物のメガネグマをウククと同一視して恐れているらしい。親は娘が小さいころに、クマによる誘拐や暴行について恐ろしい話を聞かせる。あのマチューテ使いの生物学者ヴァルガスは、調査のためにパウカルタンボ周辺の高地にある先住民族ケロ族の集落をよく訪れるのだが、クマの言い伝えを理由に、ひとりでは森に入りたがらない女性がいると言っていた。私には、パウカルタンボの広場にあるこの気味の悪い彫像が、女たちをよけいに怖がらせているように思えてならなかった。

いかにも好色そうな輝きをまとったウククをふたりで観察する。ヴァン・ホーンが「そうだね……ちょっと困った彫像だ」とつぶやいた。雨が激しく打ちつける。

「うーん。まるで連続殺人事件の犯人みたい」。私は頷いた。

しかし、性的暴行の性癖にもかかわらず、ウククはまったくの悪だとは思われていない。毎年六月、先住民に伝わる最大の巡礼行事「コイヨリッティ」が、ペルーのアンデス地方で開催され[20]、高地のワイケチャ研究所から南東に約五〇キロメートルのところにあるシナカラ渓谷に何万人もが訪れる。「雪の星の祭り」を祝うためだ。この祭りには、カトリックと、インカ帝国、それに先住民族の信仰が生き生きと入り交じっている。収穫の始まりにプレアデス星団の再来を賛美するだけでなく、イエス・キリストとアプ（山の神）も礼拝する祭りである。

祭りの拠点となる騒々しい野営地で、特別な任務を担う男たちの一団が、筒状の房のついたローブをまとい、ニット帽を顔が隠れるまで深くかぶってウククに扮する（昔は、肩にメガネグマの毛皮をまとっていた）。そしてウククたちはほかの巡礼者とともに、海抜四九〇〇メートルを超えるコルケプンク氷河まで、渓谷を八キロメートルほど登っていく。氷の縁から先に進むことが許されるのは、力強い熊男たちだけだ。彼らは危険な氷河を登り、神に徹夜の祈りをささげて罪深き魂と闘う。夜が明けると、ウククは氷を切り出し、それを背中に縛りつけて下りを急ぐ。巡礼者たちは氷の到着を大喜びで迎える。そして氷を秘薬に混ぜ、氷を礼賛し、豊作を祈願する。

しかし、神話世界の熊男でさえ、気候変動の猛威から逃れることはできない[21]。ペルーの氷河は、この二〇年の間に三分の一近くが融解してしまった。そのためウククたちは、後退するコルケプンク氷河の末端に達するために、これまでよりずっと上まで登らなければならなくなった。また、かつてはウクク全員がそれぞれに氷の塊を背負って降りてきたのだが、二〇〇〇年に政府が氷の採取量を制限するようになり、数名のウククしか氷河に入ることが許可されなくなった[22]。さらに数年後、ウククたちは、脆弱な環境の未来を懸念し、その消滅に関与したくないと願って、もう氷河から氷を持ち帰らないことを宣言した。何と言っても、ウククは山の神を守るよう定められた者なのだ。氷河が病んでいるならば、氷の切り出しは神々を苦しめることにしかならない。ウククたちは、手ぶらで山から戻ってくるようになった。

エクアドルのカハス国立公園へ向かうトラックのなか、フランシスコ・サンチェス・カルステと私の間で、二個のパイナップルが弾んでいた。カハス国立公園は、西コルディエラ山脈の標高の低い地域にある小さな自然保護区だ。約二八〇平方キロメートルの範囲に三二頭のメガネグマが生息している。「クマへのごちそうさ」。その朝、パイナップルを抱えて私を迎えにきたサンチェスは、ホテルに現れるや、いたずらっぽい笑みを浮かべてそう言った。パイナップルもアナナス科の植物だが、雲霧林のアナナスとは似ても似つかない。それでも、ペルーでメガネグマを見ることが叶わなかった私には、餌を使ってみる必要があった。

ドーム屋根の大聖堂がそびえ立ち、花市場が広がるロマンティックな町、クエンカを出発し、泥で濁ったヤヌンカイ川の上流に向かって、曲がりくねった渓谷の道を進んでいく。ふんわり広がるスカートの下に大きな長靴を履いた女たちが、背の高いつばつき帽子にピンクと黄色のプラスチック袋をかぶせて雨をよけている。ラジオからは情熱的なラテン音楽が鳴り響く。レストランの看板を見ると、色鮮やかなポンチョを着たモルモットが、踊りながらクイアサド（モルモットのロースト）の宣伝をしている。楽しそうなところをみると、自分がメニューに載っていることに気づいていないらしい。

じつを言えば、カハス国立公園はメガネグマを探すのに最適の場所ではなかった。エクアドルのメガネグマ生息地で永続的に保護されているのは三分の一弱にすぎず、そのほとんどが、首都キトより西側の雲霧林ではなく、エクアドル東部の高地や山麓の丘陵地帯にある。だから、いま、私たちが向かっている西側地域に棲むクマたち、なかでもカハス国立公園のクマたちはとくに脆弱だ。西コルディエラ山脈に生息するほかのクマたちから何十年も分離されているカハス国立公園の個体群には、深刻な影響が現れている。一部のクマの間で近親交配が進んでいるのだ。

サンチェスは、カハス国立公園で一〇年以上、調査活動をしている生物学者で、今回、公園内の雲霧林と、風の吹きすさぶパラモの案内を買って出てくれた。丸顔にうっすらとブロンドの無精ひげが生え、顔の横の髪を刈り上げて、ドイツ軍のパイロットだった過去を思い起こさせる飛行士眼鏡をかけている。「ぼくが生物学者になったのは、父のおかげなんだ」とサンチェスは言う。「父はクエンカ大学で化学を教えていたけれど、ランの分類と栽培が好きだった」

サンチェスは子どものころ、父親に連れられてカハス国立公園のあるアズアイ県の森に通った。希少なランを探すための長期調査旅行だ。アズアイ県はエクアドル中でもっとも多くのランが見られ[23]、国全体で四〇〇〇種あるうちの二五〇〇種が自生している。「ランなんてつまらないと思ったけれど、父にランの名前を覚えさせられた。そのうちに、森が大好きになったんだ。花を見て、鳥の鳴き声を聞くことがね。父がランの絵を描くのも手伝った」。ふたりで、サルの顔のように見える赤みを帯びたランや、ラベンダー色のカトレアの小試料を採取したという。「父が名前をつけたランもたくさんある」

航空機の操縦に幻滅を感じたサンチェスは、軍のパイロットから生物学者に転身するために母国エクアドルに戻った。いまでは、英語力が問題なだけで（「ドイツ語のほうがずっと得意」だと言う）、ランのことなら何時間でも話せるようだ。とはいえ、花のことに話がそれるのは、完全な脱線とも言えない。「ランの球根や葉は、クマの食べ物でもある」と、サンチェスは興奮した口ぶりでつけ加えた。

国立公園の近くの、見晴らしのよい場所に着くと、サンチェスは渓谷の向こうを指さした。その先で、薄青色の太平洋と紺碧（こんぺき）の空が、弧を描く水平線で接している。「ヤシの木が見えるか？　家は？　あそこの村は八人か一〇人くらいしか住んでいないのに、高地から新しい道路が延びることになっている」。その圧倒的な風景のなかでは、家々は小さなしみにしか見えず、私には位置関係がよくわからなかった。眼下に折り重なる尾根が、雲の影で暗くなる。平行線を描くように尾根が幾重にも連なる光景は、まるで本のページが、ゴツゴツとした背表紙から何枚も突き出しているようだ。何百メートルも下の谷底を、銀色の水が流れている。何千年も昔に氷河が融けて大地を削り、押し動かし、引き動かして、この馬蹄型の狭い峡谷が生まれた。サンチェスの指が空を切り、今度は緑の山肌に見える錆(さび)色の傷跡を示した。「あそこが鉱業開発の現場だ」

いま、次々と認可される新たな鉱業権が、全国的に野生生物の生息地喪失を招きつつあり、メガネグマの生息地も縮小している。アンデス山脈には金や銀、銅、亜鉛、ウランの鉱床が豊富に埋蔵されているが、以前は、エクアドルの熱帯雨林や、パラモ、雲霧林に鉱業の影響はほとんど見られなかった。二〇〇八年から二〇〇九年にかけては、左派のラファエル・コレア大統領の下、エクアドル国会が鉱業活動を大きく制限する法令を可決さえしたのだ。[24] しかし二〇一六年以降、エクアドル鉱業省は新規則の下、二万八〇〇〇平方キロメートル以上の土地について探鉱を認可し、[25] 新たに国土面積の一〇パーセントを鉱物資源の採取産業に開放した。[26] 驚くことに、そのほとんどが山岳地域や雲霧林にある、先住民族の土地や自然保護地域であり、[27] メガネグマが生息する場所である。

二〇一七年にレニン・モレノが大統領に就任すると、国の債務を減らし、不安定な原油の輸出への依存から脱却しようと、エクアドルの豊富な鉱物埋蔵量の収益化をさらに推し進めた。[28] そのため、政府の保護区での鉱業活動は依然として禁止されているものの、私有保護地域（何十年も前に民間団体が保全目的で購入した土地）は、にわかに利用しやすくなった。
カハス国立公園内での鉱業活動はまだ禁止されているが、鉱業会社はその境界付近まで活動を広げていた。政府の方針変更に伴い、クエンカ郡（郡は県の下位行政区分）のカハス国立公園周辺の一一八〇平方キロメートルを超える地域について、鉱業権が付与されている。[29] その地域は、すべて公園の緩衝地帯にあたる。サンチェスによると、有効な鉱業権はクエンカ郡の総面積の七〇パーセントにも及ぶという。ただし、私たちが訪れた時点では、実際に探鉱・採鉱が実施されていたのはその三分の一だけだった。[30]
鉱業はすさまじい勢いで南アメリカの環境を破壊している。木々は山腹からはぎ取られ、森は切り開かれて、重機が入れるように道路が建設される。道路ができれば、奥地の生態系に外部の人間が出入りしやすくなり、危機にある野生生物の密猟や売買が容易になる（南アメリカでは、メガネグマの体の部位が、ある種のシャーマンの儀式に用いられ、[31] そのペニスの骨は魔法の薬として人気が高い）。さらに、道路は森を分断するため、野生生物は攪乱（かくらん）された森林の周縁部で生きることを余儀なくされるだけでなく、区画と区画のつながりが失われることから、個体群の遺伝的健全性も損なわれる。鉱業活動に伴う汚水や水銀は川を汚染し、鉱山労働者は朝から晩まで岩を爆破する。
「鉱業活動は、ますます危険になっている」。鉱山労働者の住むチャウチャ地区の近くの斜面で、地面がむき出しになった探鉱区を見て回りながら、サンチェスが言った。一番大きな探鉱区は、ラクダを引き延ばしたような形に見える。山腹にあるベージュ色のコブふたつは、表土と木々がはぎ取られた部分だ。ここの探鉱区は比較的小さいが、それでも懸念がないわけではない。環境アセスメントの結果によると、掘削土が直接チャウチャ川に排出された場合、近隣の水源が汚染されるリスクは非常に高い。それなのに、カハス国立公園には、状況を監視するレンジャーが二二人しかいないという。

トラックに戻り、次はサンチェスのお気に入りの場所、ラス・アメリカスの森へ向かった。この森は一平方キロメートルあまりのコミュニティ・リザーブ（地域社会の保護区）で、カハス国立公園に隣接するモジェトゥロ・ムジョプンゴ保護林のなかにある。保護林には、五頭のクマが生息しているという。[32] しかし、政府の保護区外であるため、いまでは保護林の九〇パーセント以上が鉱業権の区域に含まれている。[33]

道すがら、サンチェスが丘の斜面の茂みに何かを見つけて指さした。アドレナリンレベルがサッと上がる。ついに、メガネグマを自然生息地で見ることができるのか？ 私は息を殺して、枝がカサカサと音を立てるの待った。生い茂る葉の向こうに大きな動物が隠れていれば、何か音がするはずだ。静けさが漂う。サンチェスが双眼鏡を引っ張り出し、乾燥した大地に大きく花びらを広げている黄色い花のほうに向けた。相当興奮しているようだ。これはクマにちがいない！ さあ、いよいよだ……

「オンシジウム・エクスカバトゥム！」サンチェスが得意満面に宣言した。

「え？　なに？」

私はてっきり、サンチェスがクマを見つけて興奮していると思ったのだが、じつは、山腹に咲く希少なランを見つけたのだった。「この黄色いランは、多くの場所で絶滅したと考えられているんだ。地元の人は〝五月の花（フロール・デ・マヨ）〟と呼ぶ」とサンチェスは言った。「昔はあちこちに咲いていて、カトリックのお祭りで処女マリアの宗教画のまわりを飾るのに用いられていた。教会も町も、このランであふれていたんだ。でもいまでは、野生の花はほとんど見ることができない」

私はがっかりしたが、驚きはしなかった。じつを言えば、南アメリカを旅すると決めたとき、野生のクマに出会うことをそれほど期待してはいなかったのだ。何といっても、メガネグマは人間に対して警戒心が強いことで知られている。そのうえ、私は野生生物の目撃については、かなり運のない人間で、世界各地でトラやオオカミ、キンシコウに、あと一歩というところで出会えずに終わっている。メガネグマもまた、「ニアミス動物」の長いリストに追加することになるのだという気持ちでいた。しかし、その後の数週間、南アメリカに棲む唯一のクマと出会えるチャンスについていろいろ話を聞くうちに、もしやと期待が高まっていたのだ。しかし、私がじっくり観察できたのは、姿を見せてくれた生物――エクアドルヤマハチドリ、巨大な蛾、アルパカ、そしてオンシジウム・エクスカバトゥム――だけだった。

一時間後にラス・アメリカスの森に到着し、期待薄のクマ探しを再開した。農家の付近から、ウシ飼いの道を登っていく。あちこちに落ちている牛糞を避けつつ、牧畜犬に吠え立てられながら歩いた。サンチェスは、パイナップルがふたつ入ったプラスチック袋を手にしている。私は立ち止まり、美しいすみれ色の花をつけた低木に目をやった。「シコンノボタンだよ。攪乱林〔自然もしくは人間活動のために変化した森林〕の周縁部に生える木だ。あと一〇分もすれば天然林に着く」

雲霧林との境界付近でクマの息のような音が聞こえ、私たちはピタッと足を止めた。サンチェスがまるで鳥でも呼ぶように、鼻を鳴らしてクマを呼ぶ。何も起こらない。ふたたび歩き出すと、四〇分後、牧草地を過ぎたあたりの大きな木の下でサンチェスが立ち止まった。アボカドの仲間のアグアカティーョという木だ。あっという間に、蚊が私たちの無防備な肌に集まってくる。「これはアンデスグマの好む木だ。ここで眠ることもある」。サンチェスはそう言ってしゃがみ込み、厚く積もった枯葉をかき回して、アナナスの長い葉をいくつか引っ張り出した。「クマがいた形跡を見つけたぞ――この葉には引っかいた跡がある！」そう言って持ち上げた葉の基部には、鉤爪で引っかいた長い跡があった。「この森で、クマの形跡を見つけるのは容易じゃない。枯葉だらけで足跡が残らないんだ。でも葉が自然に枯れ落ちたものかどうかはわかる」とサンチェスは説明する。この、引っかいた跡のある葉は、クマがむしり取ったものだ。

いかにも、マイケル・ボンドは物語にぴったりの登場人物（クマ）を選んだ。警戒心の強いメガネグマは、私がペルーとエクアドルで山歩きをしていた一か月の間、ずっと謎めいた存在であり続けた。サンチェスにしても、ほとんど自動撮影カメラの画面越しにしかクマを目撃したことがない。しかし一度、このラス・アメリカスの森で思い出深いクマとの遭遇があったという。「ぼくのほうにすごい勢いで走ってきて、木に駆け上り、フーフー息を吐きながらこういう葉を投げつけてきたんだ」。サンチェスはそう言いながら、引っかいた跡のある葉を空に投げ、そのときの様子を再現した。彼はその雌グマを、森の名前にちなんでアメリコと名づけた。顔の半分以上に及ぶ白い模様が特徴のアメリコは、そのあとにも自動撮影カメラで確認されている。画面のなかのアメリコは、自分の父グマと交尾をしていた。

細い木に設置してある自動撮影カメラの場所で、サンチェスは刃の長いナイフを取り出した。そしてパイナップルの皮をむき、カメラのシャッターの正面に置いた（このごちそうは、クマが鼻をフンフン鳴らしながら通り過ぎる前に、一週間後にオポッサムが食べることになる）。「このカメラで、アメリコとは別の個体も記録したことがある」とサンチェスは言う。その映像が撮影されているときに、緩衝地帯で鉱山の爆破作業が始まった。「ダイナマイトが爆発すると、クマは逃げ去った。鉱山の近くのカメラにも、同じクマの記録があった。そのすぐあとに、さらに遠くのカメラにも写っていた。遠く離れた場所まで、逃げていったんだ」。その後、サンチェスはそのクマを一度も見ていない。鉱山付近に一時的にできた集落に住む労働者は、猟銃を持っていることが多いのだと、サンチェスは眉を曇らせて言った。モジェトゥロ・ムジョプンゴ保護林や、カハス国立公園の境界周辺で、さらに多くの鉱業活動が開始されたら、クマたちはどうなってしまうのだろう。

私は、青いダッフルコートをきちんとはおり、つばの垂れた赤い帽子をかぶったくまのパディントンが、駅のプラットフォームに立つ姿を思い浮かべた。二〇一七年に亡くなったマイケル・ボンドは、生前、『ガーディアン』紙にパディントン誕生の秘話を語っている。彼は、第二次世界大戦のさなかのヨーロッパで、爆弾投下を逃れてきた疎開児がレディング駅をとぼとぼ歩く姿から、クマの物語の着想を得たのだという[34]。疎開児たちの持ち物は、大切な物を入れた小さなスーツケースただひとつだった。自分たちの暮らしていた世界から永久に去り、新しい世界に足を踏み入れようとする子どもたち。「難民の姿ほど悲しいものはない」とボンドは語っていた。私は、雲霧林の樹冠に木の枝を集めただけの巣をつくり、その上で休んでいるメガネグマのことを思った。消えゆく雲。クマの棲む森のいたるところで鳴り響く、鉱山の爆破音。ボンドが生んだ物語のなかのメガネグマは、おびただしい数の難民と戦争による犠牲を表す存在だった。いまではパディントンの物語の状況が、メガネグマを取り巻く現実になっている。このまま森林破壊が続けば、メガネグマも難民となり、ふるさとの森から追い出され、二度と帰れなくなってしまうだろう。

第II部

# アジア

ASIA

私は、人生の秘けつは簡単明瞭だと思った。いま、ここにいること。それが人生のすべてだというくらい、愛すること。一生の仕事を見つけること。そしてパンダを手に入れることだ。

——アン・ラモット（小説家）

第 2 章

# 死と踊る

ナマケグマ

*Melursus ursinus*

インド

マディヤ・プラデシュ州のバンダウガル国立公園に、宵闇が迫っていた[1]。太陽がまるで土につながれてしまったかのように、インドの赤い地平線上にとどまっている。すじ雲が、空に金色や橙色の線を描く。国立公園の入り口から一三キロメートルほどの距離にあるパトール村に着くと、日干しレンガ造りの小さな家の前にピンキー・バイガが立っていた。彼女はこの家に、九人の妹と末っ子の弟と一緒に暮らしている。靴下を履いた上からビーチサンダルを引っかけたピンキーの足のまわりに、妹たちがしゃがみ込んでいる。何人かは、屋根に登って、もの珍しそうにこちらを見ている。

　私の同行者であるハレンドラ・バルガリは、大きな顔に薄い口ひげを生やした中年の男性だ。彼は泥道から家に近づくと、声をひそめてヒンディー語でいくつか質問をした。ピンキーは、その身なりのいいよそ者を、黒い瞳で上から下までよく観察し、自分の体験を話してよいものかどうか思案している。のんきなウシの鳴き声が、堅苦しい静けさを埋めるように響いた。男たちが、泥だらけのウシを連れて放牧地から戻ってくる。まもなく、夜行性の動物たちが活動を始めるだろう。ピンキーが、すり切れた赤いセーターを体に引き寄せ、頭を覆っていた白いスカーフを後ろに引っ張ると、刈り込んだ黒髪の下に深い傷跡が見えた。

　ピンキーはナマケグマに襲われたのだ。二か月前、両親と一緒に家から数キロメートルの場所に薪を集めに行ったときのことだった。アカシアの木の向こうに夕日が沈むころ、薪を頭に乗せ、土ぼこりの舞う道を家に向かって歩き出したピンキーは、見通しのきかない角を曲がったところで、ぬっと出てきたクマと鉢合わせした。手で薪を抱えていたので、驚いて攻撃してきたクマから身を守ることができなかった。両親が必死になって大声で叫び、クマを追い払ったが、彼女は危うく頭皮をはぎ取られるところだった。

　妹のひとりが家のなかに走っていき、医者の診断書を持ってきた。そのしわくちゃの紙にバルガリがざっと目をとおすと、英語で「診断　クマによる咬創。数針縫合」と書いてあった。ピンキーはカトゥニ県病院に一〇日間入院し、傷の手当てを受けた。右目の下にも傷跡がある。まだ安静にするように言われているとバルガリに話しながら、にこりともせず、人目を気にするようにスカーフを元に戻した。一七歳と言えば、そろそろ結婚をして夫の家に移り、子どもをもうける歳ごろだ。それなのに、ピンキーはほとんど家から出ることもできずにいる。

「クマなんて、大嫌い」

メガネグマが世界で一番穏やかなクマだとしたら、ナマケグマはその正反対だ。ナマケグマによる死者の数は、ほかの七種のクマのどれよりも多いのだが、このクマはインド亜大陸に住む人以外には、ほとんど知られていないようである。アジアに残る野生のナマケグマは二万頭に満たないのに[2]、この短気なクマは、毎年一〇〇人を超える人間を襲っている[3]。そして、多くの人がひどい負傷によって命を落としている。比較のためにヒグマについて言えば、三大陸に二〇万頭以上が生息しているが、ヒグマによる死者数は毎年平均で六人ほどしかいない[4]。

ナマケグマによる死者数が多い原因の一端は、生息地の地勢にある。ヒグマやホッキョクグマは、体重が一〇〇キログラムほどのナマケグマの倍以上の大きさだが、人間の数が非常に少ない、広大な自然のなかに生息している。これに対してインドは、農村部の人口が世界最多であり、その生態系も世界屈指の多様さを誇る。ゾウや、トラ、ヒョウ、サイ、それにヒグマや、ツキノワグマ、マレーグマも、何千万人もの人々にとって不快な隣人なのである（インドに生息するクマの種数は、ほかのどの国よりも多い[5]）。さらに、ナマケグマは、これらの魅力的な野獣のなかでもきわめて攻撃的である。インド生まれの英国人狩猟家ケネス・アンダーソンは、一九五七年出版の著書『人食い動物と密林の殺し屋』(*Man-Eaters and Jungle Killers*) にこう記している。「ナマケグマは、はっきりした理由もなく人を襲うことで知られている。ただし、それはクマが寝ているときや、食事中、あるいはただゆっくりと歩いているときに、人が近づきすぎた場合である。だから地元の住民は、ナマケグマに近づかない。ゾウとナマケグマは、密林に住む人々から最大級の敬意を払われている[6]」

このアンダーソンの実体験に基づく知見は、二〇二一年に『米国科学アカデミー紀要』(*PNAS*) に掲載された論文によって実証された。インドのカルナータカ州、マディヤ・プラデシュ州、マハラシュトラ州、ラジャスタン州にある保護区の緩衝地帯に住む五〇〇〇世帯以上を対象とした調査[7]によると、一年間の野生動物による死者数はゾウによるものがもっとも多かったが、損傷の重症度はナマケグマがもっとも高かった。また、遭遇頻度は低いものの、「ナマケグマと遭遇した場合に人が負傷する確率は、ほかの動物よりもはるかに高かった[8]」。今日、生物学者はナマケグマを「インドに生息するもっとも危険な野生動物」だと考えている[9]。

ナマケグマの獰猛さは、どれほど大げさに語っても大げさすぎることはない。たとえば、二〇二〇年一二月、森に食料を集めに行った村人が、帰り道に一頭のナマケグマに襲われ、四人が死亡、三人が負傷した[10]。目の前で仲間がナマケグマに殺され、命からがら逃げ帰った男性は、『ヒンドゥスタン・タイムズ』紙にこう語っている。「午後四時ごろに木に登った。クマは、木のまわりをうろつきながら、私が降りるのを待っていた。私はアンゴーチャ（タオル）で体を木の幹に巻きつけて、助けを待った。それから五時間後に（中略）救助隊が到着した[11]」

私は今回の旅で、スモッグで息苦しいデリーの街に降り立つ前に、バルガリに連絡をとっていた。彼は、世界に数えるほどしかいないナマケグマの専門家であり、野生生物を保護するインドの非営利団体コーベット財団の副所長でもある。バルガリのチームは、カンハ・ペンチ回廊と呼ばれる、クマと人間との軋轢が激しい地域で活動をしていた。この回廊は、インド中央部に位置するマディヤ・プラデシュ州のふたつのトラ保護区（カンハトラ保護区とペンチトラ保護区）を結ぶチークの熱帯乾燥林で、面積は約一万六〇〇〇平方キロメートルに及ぶ。回廊には、先住民族のゴンド族とバイガ族が暮らす四四二の村落があり[12]、毎朝、村人たちが生活に必要な食料や薪を取りに森に入る。村人たちは、この生きるための採集活動のために、ナマケグマと鉢合わせることになるのだ。ナマケグマはなわばりを守る習性があり、寸断された原生林の周縁部で暮らしていていることが多い。コーベット財団では、二〇〇四年から二〇一六年の間に、この回廊で二五五件のナマケグマによる襲撃を記録している[13]。

ナマケグマという名前は、動物界きっての、実体とかけ離れた名称である。このクマはのろまではなく（走るスピードはたいていの人間よりも速い）[14]、なまけ者でもない。ましてや、動物のナマケモノの仲間でもない。昔、ヨーロッパ人探検家が、アジアのうっそうとした森のなかで木から逆さにぶら下がっている、指のように細長い鉤爪を持つ毛むくじゃらの奇妙な動物を目にしたとき、これは南アメリカに棲むナマケモノの仲間に違いないと考えたのだと言われている。一七九一年、ヨーロッパの動物学者ジョージ・ショーが、この謎めいた動物に *Bradypus ursinus*（クマのようなナマケモノ）という見当違いの名を授けた[15]。ナマケグマはクマにしては小柄だが、それでもナマケモノの現存種に比べれば極端に大きかっただろう。誤分類がようやく解決されたのは、この動物は南北アメリカ大陸とまったくつながりがない、と分類学者が気づいてからである。そして一般名も、「ナマケグマ」に改められた。本当は「アリクイグマ」のほうが、ふさわしい名前だと思うのだが。

ナマケグマはアリ食性、つまりシロアリやアリを食べる動物だ。センザンコウや、アルマジロ、ハリモグラもアリ食性だが、クマではナマケグマのほかにいない。ナマケグマは、上顎第一切歯を欠き、前に突き出せるたるんだ下唇と、動く口吻、高く長い口蓋を持つ。まさに、虫をすすり取るのに最適の構造である。そのうえ、食事中に土ぼこりを吸い込まないように、鼻孔を閉じることもできる。私は、南アメリカの雲霧林でひっそりと暮らすメガネグマを見つけることはできなかったが、ナマケグマにはもっと簡単に出会えそうだった。それは、このクマがかなりうるさい動物だからだ。大きな鼻息を立てながら森のなかを歩き回るし、食べ物をすする気持ちの悪い音も、かなり遠くから聞こえるという[16]。

ナマケグマは、ひどくみすぼらしいなりをしたクマだ。小さくて丸い焦茶色の目のまわりに、ぼさぼさの毛が生えている。体からも、堅くて黒い毛があらゆる方向にぼうぼうと突き出ている。おそらく唇がたるんでいるせいだろうが、口元はいつも泡だらけだ。四肢は長く、黄味を帯びた鉤爪のついた大きな足を持つ、なんとも不格好なクマである。この狂暴なクマをして、もっとも愛すべき特性は、子の世話のしかただ。母親は、子グマをトラやヒョウから守るために、一度に一頭から三頭の子を、毛の長い背におんぶするようにして運ぶ。この生存戦略は、インドでもっともトラが多く、人間の数も八〇〇〇万人を超えるマディャ・プラデシュ州のような場所では、非常に重要である。

マディャ・プラデシュ州はインドで五番目に人口の多い州だが、ウッタル・プラデシュ州、カルナータカ州、西ベンガル州などの人口密集地に比べると開発は進んでいない。九つの国立公園と六つのトラ保護区の外には、稲田や畑が広がる。ゴンド族とバイガ族の人々は、キノコや薪、ボンベイコクタンの葉、甘いマファの花を集めるために、日常的に国立公園の緩衝地帯（文明と野生が接する場所）に足を踏み入れる。そのため、マディャ・プラデシュ州は、人間と野生生物が争う場所となっている。私は、二月の夕暮れどきにバルガリとともにピンキーの家に着くまでに、ウシの群れに道をふさがれながら何日も州内を走り、一〇人近くのクマ被害者に出会っていた。被害に遭った人たちは、押しつぶされた手や、傷跡の残る太ももなど、さまざまな負傷の跡を進んで見せてくれた。なかには、クマが後ろから噛みついた傷跡を見せようと、ズボンを降ろした男もいた。

それでも、道路から見る限り、マディヤ・プラデシュ州は、混沌としたデリーの街に比べれば平和に見えてしまう。奥地で人間と野獣の激しい争いが繰り広げられていることを暗示するものは、ほとんどなかった。一面に広がる、素焼き粘土の赤褐色。その上をただようのは灰色のスモッグではなく、本物の雲だ。日焼けした顔にしわが刻まれた女たちが、木製の鋤(すき)で農地を耕しながら、なかなか動かない水牛を引っ張る。女たちはきらびやかなサリーを身につけ、頭上には乾燥した牛糞（燃料に使うもの）を乗せている。あたりの空気は、燃やした牛糞と、木々の花の香りが入り交じり、麝香(じゃこう)のような匂いがした。農地と森が出会う薄暗い地平線に向かって車を走らせる私たちを歓迎するように、車体の側面にけばけばしい花模様が描かれたトラックが何台も、ラッパを鳴らしながら通り過ぎていった。

ナマケグマは、二〇世紀初頭にはインドからネパール、バングラデシュ、ブータン、スリランカに至るまで、南アジア一帯に生息していた。しかしインドでは、植民地時代の一八五〇年から一九二〇年にかけて、三三万平方キロメートルに及ぶ森林が切り開かれ、英国統治下の乱獲も、野生生物の減少に拍車をかけた。一八七五年から一九二五年の間に、八万頭以上のトラが殺されたという。一九四七年にインドが独立すると、ふたたび森林破壊の勢いが増した。以降、人口の急増に伴ってナマケグマは減少し、一九九〇年には国際自然保護連合（ＩＵＣＮ）がナマケグマを「絶滅のおそれのある種のレッドリスト」の「危急種」に指定する。現在も、ナマケグマは危急種のままだが、その後バングラデシュでは絶滅が確認されており、ブータンでも絶滅している可能性がある。インドはナマケグマの最後の砦であり、三六のうち一九の州・連邦直轄領に生息している。

危険にひんしている動物に対する不寛容な姿勢を和らげるために、インド各州の政府は、野生生物の攻撃で負傷した人に補償金を支払っている。ナマケグマが人を殺した場合には、遺族に補償金が支払われるのだが、死亡に対する補償は、全国平均で犠牲者ひとりあたり三二三四ドルにすぎない[17]。*PNAS* の研究によると、ナマケグマに関しては、「ほとんどの犠牲者が、死傷者に対する州の補償は治療や被害の実際の費用をまかなうには十分でないと感じている」という。だから、彼らは自ら報復をしようとする。

インドでは、衝突が頻発する地域で、ナマケグマを殺す報復行為が急増している[18]。地方紙には、村人がナマケグマに石を投げつけたり、感電死させたり、毒を盛ったりして殺したという記事が見られる。たとえば、インド西部のマハラシュトラ州では、森を歩いていた八人の男たちが、自分たちのほうに向かってくるナマケグマの子グマ二頭に気づき、恐怖のあまり斧（おの）で殺した[19]。当然ながらこの行為は近くにいた母グマを怒らせることになり、八人のうちふたりが殺された。また別の新聞記事では、南西部カルナータカ州に住む五八歳の女性が遭遇した事件を詳細に伝えている。[20] 家族で栽培しているキンマ〔コショウ科の植物〕の畑に向かう途中、ナマケグマの親子がトウモロコシの苗木の陰から飛び出してきて、女性の顔を鉤爪で引っかいた。近くにいた男たちが母グマを追い払い、子グマを捕まえて、村の寺院に閉じ込めた。村人たちは鳴き叫ぶ子グマを放すのを拒み、最後には森林官がやってきて「野生動物の村への侵入事件に片をつけた」という。また、東部オディシャ州の当局は、二〇一四年から二〇一八年の間にナマケグマによる襲撃が七一六件もあったと報告しており、[21] 同じ期間にナマケグマ八七頭の死亡を記録している。欧米人がペットやウシを守るために肉食の野生動物を殺すのに比べれば、インド人は野生動物に対してはるかに寛大だ。[22] それでも、「早期に衝突を防ぐ措置が取られなければ、五年もすると、地元住民はもう耐えられなくなり、クマを殺す」のだと、ピンキーの家からの帰路にバルガリが教えてくれた。

インド政府は、二〇一二年に、インド在来のクマ四種に関する国の福祉・保全行動計画を発表した。しかし、バルガリによれば、それ以降ほとんど何も行なわれておらず、ナマケグマの状況も改善していない。彼らが二〇一六年に実施したナマケグマの現況評価では、生息地喪失の問題に速やかに対処しないかぎり、今後三〇年の間にナマケグマの個体数は三〇パーセント以上、減少するだろうと予測している。[23]

インドの人口は、今後数十年の間、増加し続けると予想されている。二〇二三年、インドの人口は中国を超え、世界でもっとも人口の多い国になった。この亜大陸では、土地をめぐる争いが日常的に起こっており、政府と民間企業、民間企業と農村の住民、農村の住民と野生生物の衝突が絶えない。残されたわずかな森林資源への圧力が高まるなかで、人間には、食料や水、生息地の恵みを、いまわしいナマケグマに与える余裕はなさそうだ。このクマは、クマ科の系統のなかでも残念な一派である。ヒグマやホッキョクグマのように肉体的な能力を尊ばれるには、あまりに毛がぼさぼさでだらしのない風貌をしている。パンダやマレーグマのように、抱きしめたくなるような姿をしているわけでもない。ナマケグマの怒りっぽさは、人と野生生物の共存の精神に、ほとんど克服しがたい難題をつきつける。森が伐採され、森のまわりでは人口が増え続けているなかで、世界でもっとも危険なクマが生き延びることなどできるのだろうか？　世界一穏やかなメガネグマでさえ、絶滅の危機にあるのだ。ナマケグマがインドで生存していくためには、少数の保全推進派の人々の優しさと強い決意に頼るしかない。

一八九四年、一匹のクロヒョウと、母オオカミ、ベンガルトラが、子どもたちの物語の世界に登場し、インドの原生自然についての西欧の認識を永遠に変えることになった。最初は雑誌に複数の短編が掲載され、のちに『ジャングル・ブック』（小学館など）としてまとめられた、ラドヤード・キプリングの小説は、瞬く間に大評判となる。この、オオカミに育てられた少年モーグリと森の仲間たちの物語により、キプリングはその時代のもっとも人気のある児童書作家となり、一九〇七年にノーベル文学賞を受賞した。『ジャングル・ブック』には、トラのシア・カーン、クロヒョウのバギーラ、母オオカミのラクシャのほかに、もうひとり、印象的な動物が登場する。「いつも眠そうな茶色いクマのバルー」[24]だ。年老いたバルーは、「オオカミの子どもたちにジャングルの掟を教える師であり、木の実と根っことはちみつしか食べないので、好きな場所に姿をあらわしていいことになっている」

「掟」では、「人間を食べることは禁じられており、例外として自分の子どもに殺しかたを教えるときのみ許されているが、その場合は自分の群れや一族の狩りの場の外でやることと決められている（中略）動物たちが語りついでいる表向きの理由はべつだ。人間はもっとも弱く頼りない生き物であり、そんな生き物を襲うのは卑怯だというのだ」。どうやら、ナマケグマはこの覚え書きを受け取らなかったらしい。

英国統治下のボンベイ（現　ムンバイ）に生まれた英国人のキプリングは、その少年時代を、大英帝国の王冠の宝石と称されたインドではなく、英国の下宿屋で過ごした。そして一七歳になるとインドに戻り、しばらくの間、ラホール（現在はパキスタンの都市）で新聞記者として働いていた。インドに到着した際、キプリングはちょっと気取ってこう記している。「家族が暮らすラホールまで、汽車で三、四日を要した。それが過ぎると、私のイギリスでの日々は消え失せ、以後、その記憶がはっきりとよみがえることはなかった」[25]。それなのに、彼は七年後にはインドを去り、二度と戻ることはなかった。そしてモーグリが登場する有名な物語を、雪の舞う米国バーモント州で書いたのである。[26]

キプリングは、ジャングル・ブックの舞台とされる多くの場所を一度も訪れたことはなく、もちろんペンチとカンハのトラ保護区を含むマディヤ・プラデシュ州セオニ地区周辺にも行っていない。この大作の着想は、ジャングルそのものではなく、インド人の子守から聞いたおとぎ話から得られたとする説もある。[27] キプリングのナマケグマに関するじつにひどい説明も、この説の信憑（しんぴょう）性を高めている。バルー（英語ではBaloo。北インドではbhaluと書いてクマを意味する）を、「茶色いクマ（ブラウンベア）」〔英語のブラウンベアはヒグマを指す〕だと説明しているが、地理的分布だけを見ても、バルーはナマケグマでなければならない。マディヤ・プラデシュ州の森に、ほかの種のクマは生息していないからだ。しかしバルーの行動は、ナマケグマの行動とも異なる。もしナマケグマだったら、バルーは木の実と根っこではなく、シロアリとマフアを食べただろうし、モーグリにジャングルの掟を教えるよりも、そのはらわたを取って殺したいと思っただろう。

私は、キプリングの物語の舞台とされるカンハ保護区の縁で、ジーナル・ヴァジリンカールと待ち合わせをした。緩やかに流れるジャムニア川のほとりで、ジャスミンの白い花びらが甘い香りを漂わせながらひらひらと舞い落ち、私たちの足もとは星をちりばめたようになっていた。ハレンドラ・バルガリはウッタラカンド州に用事があったので、私のカンハ・ペンチ回廊への旅に同行者を手配してくれたのだ。ヴァジリンカールは、マハラシュトラ州出身の若く熱意あふれる生物学者だ。コーベット財団のカンハ現地事務所は、事務所というよりは森の野営地という感じの場所である。そこに住み込みで働き、この地域の野生生物を熟知している彼女は、『ジャングル・ブック』の主人公モーグリのように、半ばジャングルの住民のように見えた。

「今朝、ヤセザルが吠えるのを聞いたわ」。ヴァジリンカールが眼鏡の下の目をこすりながら言った。朝日が昇り、空がだんだん明るくなっていく。ひんやりとした風が吹き、ムラサキフトモモの木が揺れる。私たちは、小さな陶製コップに入れた、ミルクたっぷりのチャイで体を温めた。「近くにヒョウがいるという警戒の声よ。ガーッ、ガーッて」。どうやら私が電話の呼び出し音だと思ったのは、ヤセザルの吠え声だったらしい。

私たちはその日から数日間かけて、バラガット地区とセオニ地区、そしていままでは芳しくない理由で有名なカンハ・ペンチ回廊の村落を訪れ、クマ被害の犠牲者から話を聞くことにしていた。ヴァジリンカールは、私に心の準備をさせようと、携帯電話の画面を見せる。そこには、顔の一部をクマに引っかかれた男性の写真があった。異様な目玉がひとつ、不自然な方向に垂れている。

「鼻もないの、わかる？」ヴァジリンカールは親切に指さして教えてくれたが、一目見ればそうとわかる。

「どうやって息をするの？」と聞いてみた。

「この、鼻の横にある深い傷跡からよ。わかる？」

これも、見るだけでよくわかった。

無駄足にならないから安心してほしい、と思っての発言だろうが、ヴァジリンカールは、カンハ保護区の周辺の森でこれと同じような傷跡をもっと見ることになると断言した。しっかりとした防御の施されたジープで乾生林の周縁部を走りながら、ヴァジリンカールが楽しそうに指を差す。その先には、木漏れ日でまだら模様になったサラノキの木々の間をすべるように飛んでいくカザリオウチュウが見えた。「たちの悪い、物まね鳥！　観光客のカメラのシャッター音までまねるのよ。見た目はとてもきれいなんだけど」。尾の先から二本の柄が細く伸び、その端には黒いコンマ記号のようにも見える美しい飾り羽がついている。あたりに生えるサラノキは、バラガット地区ではもっとも多く見られる樹種のひとつだ。幹の細いサラノキを囲むようにして、シロアリの大きなアリ塚が立っているが、この木は材質が堅く、シロアリに耐性がある。シロアリのアリ塚は、間違いなくインドの森でもっとも目を引くものだ。なかには、私の腰よりも高いアリ塚もある。さながら、土でできた高層ビルだ。ナマケグマは、果実が得られない季節にはほぼ昆虫だけで食いつなぐ。一回の食事に、アリやシロアリを一万匹も食べることがあるという。

「バラガット地区で、現場森林官のひとりがひどい裂傷を負った」と、ヴァジリンカールが教えてくれた。彼女の口からは、クマ襲撃の話が次から次へと出てくる。「その森林官は、森に入るときは必ずヘルメットをかぶるようになったの。頭部がかなり弱くなっているから」。サラノキの樹間に、優美なマフアやボンベイコクタンの木が生えている。ボンベイコクタンの葉は、ビディと呼ばれる安タバコを巻くのに用いられる。マディヤ・プラデシュ州は、国内最大の産地で、一〇〇万人を超える人がわずかな賃金でこの紙のように薄い葉を採集している。部族の人々は、多肉質で黄白色をしたマフアの花も摘む。花は、大きさも重さもブドウと同じくらいで、発酵させて強い酒にしたり、甘味料として利用したりする。

しかし、これらの森の産物には、大きな犠牲が伴う。マフアの甘い花は、ナマケグマの大好物でもあるのだ。そして人々がナマケグマに襲われるのは、早朝に森に入り、かがみ込んで夢中になってマフアの花やボンベイコクタンの葉を集めているときである。カンハ・ペンチ回廊でバルガリらが実施した調査によると、ナマケグマによる襲撃の三分の一近くがボンベイコクタンの葉を採集しているときに、五分の一がマフアの花を集めているときに発生していた[28]。

ナレンドラ・モディ首相の「全国民に電力を」と銘打つキャンペーンの下で建てられた新しい電柱が、ベルトラ村に続く道路沿いに並んでいた。裸電球が、土づくりの小さな家々を照らす。広場で、やせた男性がふたり、泡立つ大釜をのぞき込んでいた。マファ酒をつくっているのだ。マファの花期は、四月の終わりまで続く。この村の風情のある家々は――たった三五軒だが――アーンガンと呼ばれる小さな中庭と小屋を囲うように建てられている。そのすぐ奥には、木々の生い茂る森が見える。私たちは、まず、マハシン・メラヴィの家に向かった。マハシンは、顔のほお骨が突き出た、四〇代後半のやせた男性だ。上はすり切れた白いボタンダウンのシャツ、下は着古した半ズボンという姿で、靴をはく代わりに、灰色の土が厚い層になって足先にこびりついていた。自己紹介をしたあと、私は、アーンガンにあったロープ張りの壊れた寝台の縁に腰を下ろした。マハシンは、床からの高さが三〇センチメートルもない木製の腰掛けに座り、つまようじのように細い足を前に投げ出した。ニワトリが地面をガリガリと引っかいている。マハシンは語り始めた。

六年前、雨季のさなかに、キノコを採りに森に入った折に、眠っていたナマケグマの母グマと二頭の子グマを起こしてしまったのだという。何とか逃げようとしたが、母グマは世にも恐ろしいうなり声を上げて後ろ足で立ち上がり、マハシンの太ももの上部に噛みついてきた。牙は、骨まで達したという。マハシンは、やっとの思いで逃れて、近くの木によじ登った。噛まれた足から、生温かい血が流れ落ちる。ようやく母グマがあきらめて木の下から立ち去るまで、数時間を要した。マハシンは、おっかなびっくり、足を引きずりながら家に戻った。「傷を見て、家族は泣き叫んだよ」と、彼は回想する。「家で、傷口を洗って、薬草をあててもらった。病院に行ったのは翌日だ」。それから二か月の間は、ほとんど歩けず、仕事もできなかった。マハシンは半ズボンをぐいとまくし上げ、浅黒い太ももに沿って走る、色の薄い傷跡を見せてくれた。

ナマケグマは人肉を食う動物ではない。攻撃的ではあるが、殺した人間の肉を食うことはめったにない。腹を満たすためでないなら、クマはなぜマハシンを襲ったのだろう？野生動物の研究者たちは、ナマケグマがすぐ攻撃に及ぶ理由について、いくつかの仮説を立てている。ナマケグマが逃げるよりも戦うことを選ぶ理由は、あの長い鉤爪が——虫を掘り出すには理想的な形なのだが——木に登るのにはあまり役に立たないからではないか。おとなのナマケグマは、子グマを樹上に運んで守ることはあっても、自分が危険から逃れるために木に登ることはない。

ナマケグマの攻撃性に関するもうひとつの一般的な説明は、ほかの捕食動物との関係に根差すものである。インド亜大陸に棲むナマケグマは、トラやヒョウと争わなければならないのだ。ヒグマやホッキョクグマは、それぞれ食物連鎖の頂上に君臨している。おとなのパンダを襲う捕食動物も、ほとんどいない。そしてメガネグマは木々のなかに隠れて身を守る。だがナマケグマは、危険が迫ったときには、毛をガサガサさせて、太く短い歯と鉤爪を武器に戦うしか術がないのではないか。ナマケグマは視力も聴力も弱いため、部族の人間とトラの区別がつかないのかもしれない。だから、縦縞模様の敵に対抗するための甚だしい攻撃性を、人間に対しても爆発させてしまうのだろう。

ウッタル・プラデシュ州にあるアリーガル・ムスリム大学の野生生物研究者、タヒール・アリ・ラザーは、インド政府の保全優先事項がこうした軋轢を悪化させていると考えている。人の介入がなければ、トラとナマケグマは互いに離れた場所で暮らすだろう、と彼は言う。トラは、おとなのナマケグマや子グマを執拗に攻撃し、殺すことがある。「同じ生息地にトラがいれば、母グマは子グマが安全だと思わないだろう」と、バルガリも同意する。しかし、インドの人口があまりにも増加したために、相いれない二種の動物が狭い森に押し込まれてしまった。タヒールがバンダウガル国立公園の周辺におけるトラとナマケグマの関係を調べたところ、実際にトラがナマケグマを殺した例はほとんどなかったが、トラに脅されたナマケグマたちが、保護区周縁部の分断された森や、人間の居住地に近い緩衝地帯に押し出されていることがわかった。バルガリが言うには、こうした状況に加え、インドの保全当局はトラに必要な環境を優先しがちであり、ナマケグマの必要とするものには十分に対処していない。つまり、トラが保護区の中心部に生息する一方で、その犠牲となる不運なナマケグマは、劣化した森林へと押し出され、必然的に人間との軋轢に巻き込まれる。

翌朝、私たちはカンハ・ペンチ回廊に向かった。ヴァジリンカールは、クマ襲撃の犠牲者の名前とだいたいの住所を書いた紙を持参していた。この回廊に生息するナマケグマ――何頭いるのかはだれも知らない――による襲撃は、二五〇件を超える。その日、会って話を聞こうとしていたのは、ポルバトゥール村の近くで数年前にクマに襲われたという女性だった。ヴァジリンカールは用心深くあたりを見まわした。この地域では、近年、ナクサライト〔インドの極左テロリストグループ〕の活動が活発化し、インド共産党の武装集団が隣接するチャッティースガル州から州境を越えて入り込んでいる。政治的緊張をはらんだ状態が続いていて、いつ暴動が勃発してもおかしくはない。

路上で、若い男性に出会った。濃い灰色のシャツを着て、ナクサライトがするように緋色のスカーフを頭に巻いている。ヴァジリンカールは、警戒しながらジープの窓から身を乗り出して、このあたりでクマの襲撃に遭った女性のことを知らないか尋ねた。

「その人は、家にいるでしょうか？」

男性は、焼きつけるような真昼の太陽を見上げて顔をしかめ、首を振った。

「クマに襲われた人？　いや、戻っていない。まだバラガット病院にいる」

私たちが探している人がクマに襲われたのは、もう何年も前のことだ。まだ病院にいるとは、どういうことだろう？　しばしの混乱のあとさらに質問を続けると、ほんの二日前に、また別のナマケグマによる襲撃があったことがわかった。犠牲者の家族は、この近くのジャイプリ村に住んでいるという。男性が村の方向を指差した。

犠牲者の家に着くと、茶色の腰布を巻いた中年の男性が出てきた。事のいきさつを問うと、彼は頭を抱えて嘆きながら、崩れるようにしゃがみこんだ。私たちのやり取りを聞きつけた人たちが集まって、小さな人だかりできる。彼が言うには、ある日の夕方、村人が五人で森に竹を切りに行ったときに、事件は起きた。森からの帰りに、彼の妻ジャヴァンティバイ・ウィキーが先に歩き出すと、すぐに叫び声が聞こえた。ナマケグマが木々の間から飛び出してきて、妻の尻に噛みついたのだ。赤いサリーから血がしみ出てくる。ほかの四人が駆けつけたとき、クマはまだ噛みついたままだった。私は、ヴァジリンカールの通訳を介して話を追っていたのだが、男性がヒンディー語でナマケグマを意味する「リーチ」という言葉を、怒りの記憶とともに吐き捨てたのがわかった。四人でナマケグマを追い払ってから、傷口を覆い、暗い森のなかを三時間もかけて妻を運んで帰ったのだという。翌朝、近所の人がオートバイで病院に連れて行き、そのまま入院となった。妻はあと二日ほどで退院できるはずだと、男性は言った。

北アメリカでクマに襲われるのは、雷に打たれるのに似ている。キャンプファイアで眠気を払うための恐怖譚（たん）である。しかし、インドでは、ナマケグマは悪夢のなかを歩き回る空想上の野獣ではない。クマの襲撃は、農村部で暮らす何百万人もの人々にとって、自分自身に関わる現実なのである。私は、クマをおとぎ話の主人公や、威厳に満ちた野生世界の権威、かわいい漫画のキャラクターのように考えるのは、ぜいたくなことなのだと気づいた。インドの多くの地域において、ナマケグマは痛ましい被害をもたらす存在なのだ。人々はクマのせいで、夫や妻、父や母、兄弟や姉妹をなくしている。ベルトラ村やジャイプリ村のような地域に住む人たちは、ナマケグマがそこに居続けることにより、精神的、物理的な苦痛を負っており、そうした状況下でナマケグマの保全を支持すべきだと説得するのはたやすいことではない。陽気で動物を愛するヴァジリンカールでさえも、過去に一度、ナマケグマを怒らせてしまったことがある。

その日の晩、カンハ現地事務所の外でパチパチ音を立てて燃えるたき火を囲んで立ち、昼間の村人との会話について振り返っていたとき、ヴァジリンカールは自分が襲われたときの話をしてくれた。タドバ・アンダリのトラ保護区周辺で、動物の糞を調査中に、ナマケグマが突進してきたのだという。彼女は後ろによろめき、地面に倒れ込んだ。ふたりの現場森林官が駆けつけ、棒で叩いて追い払ったが、クマとの距離は、弧を描く鋭い鉤爪がはっきりと見えるほど近かった。ヴァジリンカールは、毒ヘビに嚙まれた話をしたときには笑っていた。焼けるような痛みを感じたが（腕が青黒くなったらしい！）、蛇毒血清を打つのが間に合ったので事なきを得たそうだ。だが、クマの話をするときの彼女は、笑っていなかった。

「そのあと、一週間、仕事を休んだの」

ペンドラロード、別名ガウレラは、チャッティースガル州にある小さな町で、地名は鉄道駅の名前に由来する。鉄道駅があるという理由だけで知られるような町である。世界遺産のタージマハルやアグラ城、緑豊かな入り江などのように、観光客を惹きつけるものは何もない。金属製のシャッターのある店に電化製品の部品が山と積まれ、パニプリ（粉を丸く練って揚げたもの）を売る商人が自転車で屋台を引いていく。おかしな形のコブを背負ったインド牛が、まるで車が目に入らないかのように、混雑した道路をよろよろと歩いている。そんな、インドではどこにでもあるような町なのだが、ハレンドラ・バルガリにとっては忘れられない場所だった。バルガリは、インドで初めてナマケグマの研究に精力的に取り組んだ生物学者のひとりで、その調査のために、一九九〇年代後半にペンドラロードに何年も滞在していた。二五〇頭あまりのクマが、町の周囲にある灰色の巨石の丘をねぐらにしていたのだ。バルガリは、母グマをなくした子グマを自分で飼育したこともある。子グマの名前はモニカといった。

だが、バルガリが初めてナマケグマを見たのは、ペンドラロードではない。彼は北インドのビムタルという町で育った。土ぼこりの舞う路地と、甘いジャレビや焼き芋を売る露天商、銀色の容器をかついだチャイ売りの大きな呼び声。バルガリ少年にとって、世界はそういう場所であり、町の向こうに広がる森に棲む野生動物のことは、ほとんど何も知らなかった。だが、ある日、当時九歳だったバルガリ少年が、兄と一緒に町の家々の屋根に上って遊んでいたとき、見知らぬ男が大きな動物を引いて狭い路地を歩いてきた。身を伏せ、その男と動物をじっと見つめていると、町の市場に着くや、その毛むくじゃらの動物が後ろ足で立ち上がった。男が鎖をぐいと引っ張るたびに、右へ左へと揺れ、踊っているように見える。そして、突然、荒々しいうなり声をあげた。バルガリ少年は恐怖に震え上がった。「家までの二キロメートルの道を、走り通しで帰ったんだ。母が〝あれはクマ踊りのクマよ〟って教えてくれた。兄には、怖がりだってからかわれたよ」。バルガリが初めて野生のナマケグマを見ることになるのは、それから二〇年近くあとである。

今回の調査について私がバルガリに初めて連絡を取ったころ、彼は、何か理由をつけて昔の調査地を再訪したいと思っていたところだった。一〇年以上前に一度、日帰りで出かけたのを除けば、最後に訪れたのは二〇〇〇年代のはじめである。彼は、自分が離れていた間に、とくにインドの人口が約一〇億から一四億近くまで増加するなかで、この地域がどう変わったかを見たいと思っていた。「森の状態を確認したい」。バンダウガルから五時間の旅の半分が過ぎたあたりで、バルガリが言った。再訪に胸を踊らせ、今回の車の旅に妻のスーマンとふたりの小さな娘を連れてきている。三人は、ビスケットやマサラチップスが山と積まれた後部座席に詰め合って座っていた。バルガリのかつての調査地であるマイカラ丘陵は、岩が多く、荒削りだが郷愁を誘う美しい風景の広がる場所だ。彼は、自分が学者として身を立てるきっかけをくれたその場所とナマケグマを、家族に見せたいと願っていた。ただ、ためらう気持ちも残っているようだった。ペンドラロードは、自分の記憶にある姿のままだろうか？

でこぼこの砂利道は、町に近づくにつれて滑らかな舗装路に変わり、私たちの車は、もうもうと煙をはき出す煙突と高層建築が乱立する横を通り過ぎた。巨大な発電所である。ラベンダー色の夕闇に、無数の明かりが光の穴を開ける。バルガリは愕然（がくぜん）としていた。森は跡形もない。かつて立派なマファの木々が生えていた場所には、ベージュ色の集合住宅が建っている。車窓から、藍色の建物が見えた。その〈ホテル・アマン〉は、まだできたばかりのようだ。「ずいぶんと変わったものだな」。車窓を流れていく景色をじっと見ながら、バルガリが不機嫌そうにつぶやいた。クマたちは、どうなったのだろう？

インド中部のこの地域に住む人々は、長きにわたり、隣のマディヤ・プラデシュ州の人々とは異なる文化的独自性を主張してきた。そして、鉄鉱石、苦灰石、石炭、ボーキサイトなどの鉱物資源がもたらす富の増加に後押しされ、二〇〇〇年にチャッティースガル州として分離・独立を果たす。[29] 現在、同州の州内総生産（州のＧＤＰ）は農業のさかんな隣州よりも低いが、それでも鉱業の影響によって州内の自然環境は変容を遂げた。私たちがペンドラロードに向かう道を、大地から強奪された鉱物を積んだ列車が横切る。オートバイに乗った若者が、接近する列車の前を勢いよく走り抜けていくのを見て、その命知らずの危険な行為に思わず身がすくんだ。こんなに開発が進んでは、ペンドラロードのクマの数は少なくとも四〇パーセントは減少しているだろう、とバルガリは推測した。そして、いまになって思えば、「政府はこの地域をナマケグマの保護区にするべきだった」と言って、ため息をついた。

人口の増加は、野生生物保護に取り組んでいる多くの人たちにとって核心的な問題だが、対策が困難で慎重な扱いを要する問題でもある。インドの人口は一九八〇年代からほぼ倍増し、人口密度の平均は一平方キロメートルあたり四〇〇人近くになった。世界最大の民主主義国家であるインドには「人口政策というものが存在しない」と、バルガリは嘆く。全国的な女子教育の普及が出生率低下につながることは実証済みで、それが最善策なのは間違いないのだが、その実現は、絶滅の危機にある多くの種を守るのに間に合いそうもない。「どんなに頑張っても、人口が減少に転じるのは二〇六〇年以降だろう」と、バルガリは言う。「深刻な問題が待ち受けている」

次の朝、バルガリの一家と私は巨石の丘に向かった。ナマケグマは、メガネグマをはじめとする赤道付近に棲むクマと同じように、冬眠をしない。でも暑さを避けるために、しばしば涼しい洞穴で眠る。私たちは気温三二℃のなか、畦道を歩いた。丘の岩は六〇メートルもの高さに積み上がっていて、なかにはゾウほどの大きさの岩もある。周辺の森は農家の人たちによって切り開かれ、薪用の林や無秩序に広がるトウガラシ畑に姿を変えていた。畑と畑の間に丸石を敷き詰めて小道をつくるために、小ぶりの岩が取り除かれている丘もあった。クマの寝ぐらは、農家の人たちの採石場でもあるのだ。

「登ってみるかい？」バルガリが丘を指しながら聞いた。その口調からは、本気で言っているのか、冗談なのかわからない。そういえば、日中はヒョウもこの巨石の隙間で休むことがあると、彼はさっきさりげなく話していた。私は浸食された丘をちらっと見てから、頭のなかで三つの要素を検討した。まず、カンハ・ペンチ回廊で目にしたひどい傷の数々。次に、すぐ近くに医療施設がないこと。そして最後に、ペンドラロードのホテルの砂だらけの部屋である。

「クマかヒョウに出会う確率はどれくらいかしら？」

「五分五分というところかな」。バルガリが素っ気なく答えた。悪くない確率だというような口ぶりだ。彼から見えないところで、妻が首を横に振っている。バルガリは、クマがまだここにいるのかさえ、確信を持てずにいるのだ。でも彼は、上機嫌で話を続けた。「この板のような石は、傾斜がものすごく急な上に、つるつるしていて、滑り落ちたら出てこられなくなる。でも、ぼくは若いころ、ここの丘は全部、頂上まで制覇したんだ！」

ちょっと考えてから、私は登るのを丁寧に辞退して、その代わりに何かクマの活動の跡がないか、巨石群の周囲をチェックすることにした。空をつかむかのように赤褐色の太い枝を広げている立派なマファの木の根元に、糞の山があった。バルガリが走り寄ってきて、枝を使ってその糞を細かく調べ始める。堅い外側の部分が崩れ落ちると、内部には、半分消化したナツメの種でできた湿った層があった。ナツメの種はナマケグマの好物だ。バルガリが大きく息を吸い込む。糞はハチミツのような甘い匂いがした。「ナマケグマの糞だ！」バルガリが歓喜の声を上げた。しかも、まだ排出されてから一日も経っていない！

私たちは振り返って、高くそびえ立つ岩々を見つめた。クマたちは、まだここにいる。

アグラの街に低く立ちこめる霧のなかに、タージマハルが幽霊のように浮かび上がる。列車の到着が遅れていた。細身だが強靭な体をした男が、木製の手押し車にカリフラワーとナスを山積みにして、混み合う道を市場へ向かう。聖なるウシの宗教的な力は、オート三輪の運転手に勝るようで、ウシの存在が交通渋滞をいっそうひどくしている。濃い霧のせいで視界がきかないなか、オート三輪は警笛を鳴らし、轍（わだち）のついた道を大きく曲がりながら走っていく。

私は混沌から逃れるべく、タージマハルの土産物屋が並ぶ道でタクシーをつかまえて、国道一九号線を郊外に向かった。そしてアグラの街を出てから、ソーア・サロヴァ鳥類保護区で降りることを運転手に伝えた。街路樹の立ち並ぶ道路の向こうに、インドトキコウ〔コウノトリ科の鳥〕が見える。くすんだ色の沼に片足で立つ姿は、まるで幽霊の番人のようだ。濃い霧が、ベンガルボダイジュの太い根に巻きついている。タクシーは、小さな守衛詰所の手前で私を降ろした。コンクリートブロックでできた守衛詰所は、盲学校の隣にあった。何とも神秘的で不思議な場所だ。私は、聖なる森で賢人が一堂に会して瞑想しているのを想像した。ふたりの守衛が、何枚もの書類をさっと手渡してくる。このお役所的で煩雑な手続きは、いかにもインドらしい。記入を終えると、大きな鉄の門のほうに行くように促された。

四〇〇〇年以上もの間、ナマケグマは、インドの人々の間では「クマ踊りのクマ」として知られていた。

北インドとパキスタンの各地を移動するイスラム教徒の遊牧民族、カランダルは、一六世紀から一九世紀にかけて、ムガル帝国皇帝やラージプートの王の宮廷でクマに大道芸をさせていた。粗悪な綱や鎖でつながれた毛むくじゃらの大きなクマが後ろ足で立ち上がり、綱が引かれるたびに体を左右に揺すって頭をひょいと動かす姿は、踊っているように見える。この魅惑的な見せ物は、宮廷だけでなく、町から町へ、カランダルが訪れる場所で演じられた。群衆は、クマが痛みのあまり失神しそうになりながら身をよじるのを見てはやし立て、かごに銀貨を投げ入れるのだった。[30] 一九九〇年代には、デリーとアグラを結ぶ国道沿いでクマ踊りを見た人が、その様子をこんなふうに書き表している。「カランダルが、観光客の車の前でクマを踊らせていた。クマは、縄を引っ張られ、棒で叩かれるたびに、痛みのあまり飛び跳ねる。繊細な足で熱いアスファルトの地面に立たされているので、よけいに痛そうだ[31]」

カランダルの旅には、クマを捕らえる密猟者が同行していた。母グマが食べ物を探しに行っている隙に、たいまつを持って洞窟に入り込み、まだ何もできない生後数週間の子グマを奪うのである。母グマがすぐに戻ってきた場合には、たいていは殺してしまう。危険だが、見返りは十分にあった。ナマケグマの子グマには、一頭に一二〇〇ルピー（二二ドル）もの値がついた。[32] 買い手にとっても、子グマは大きな利益を生む投資だった。クマが一頭いれば、農村の観客から毎月約一五〇〇ルピーを得ることができ、カランダルの一族全員（一〇～一二人）を養える。海外からの観光客は、現地の人の倍は金を払う。そして最下層カーストの者は、クマ踊り見たさに野菜や穀物を差し出す。

何世紀もの間、子グマの捕獲と取引は、ナマケグマにとってきわめて深刻な脅威であり、何千頭ものナマケグマが野生の地から奪われていった。一九七二年にインドのインディラ・ガンディー首相が画期的な野生生物保護法を導入したころ、カランダルはナマケグマの子グマを毎年一〇〇頭以上、自分たちの集落に持ち込んでいた。[33] ガンディーの法律により、保護対象となる野生生物の狩猟は禁止され、みすぼらしい姿をしたナマケグマもその恩恵を受けることになったが、それでも、インドの踊るクマ一二〇〇頭のうちの最初の一頭が解放されるまでに、それからさらに三〇年を要した。

動物保護団体ワイルドライフSOSのアグラ・クマ保護センターは、カランダルの集落が手放した、虐待され衰弱したクマ踊りのクマたちを保護するために、一九九九年に設立された施設である。現在は、ウッタル・プラデシュ州の旧軍用地およそ六六万八〇〇〇平方メートルを使用しており、野生生物保護法の目的の実現に一役買っている。

「二〇〇二年に、一頭めの踊るクマを救出しました。ラニという名前の雄グマで、いまもここにいます」。保護センターの構内に入りながら、リシック・ドゥッタ・グプタが言った。グプタは、インド北東部コルカタ出身の若い男性で、ウェーブのかかった黒髪に、淡い褐色の優しい目をしている。ワイルドライフSOSは、全国に四か所のナマケグマ保護センターを運営しており、これまでに六〇〇頭以上の踊るクマを保護していた。なかでも、アグラの保護センターは群を抜いて大きい。「現在、一七九頭のクマがいます。でも、一時は二六〇頭いたこともありました。最近は、高齢で死亡するクマが出てきました」とグプタは言う。アグラにいる「元踊るクマ」のほとんどは、ここでの暮らしが一〇年を超えている。衰弱が激しく、とても臆病で、心に深い傷を抱えるこのクマたちは、もう野生には戻れない。ワイルドライフＳＯＳが目的としているのは、ただこのクマたちが、あざけり笑う観衆のいない場所で余生を送れるようにすることなのである。

保護センターのなかを通る曲がりくねった土の散歩道の上に、ミムソプスの木が枝を伸ばしている。道の両側に囲い地があり、なかにはゴムボールの浮くプールや、ハチミツを詰めた薪がぶら下がった木製の台が置かれていた。私は、どこかにナマケグマがいないかと、金網のすきまから目をこらした。まだ、じかにナマケグマを見たことは一度もなく、野生のナマケグマに出くわすのは少し不安だった。この柵で囲まれた森には、クマが人間の視線を避けて完全に隠れられるだけの広さがある。何年も注目を浴び続けてきたクマたちが当然得るべき、少しばかりのプライバシーが与えられているのだ。

突然、私の右に三頭のクマが現れた。毛むくじゃらの頭を下げ、大きく息をしながら鼻を鳴らし、フェンス沿いに歩いている。口の端には泡だらけの唾が溜まっている。私たちの匂いに気がついて出てきたようだ。三頭の名前は、ロシャン、アルン、ヴァルン。年はいずれも十代半ばで、ワイルドライフＳＯＳに引き渡されてから、もう一〇年以上になる。通常、ナマケグマは単独で生活するが、この三頭は、同じ心の傷を乗り越える仲間として一緒に過ごすようになった。私は、もの珍しそうにこちらを見ている三頭の顔をじっくりと観察した。マディヤ・プラデシュ州で会った気の毒な村人たちと同じように、このクマたちにも深い傷跡があった。白い鼻先に、細いＳ字の線が見える。

ナマケグマが二足歩行をするのは、前足を伸ばして果実を採ろうとするときや、トラと戦うときである。クマは踊らない。それを無理に踊らせるために、カランダルは、たいていは熱した鉄の棒を使って子グマの鼻に穴を開け、じくじくした傷穴にロープか鎖を通す[34]。そして、鉤爪を引き抜き、歯も打ちつぶして取り除く。さらに、釘をいっぱいに詰めた口輪をはめることもあった。カランダルは、後ろ足を棒で叩き、叩かれたほうの足を上げるように訓練する。空腹にされ、殴打されるという残酷な状況に置かれたクマは、否応なく従順になり、やがて、クマ使いが地面を棒で叩くだけでリズムよく足を持ち上げるようになる。この恐怖と絶望の踊りが、あたかも陽気で楽しそうに見える動きをつくり出すのだ。

「インドの南部では、ロープではなく、金属の輪が使われていました」。私がクマの顔の傷をじっと見ているのに気がついたグプタが説明する。「輪を取り除く手術は、とても難しいのです。クマたちの鼻先は、かなりひどい状態でした。このセンターにも、そういうクマがいます。カストゥリという名前の雌グマで、鼻先が垂れ下がっています」

アグラの保護センターにいるクマたちは、人間の娯楽のために耐えがたい苦痛を受けていた。ナマケグマは、進化の過程で上顎第一切歯を失っているのだが、救出されたクマ踊りのクマたちは犬歯もなかった。何年も後ろ足で立って踊らされた痛ましい証として、関節炎に悩まされ、体の動きもよくない。足の先がないのは、子グマのころに、カランダルが仕掛けた罠を踏んでしまったためだろう。一方で、二〇年前のインドには野生のナマケグマがおよそ二万頭生息していた。クマ踊りのクマがわずか一二〇〇頭だったならば、カランダルは、野生のクマの生息数にどの程度の影響を与えたのだろう？　私が問うと、グプタが答えた。「問題は、一二〇〇頭にとどまらないのです。その一二〇〇頭を得るために、カランダルは母グマを殺しました。その上、カランダルに捕獲されてから一二か月の間に死亡した踊るクマの割合は、四〇パーセントにも上ります。子グマたちは、鼻に穴を開けられ、歯をもぎ取られたことによる激しい苦痛に、一年も耐えられなかったのです」

一九九七年に実施された、クマ踊り産業についての分析によると、「売買されること自体によって死亡する子グマの割合は非常に高く、おおむね一〇頭中二頭は、母グマから引き離されたショックのために、あっさり〝衰弱して死んでしまう[35]〟」という。そのうえ、「ナマケグマは一度に（平均で）二頭の子を産むが、二年から二年半に一度しか出産せず、人間に侵入された場合には母グマが自分の子を殺してしまうことも多いため、ナマケグマの個体数はかなり急激に減少している。現在のように密猟が野放しになっている状況においては、ナマケグマの繁殖率の低さは深刻な事態をもたらす」。やはり、クマを見せ物に使う大道芸人たちは、一九九〇年代にインドの街角で見られたよりもはるかに大きな犠牲を、野生のナマケグマに強いていたのだ。

私はグプタに聞いた。「なぜ、ほかの種のクマではなく、ナマケグマがクマ踊りに使われていたの？」

「一番簡単に手に入るからですよ。ツキノワグマやヒグマは、標高の高い地域にしか生息していません。マレーグマの生息地も、インドでは北東部に限られています」と、グプタは説明した。

ロシャン、アルン、ヴァルンの三頭は、私たちの存在に飽きてしまったようだ。食べ物をもらえないことも察知したらしい。不機嫌そうに、地面を掘って虫を探し始めた。一日に二回、センターの職員が柔らかく煮た粥をたくさん与えているのだが、クマたちは生まれながらの本能を抑えられない。三頭のそばを離れて先に進むと、ヤヌス川が敷地を横切るように流れていた。ガンジス川の支流では二番めに大きい川である。小型の平船に乗ってヤヌス川を渡ると、ローズという名のクマがいた。罠にかかって前足を失った、若いクマだ。グプタが、ひときわ小柄なクマを指さす。二〇〇八年に、西ベンガル州にあるカランダルの集落からアグラにやってきたこのクマ、ゲイルは、栄養不良のため発育阻害が見られる。そしてもう一頭、エルヴィスというクマがいた。この毛むくじゃらのおとなしいクマは、二〇一五年、密猟者がインド国外に持ち出そうとしているところを保護された。そのとき、まだ生後三か月だったという。

インドで最後に保護された踊るクマは、ラジュという名のクマだということになっている。[36] ワイルドライフSOSがそのクマを解放したのは二〇〇九年のことだ。だが、非公式には、その後も多くの踊るクマが保護されている。世界動物保護協会の調査によると、インドでは二〇一〇年代に入っても踊るクマの利用は続き、その報告数は一年で二八頭に上った。いまでも時折、新たな踊るクマが、クマ使いのあとについて赤土の道を歩いているのが目撃される。

ワイルドライフSOSの創設者たちは、多くのカランダルを説得してクマを手放させた。カランダルには、新しい商売を始める元手として五万ルピー[37]（約一〇〇〇ドル）、もしくはクマ保護センターでの仕事が与えられた。いまでは、職員の半分以上がカランダルだという保護センターもある。男性は施設の餌場でスイカやマンゴーを切り、女性はギフトショップの土産物をつくる。「それまでずいぶんひどい扱いをしてきたのに、クマに対してとても親しみを持つようになる者もいます」と、グプタは言う。かつて踊るクマだったクマたちを、遠くから見ているのだそうだ。「クマが幸せそうにしているのが嬉しいようです」。ただ、カランダルのなかには、こうした新しい生き方を拒む者もいる。彼らはクマを連れて、北へ、ネパールとの国境のほうへ逃れていった。

グプタについていくと、コンクリートの低いスロープの先に、黄褐色の建物があった。横長の建物のところどころに、緑色のペンキがはがれかけた金属柵がある。私は、ピンク色の消毒液の入ったゴム製の容器に足を入れた。ドアの上の小さな紙には、「隔離・検疫棟」と書いてある。部屋のなかに、「ランギラ」という一九歳の雄のナマケグマが見えた。[38]私たちが来ることを音で察知していたのか、待っていましたというように毛がボサボサの体を檻の柵に押しつけてくる。タイル舗装された歩道に沿って並ぶ一〇以上の檻は、町で見る動物収容所を思わせる。一〇年前だったら、この檻はすべて埋まっていただろう。しかし、いまここにいるのはランギラだけだ。ランギラは、二〇一七年に、ネパールの南東部でクマ使いのもとから救出された。そのときは、スリデビという一七歳の雌グマと一緒だったが、スリデビは収容先のカトマンズ動物園で死亡した。その後、ランギラは九〇〇キロメートル以上も離れたアグラまで運ばれてきた。

ワイルドライフSOSの獣医師は、保護されたすべてのクマに九〇日間の検疫期間を義務づけている。病気の検査や、ケガの手当てをするための期間である。検疫が済むと屋外の囲い地へ移され、そこでほかのクマたちとともに暮らせるようになる。でもランギラは、ここに来てもう六か月が経っていた。相棒のスリデビを失ったランギラは、まわりの環境に適応するのに苦労していた。野外で見た三頭の若いクマと違って、ランギラは私たちと目を合わせようともしない。頭を低くして地面に近づけ、同じリズムで頭を前後に揺り動かすばかりだ。野生のナマケグマが三〇年以上生きることはまれである。アグラにいるクマは、ほとんどが一〇歳より若い時期に保護されているが、ランギラは、一生のほとんどをカランダルのもとで過ごしてきた。

「一九年というのは、踊るクマとして過ごすには、あまりにも長い年月です」。グプタはため息をつきながら言った。

ランギラが外の世界に足を踏み出す勇気を持つのには、それからさらに八か月を要した。その年の九月、アグラに来て一年以上過ぎてから、ランギラはようやくコンクリートの檻を出た。生まれて初めて、ロープにつながれずに世界を探検したのだ。ランギラは、土に穴を掘り、冷たい地面の上で昼寝をして、黒い毛を茶色に染めた。ハチミツの詰まった薪を叩き、ハンモックをばらばらにした。「独特な個性のせいで、ランギラのハンモックは、ほかのどのクマよりも頻繁に交換しなければならない」とは、無念の担当飼育係の弁である。ランギラはスイカの汁を吸い、やわらかいハチミツ粥やバナナを平らげる。まだ、人間がそばにいるのは好まないものの、毎日、飼育係が来るのをじっと待つようになった。体重が増え、鼻は癒え、傷跡も薄くなっていった。まわりには、ほかのクマもいる。いま、ランギラは、人とではなく、大地とつながっている。それが、すべてのクマのあるべき姿だ。

アグラで、解放された踊るクマたちのなかで過ごした時間は、私を勇気づけてくれた。しかし、むごい仕打ちを受け、芸を強いられてきた無力な動物たちを守るだけでは、野生のナマケグマの絶滅を防げないこともわかっていた。捕らわれた痛ましい動物の保護に取り組むことは、狂暴で人を殺す動物の保全を主張するよりもずっと簡単だ。ナマケグマが──鉤爪も、犬歯も、引っくるめてすべて──、インド亜大陸で生存し続けるためには、すぐにも新しい方策が必要とされる。だから私は、インドに入ってから五週間後に、西へ向かった。

アラビア海に面し、パキスタンと隣接するグジャラート州は、マディヤ・プラデシュ州とその六つのトラ保護区とは好対照をなす場所だ。この州にはトラがいないため、州森林局は絶滅の危機にあるほかの種の保全に力を入れ、二〇か所以上の野生生物保護区を設けている。ヒョウも、フラミンゴや、ニルガイ〔インド亜大陸に棲む大型のレイヨウ〕も、みな保護する価値のある動物だと見なされているのだ。さらに重要なのは、州がナマケグマのニーズを念頭にふたつの保護区を管理していることである。

ニシト・ダライヤは、バルガリとともにIUCNナマケグマ・エキスパートチームの共同議長を務める野生生物研究者だ。グジャラート州出身の、自尊心の高い情熱的な人物である。ヘムチャンドラチャヤ北グジャラート大学にある研究室を訪れると、その壁は、彼が出席した世界各国のクマ会議で授与されたメダルやバッジで飾られていた。こちらからそれほど促さなくても、インドでの保全における自身の実績が滑らかに口をついて出る。年齢は四四歳だが、灰色がかった無精ひげが権威のある雰囲気を醸し出している。自分のキャリアについて話しながら、マッチでタバコに火を着け、平然と煙をふかし始めた。

私たちは、パタンの町の大学から北へ車で二時間のところにある、ジェッソア・ナマケグマ保護区の乾性低木林を歩く計画を立てていた。この保護区は、インドのアラバリ山地に位置する一八〇平方キロメートルあまりの地域で、隣接するバララム・アンバジ野生生物保護区と合わせると、約三五〇頭のナマケグマが暮らすほか、ヒョウや、シマハイエナ、ヤマアラシ、ミツアナグマ、ジャングルキャットなども生息している。ここは、ダライヤが野外調査の大半を実施してきた場所である。ただ残念ながら、彼もつい最近、直接ではないにせよ、ナマケグマの被害者になってしまっていた。

私がアーメダバードに着く数か月前、ダライヤがメールで悪い知らせを送ってきた。インド北東部の、ナマケグマとマレーグマ、ツキノワグマが共存していると思われる地域に少人数のグループで調査に入り、自動撮影カメラを設置していたときに、険しい崖から急流に落ちたのだという。そして、ふたつの大きな岩の間に足を挟み、前十字靭帯断裂という大けがを負った。いま彼は、医者に安静を命じられている。私がグジャラート州でダライヤに初めて会ったのは、そんな大変な状況のときだった。足にしっかりとした保護帯を巻きつけたダライヤは、タバコを吸いつつ、間に合わせの杖に寄りかかるようにして立っていた。事故のあと、まだ一度も森に行っていないと言い、狭い檻に閉じ込められたオンドリのような気分になってきたと不満を漏らしつつ、それでもジェッソアに同行できるくらいには回復している、と言い張った。彼と同じくナマケグマと人間との軋轢の緩和について研究している、アーズー・マリックという博士課程の学生を連れて行こうという。マリックが私と一緒に森を歩き、ダライヤは車中から周囲の状況を説明する、というわけだ。

ジェッソア・ナマケグマ保護区の入口では、ナマケグマの大きな絵が訪問者を歓迎する。ここは、アラバリ山地の末端に生息するクマとヒョウの安定した個体群を保護することを目的として、一九七八年に設置された保護区である。正面の門を入って少し車を走らせたところに、二軒の古風な山小屋があった。これから数日間の、私たちの宿だ。小さな窓から、グジャラート州で二番めに高いジェッソア山と湖が見える。男たちが、茶色く濁った浅い湖に水牛を引き入れ、体を冷やしてやっている。隣の苗木畑では、私たちが小屋に着いたとき、赤紫色や濃いオレンジ色のサリーを身にまとった女たちが、プラスチックで巻かれた苗木に水やりをしていた。みんな笑顔を見せて、大きな声で「タメ　ケム　チョー」〔日本語では「お元気ですか」という意味〕と、グジャラート語であいさつをしてくれた。

「クマの食べ物になる木を育てているんだ」と、ダライヤが説明する。「ナツメ、ナンバンサイカチ、それにイチジク」。保護区内には、こうした苗木畑が一〇か所あり、森に植えるためにさまざまな樹種を育てている。ダライヤの指示により、森林局はナマケグマの好む樹種を植え始めた。さらに森のなかでは、作業員が人の手でクマの巣穴をつくり、土を盛り上げた塚をつくって、保護区のあちこちにシロアリを移している。

グジャラート州では、ナマケグマによる襲撃の報告数がマディヤ・プラデシュ州やチャッティースガル州よりもはるかに少ない。保護区周辺に住む人間が少ないのがその一因だ。ジェッソア保護区と境界を接する場所に、部族の人々の村は数えるほどしかない。ナマケグマも、腹がすいたり喉が渇いたりしないかぎり、通常は危険を冒して保護区を出ていくことはない。クマの必要が保護区内で満たされれば、遠くまで出て行く理由はないのだと、ダライヤは言う。ナマケグマの食べ物を確保するという森林局の戦略は、想定どおりの成果を上げているように見えた。でも水は、つまり水の不足は、深刻な問題になりつつある。グジャラート州では、急速に乾燥が進んでいた。

干ばつは、人間と野生動物との軋轢を悪化させることが知られている。グジャラート州では、一九八〇年代後半にひどい干ばつに見舞われた際に、一〇〇件以上の野生動物の襲撃があり、二〇人が死亡した。[39] また、ダライヤが長期間にわたるナマケグマの襲撃データをくまなく調べた結果によると、グジャラート州北部では、一九六〇年から一九九九年までの期間におけるクマの襲撃は平均で年間一件弱だったのが、二〇〇九年以降は年間約九件にまで増加していた。[40] いまでは水がナマケグマを人間の居住地域に引き寄せる主要因になっており、襲撃のほとんどが暑く乾燥した夏季に起きている。

私たちはジェッソア保護区に近いある村に立ち寄り、そこに住むガラシア族の男たちの話を聞いた。四年ほど前から、夏に川が干上がると、ナマケグマが村の近くまでやってくるようになったという。自分の兄が近くの畑で作業をしているときに、三頭のクマに襲われ、ひどい傷を負ったという者がいた。「斧を持っていたら、殺してやったのに」と腹立たしそうに話す。兄は二週間以上も入院し、傷をふさぐために八〇針も縫ったそうだ。「もしまたクマが村に下りてきたら、今度こそ殺してやる！」と叫ぶと、ほかの者も頷いた。男たちは、村のまわりにもっと柵を張りたい、そしてクマにはもっと水が必要だと口々に言った。「村人たちは、もうあまり我慢できないだろう」。ダライヤが、足を引きずりながら車に向かって歩きながら言った。「昨年の雨季は、雨が十分に降らなかった」

翌朝、私はアーズー・マリックと一緒に日が昇る前に出発した。向かう先は、乾燥したアラバリ山地。古い山脈の短い突出部、浸食作用によって形成された地域である。ダライヤは、痛めている足がひどくならないように、しぶしぶ小屋に残った。デリーで植物学を学んだマリックがグジャラート州にやってきたもともとの理由は、農薬の使用が州内の湿地帯に与える影響を調査するためだった。がむしゃらなところのある女性で、尻込みをせずに思ったことを口に出し、男性の同僚に劣らない実力を現場で示すのだという強い意志を持っていた。「野生のナマケグマがどれだけ水を必要としているのか、だれも知らないのよ」。マリックは小屋から出て、干上がった川を横切りながら私にそう言った。彼女は、それを明らかにしたいのだ。

二時間以上歩いても、山間を走る乾いた川底には、一滴の水もない。水が流れるべき場所には、とげのある外来樹のメスキート（*Prosopis chilenis*）が生えている。森林局は、森のなかにコンクリート製の井戸や、ため池などの人工的な水源をいくつか建設し、タンク車で水を運び入れている。雨が降れば、雨水もそこに流れ込む。こうした水源は、ナマケグマがよく現れる場所を選んで設置してあるのだが、干ばつが悪化するなかで、クマと人との対立を防ぐためには、さらなる対策が必要だ。私が訪れた前年の南西モンスーンの季節における平均降雨量は、例年よりも七六パーセント少なかった。だからダライヤとマリックは、干ばつ期の水貯留を改善する方法を見つけようと、ジェッソア保護区全域で天然の水源を調査している。

数キロメートル歩いたところで、マリックが足を止めた。背の高いイチジクの木々の陰に、浅く茶色い水たまりがある。まわりの空気がひんやりしているのが肌で感じられる。マリックは地理情報システム（ＧＩＳ）を使って、この森のなかに五か所だけ水源を見つけていた。そしてそのすべての地点で、クマの訪問頻度を確認するために、クマの足跡や糞、土を掘った形跡などを記録している。「クマがどれだけ水を必要としているか、まずその基準を設定してから、自然に水が貯留されるような地形を設計したい」とマリックは言う。クマが保護区を出て村落に迷い込むのを止めようとするなら、それがきわめて重要になる。「夏を迎えるころには、山にはほとんど水がなくなるだろうから」

その晩、マリックと私は、昼間の暑さで体力を使い果たし、小屋の簡易ベッドに横になっていた。少しでも風が入ればとドアを全開にしてあったが、風はまったく入ってこない。室内は熱い空気が沈滞していた。トカゲが、壁をササッとすばやく走っていく。ダライヤは、外に出て星を見上げ、数か月ぶりに自然のなかに身を置く嬉しさを味わっているようだった。暗闇のなかに、タバコの火が見える。私はその日の出来事をノートに書きつけていた。そのとき、小声で「こっち！　こっち！」というのが聞こえた。外に目をこらしたが何も見えない。できるだけ小さな音で私たちの気を惹こうと、ダライヤが指を鳴らし始めた。すると今度は、バリバリ、フンフン、フーフー、ペチャペチャと、耳障りな音が耳に入ってきた。ナマケグマが来ている。

マリックと私は急いで懐中電灯をつかみ、足音を忍ばせて小屋を出た。「母グマと、子グマが二頭、苗木畑の端にいる」と、ダライヤが急き込んでささやく。私たちは苗木のほうを照らした。クマたちはナンバンサイカチの長い豆さやを食んでいた。ナマケグマは夜行性ではないが、人間がいるところでは、日が暮れてからのほうが活発に活動する。懐中電灯の明かりの下では、最初、クマたちの目の光しかわからなかった。六つの小さく光る点。それ以外の部分を埋めるために、私は保護されていた踊るクマたちの姿を思い浮かべた。地面に落ちた豆さやを夢中になって食べているクマたちとの距離は九メートルくらいだろうか。三頭のクマを一度に確認するには、懐中電灯の光線は狭すぎた。ダライヤが、小屋の前に止めてあるミニバンのほうに来い、と手ぶりで合図をする。そしてできるだけ音を立てないように気をつけながら、運転席側のドアを引き開けた。私たちはドアを盾にするようにして、その後ろに隠れる。車のキーを一段階回すと、ヘッドライトが点灯し、ナンバンサイカチの木が明かりに包まれた。そこには、真夜中のビュッフェを満喫する、毛むくじゃらの塊のようなクマたちの姿があった。私はそれまで、狂暴な殺し屋と、芸をする哀れな生き物という、ナマケグマのふたつの姿を甘んじて受け入れていた。しかしそこで目にしたのは、ナマケグマの三つめの、そして本当の姿だった。野生のナマケグマが、人間にも鎖にも煩わされることなく、子グマにジャングルの掟を教えていたのである。

# 第3章

# ソフトパワー

パンダ
*Ailuropoda melanoleuca*
中国

ある春の日、私は古風な建物のなかで長い若竹を手に持って、バラバラに裂けるまで地面に打ちつけていた。竹の細い繊維の破片が、敷石の上に大量に落ちる。これでもう一五本目になるのに、いま、ようやく青城山（せいじょうざん）三六峰の山頂に日が差してきたところだ。パンダの飼育係一日体験に申し込んだときには、こんな作業は想像していなかった。ここで飼育されているパンダは、自分でこの作業ができないのだろうか。なぜこんなにたくさんの外国人が、パンダの代わりに竹を細かく打ち砕くボランティアをしているのかも、理解に苦しむところだ。パンダがエネルギーを使い過ぎて倒れ、絶滅に追い込まれるのを防ぐために、私たちの労働が役に立っているのだと思うしかない。

私は、その日の朝八時に、四川（しせん）省の都江堰（とこうえん）パンダ保護・疾病管理センターに入った。青城山のふもとに、灰色のレンガ造りの本部棟と、パンダが暮らす四〇のエリアが設けられている。青城山は道教の発祥地とされ、現代中国においても重要な聖地のひとつだが、いまやパンダに惹かれてこの地を訪れる人のほうが多いようだ。その日は、有料の飼育ボランティアに申し込んだ三〇名ほどが、パンダの世話をするために集まっていた。門の外で、私は何十人もの物売りに取り囲まれた。資本主義の勢いを体現するように、パンダ顔の野球帽から、小さな耳のついたパンダのヘアバンド、パンダのぬいぐるみまで、白色と黒色のさまざまな品物を売りつけようと、私の目の前に押し出してくる。パンダ印のタバコや、パンダの糞を肥料にして栽培した茶もあった（私は茶を少し買った）。門をくぐると、センターの職員が私たちの体温を測り——体調の悪い人はパンダに近づくことはできない——健康なボランティアをいくつかのグループに分けた。そのグループごとに緑色のシャトルバスに乗り、〇・五平方キロメートルの敷地内にある各施設に散っていく。私のグループは、坂の下にある「パンパン・ガーデン（盼盼園）」に送られた。四頭の太ったパンダが暮らすこのエリアの名前は、繁殖能力が高いことで有名な雄パンダ、パンパン（盼盼）に由来する。二〇一六年に三一歳で死亡したパンパンは、一三〇頭以上の子孫を残したと推定され[1]、その壮健な遺伝子は、世界中で飼育されているパンダの約五分の一[2]に受け継がれている。

パンパン・ガーデンのバックヤードで、私はもうひとつ若竹を手にとり、むなしく地面に打ちつけた。まるで、下手なやり投げ選手のように、体を反らすたびに顔をしかめてしまう。私たちを担当する若い女性の指導係は、長い黒髪を二本の三つ編みにきっちり編みこみ、つばの短い帽子にしまいこんでいた。彼女は、ののしるような大声で、「もっと速く！　もっと細く！　もっと上手に！」と命令する。私たちボランティア五人は、金網で囲まれたエリア内を重い足取りで歩き、竹の束が山積みになったトラックから、若竹をつかみ取る。青いぶかぶかのつなぎを着た私たちは、まるで囚人のスマーフ〔青色の肌をした、森に棲む小さな妖精〕のようだ。胸のポケットには、緑色で「パンダ飼育研修者」と刺繍(ししゅう)されている。米国サンタバーバラから来ている退職した夫婦が、私の横で、うんざりした様子で一二本目の若竹を打ちつけていた。私と同じように、顔をしかめている。

パンダは、竹の好みにうるさい。パンダの食べ物の九九パーセントは、タケノコや竹の葉、竹の茎だが(3)、中国には五〇〇種近くも竹があるのに、そのうち六〇種ほどしか食べないのだ。好んで食べるのは、そのうちの三種である。困ったことに、竹はタンパク質を豊富に含むが栄養価はそれほど高くない。パンダが竹を食べるのは、単にそれが豊富にあり、ほかにだれも食べないからだろうと、科学者たちは考えている。動物界のなかでもとくに怠惰なことで知られるパンダは、わざわざ栄養豊富な食べ物を得るためにほかの動物と争いたくないのだ。だから、生きるために毎日二〇キログラム近くも竹を食べなければならない。中国の西部一帯で農業の拡大とともに竹林が減少するなかで、この食べ物の制約は、脆弱なパンダの個体群の存続にとって足かせとなっている。

かつて、野生のパンダは中国の一七の省に生息していたが、いまでは、甘粛(かんしゅく)省、陝西(せんせい)省、四川省の三省にしかいない。もっとも生息数が多いのは四川省である。中国南西部に位置する四川省は、国内有数の森林被覆率を誇る。ここは、非宗教的な漢民族の文化が優勢な地域の境界でもある。翡翠(ひすい)色の丘の先には、チベット高原の黄土色の大地が広がり、パンダはヤクに取って代わられる。チベットのラサまでは、およそ一九〇〇キロメートル。色あせてボロボロになった祈りの旗〔チベットの経文が書かれた旗〕が路辺にはためく、曲がりくねった道を行く旅になる。四川省の天を突く神聖な山々は、天空の神々が住まう世界への入り口であり、華麗な装飾が施された寺院がその断崖に張りついている。揚子江は、泥だらけのヘビのように水田のまわりをめぐり、谷間を流れる。その谷沿いを、真っ赤な四川山椒を籠いっぱいに摘んだ人々が歩いていく。四川山椒は、薬味と麻酔剤の中間のような効力のある万能薬である。

中国にまだ野生のパンダが生息しているのは、さほど不思議なことではない。いまから半世紀前、三〇〇〇人の中国人研究者がパンダの生息地として知られる地域をしらみつぶしに調査した結果、生息地は六つの山脈のみで、一〇〇〇頭あまりしか生息していないと推定された。[4] この残念な調査結果を受け、中国政府はパンダを絶滅の危機から救う保全計画を速やかに立ち上げる。一九八三年までに、十数か所のパンダ保護区が設立され、[5] 全個体数の半数強が生息する地域が保護区となった。それでも、パンダの苦闘は二〇〇〇年代の初頭まで続く。現在、中国当局は、(数字が細かすぎて怪しいのだが) パンダの野生生息数は一八六四頭であると明言している。[6]

これらの野生の個体のほかに、多数のパンダが飼育されている。中国政府は四〇年近くにわたりパンダの繁殖を行なっており、いまでは六〇〇頭以上のパンダが世界各地の動物園や研究施設で暮らしている。私が飼育体験をした都江堰の施設にも、約四〇頭のパンダがいた。都江堰は政府が出資する国内の五つの保護施設のひとつであり、海外の動物園で何十年も務めを果たした老齢のパンダが余生を送る場としての役割も担っている。たとえば、米国ワシントンの国立動物園で初めて生まれた（そして生き延びた）パンダ、タイシャン（泰山）は、二〇一〇年に中国に返還された。いま、十代のタイシャンは、都江堰で毎日ごろごろして過ごしている。そして毎朝、パンダ飼育体験プログラムのボランティアたちが手押し車に乗せて運んでくる、細かく裂いた竹をもらっている。

都江堰には、興味深い過去を持つ老齢のパンダがたくさんいた。パンパン・ガーデンで最初に私の前に現れたインイン（英英）は、動きの鈍い二七歳の雌パンダだ。ずいぶん前に四川省臥龍県の野生生息地で捕獲され、その後にこの施設にやってきた。飼育下のパンダの寿命はだいたい三〇年くらいだが、最高齢は三八歳という記録がある。オーストリアのウィーン動物園生まれの丸々太った五歳の雄パンダ、フーバオ（福豹）も、パンパン・ガーデンで暮らしている。パンパン・ガーデンにいるその他のパンダは、臥龍自然保護区のパンダセンター生まれである。二三歳のフェイフェイ（妃妃）と、九か月になる子ども（名前はまだないので「フェイフェイの赤ちゃん」と呼ばれている）は、野生の世界を知らない。都江堰で暮らすパンダの多くは、二〇〇八年の四川大地震のあとに、ここに移送されてきた。甚大な被害をもたらし七万人近くが死亡した、マグニチュード八・〇の地震によって、もとの臥龍パンダセンターは倒壊し、居住エリアでがれきの下敷きになって死亡したパンダもいたという[7]（その後、センターは再建されている）。都江堰のセンターは、棲む場を失ったパンダを引き取り、地域の復興を助けるために、震災後まもなく建設された施設なのだ。ここから四川大地震の震源地までは、わずか八〇キロメートルである。

竹を割り裂く作業が終わると、センターの職員が、わくわくする新しい任務を与えてくれた。パンダの糞の掃除である。私たちボランティアは、パンダがいる間は、木々が植えられているエリアに立ち入ることは許されない。パンダは、基本的にはおとなしいが、観光客があまり近寄りすぎると攻撃することがあるからだ。たとえば、二〇〇六年には、北京動物園で、酒に酔った男がパンダを抱きしめたいと思って柵内に入り込んだ。するとパンダのグーグー（古古）は、抱きしめられる代わりに襲いかかり、男の足に噛みついた[8]。男は、激しい攻撃をやめさせようとして自分もパンダの背中に噛みついたのだが、「毛皮が厚すぎた」と、のちに新聞記者に語っている。翌年には、今度は十代の少年がグーグーの柵内に入り込み、同じように足を負傷した。

指導係が、パンダをニンジンで柵の外に誘い出す。あとに残ったのは、曲がった枝の上で居眠りをしているフェイフェイの赤ちゃんだけだ。私たちは、シャベルと金属製のバケツを持って、そっとなかに入った。指導係が地面を指差す。「古い竹を掃き集めて」。私たちは、言われたとおりに掃き集めた。「パンダの糞を拾って」。私たちは糞をすくってバケツに入れた。柵内には、いたるところに排出後一日が経過した糞が落ちている。ありがたいことに、パンダの消化器官はあまり発達していないので、排泄物は最近口にした食べ物によく似ている。どの糞も、どろどろの黄色い竹をのりで固めたようなものだ。実際、竹はパンダの腸を通過したあともかなりしっかり残っているので、研究者は、糞として排出される竹の切れ端からパンダの口のサイズがわかり、それを基にして野生パンダの群れの個体数を推定できるという。

一時になると、私たちはようやく重労働から解放され、休憩をとることを許された。本日のスケジュールによると、次のイベントは「思いやりのあるパンダの餌やり」だ。今度は、割と愛想のよい職員が、セメント造りの小さなパンダ舎に案内してくれた。後方にドアがあり、緑の多い屋外エリアにつながっている。なかには、フェイフェイが座っていた。私に（というよりは、私の手にある食べ物に）気づくと、お尻をずるようにして柵のそばに寄ってくる。まるで瞑想している太鼓腹の仏様のような姿だ。私は、ひんやりとしたコンクリートの上にあぐらをかき、柵を挟んでフェイフェイと向かいあうようにして座った。つなぎの服を着ているので、何だか刑務所での面会のような気分になる。フェイフェイは、真っ黒な毛で覆われた腕を頭上に上げ、檻の灰色の鉄柵を握ると、私たちの間にある金網に鼻先を押しつけた。大きく開いた口に一切れのリンゴを入れてやる。目のまわりの黒い模様のどこに青灰色の瞳があるのか、よくわからない。フェイフェイがおいしそうに舌を鳴らした。次はニンジンだ。そうして餌をやること数分、あっという間に与えるものがなくなった。フェイフェイはつまらなそうに、向こうへ行ってしまう。なるほど、「思いやりのある」餌やりだ。すると、くだんの指導係がパンダ舎に入ってきて、希望すれば別のパンダを抱っこして写真を撮ることができると言う。追加料金はたったの一六〇ドルだ。私は遠慮しておいた。

食堂に行くと、昼食が用意されていた。メニューは、豚足とキノコの煮込みをラー油で和えたものだ。ボランティアたちは、パンダを抱っこする夢が叶った嬉しさで、抱き合い、涙を流している。若いドイツ人の女性は、感極まってボーイフレンドの胸に顔をうずめて泣いていた。パンダが、人の心に大きな影響を与える存在であることは間違いない。

その日の午後に都江堰をあとにするとき、私は、野生パンダの数がどんなに少なくても、すぐに絶滅する可能性は低いだろう、という確信を持った。パンダと、私がアンデスやインドで出会ったクマたちとの間には、根本的な違いがある。パンダは、メガネグマのように人々にほとんど知られていない存在でもなければ、ナマケグマのように恐れられてもいない。だれからも愛される存在なのだ。パンダが生存し続けるように、世界中からお金がつぎ込まれている。その「世界的な文化的価値」が生み出す金額は、推定で年間七億九〇〇〇万ドルにも上る。[9]私自身も、パンダを抱っこするというぜいたくをしなかったにもかかわらず、朝、パンダセンターに到着する前に比べると、手持ちのお金はかなり減っていた。

パンダの世話をするためだけに、七〇〇〇人民元（RMB）、つまり一二〇〇ドルも払ったのだから。そして、パンダの影響力は、こうした金銭的な面にとどまらない。パンダが生存し続けることは、絶滅の危機にあるほかのすべての生物種にとって希望の光となっている。

パンダは、紛れもなく、中国国内でも世界でも、文化の頂点に君臨している。中国の首都文化創新・文化伝播工程研究院が最近実施した、文化の象徴に関する調査によると、パンダは、孔子や、カンフー、緑茶などを抑えて、中国国外において中国文化の象徴としてもっとも広く認識されている。世界野生生物基金（WWF、現 世界自然保護基金）は、一九六一年にパンダをシンボルとして採用した。著名な自然保護活動家で、最初のロゴをデザインした人物でもあるピーター・スコット卿は、「美しく、絶滅の危機にあり、魅力的で世界中の多くの人に愛される動物をロゴにしたかった」のだと述べている[10]。そして、パンダを絶滅の危機から守るために、ほかのどんな動物よりもはるかに多くのお金と時間が費やされてきた。

しかし、いまではこんなに目立つ存在であるのに、二〇世紀になるまで、パンダは中国の一般市民にとってあまり重要なものではなかった。「パンダは何というか、役に立たない動物だったのです」と、北京大学でパンダを研究する王大軍は言う。「一部の地域では、多くの人がパンダの存在に気づいてさえいませんでした」。王によると、秦嶺（しんれい）山脈では、一九六〇年代になってようやくパンダが発見された。「四川省のパンダは知られていましたが、隣接する陝西省にもパンダがいることは知られていなかったのです」。中国南部で育った王は、一九九〇年代に陝西省を旅したときのことを思い出して話した。現地の人にパンダについて聞くと、来る場所を間違えていると言われたという。「みな口々に〝四川省に行きな。ここにはパンダはいない〟と言いました。パンダは何の害にもならないので、気にもならなかったのでしょう」。おとなしい性格もあって、パンダは忘れられがちな存在だった。

紙は中国で発明されたと言われているが、古書にパンダの記録はほとんどない。いまから二〇〇〇年以上前に十二支が生まれたときにも、ネズミや、想像上の動物である竜まで入っているのに、困ったことにパンダは除外されていた。とはいえ、パンダがまったくどこにも登場しないわけではない。皇帝の側室であった薄太后（紀元前一五五年没）の墓が、死後二〇〇〇年以上経ってから発掘されると、パンダの頭骨とともに埋葬されていたことが明らかになった。[11]また、紀元前三世紀の古書『山海経』（平凡社）には、秦以前の時代の中国における神話的世界の地理や空想の動物が記されている。五五〇を越える山々が登場し、邛崍（きょうらい）山脈に棲む動物についての記載もあるのだが、これが現在のパンダに酷似している。ほかの文献では、この動物は「貘（ばく）」と呼ばれ、銅や鉄を食べるとされていた。古代の農村の民は、山から下りてきて家庭の道具類や、鉄、銅をあさり、金属を食べる恐ろしい怪物の話を語っていた。四川省に住む部族の間では、針を飲み込んでしまった場合、刺激の強いパンダの尿を飲めば針が溶けると信じられていた。それでも、伝統薬を得るためにパンダが狩りの対象となることはほとんどなかったと、王は言う。ただし、猟師が毛皮を目当てにパンダを殺すことはあった。パンダのごわごわした毛皮の上で寝ると、悪霊が追い払われ、未来の予言が得られると言われていた。そして、のちにパンダの存在が西洋に知られるのも、狩猟を通してである。

一八六九年三月、フランスのラザリスト会のアルマン・ダヴィド神父が四川省中部の宝（ほう）興（こう）県を旅していたところ、教会に向かう途中で、付近の地主にお茶を飲みにこないかと誘われた[12]。李というその地主の風情のある家で、ダヴィド神父は白と黒の毛皮を目にする。猟師たちが翌日にもう一頭仕留めに出かけるので、近いうちにその動物を見ることができるだろう、と李は言った。それから一二日後、ダヴィド神父は、殺したばかりのパンダの子どもを手に入れたと日記に書いている。四月の初めには、猟師たちが今度は仰向けに横たわったおとなのパンダを持ち帰った。「新種のクマに違いない。色のほかにも、足の裏に毛が生えている点など、非常に珍しい特徴がある」。ダヴィド神父はそう日記に記し、このクマに *Ursus melanoleucus* という名を提案した。黒と白のクマ、という意味である。

こうして西洋の科学界にパンダの情報がもたらされたときには、すでにほかの七種のクマが世に知られていた。ナマケグマが記録されたのは一七九一年であり、ツキノワグマと、マレーグマ、メガネグマも、一八二五年までに紹介されている。ダヴィド神父の報告により、私たちの知るクマ科の系統樹が完成したことになる。しかしそれでも、パンダはその後六〇年にわたり、現在の世界的な大人気からはほど遠い、無名の動物であり続けた。ダヴィド神父が李の家を訪れたあと、西洋の人々が一頭のパンダも目にしないまま何十年もの月日が過ぎる。一九三六年の『ニューヨーク・タイムズ』紙は、「[パンダは]一角獣や中国の竜のような架空の動物だと見なされるようになっていた」と書いている。[13]

その年、一九三六年に、ニューヨークの社交界でよく知られていた服飾デザイナーのルース・ハークネスが、上海に到着した。[14] 目的は、夫の遺志を継ぎ、生きたパンダを初めて捕獲した人物になることだった。ハークネスは、減りつつあった夫の遺産を元手に、世界有数の珍獣を捕まえるために探検隊を組織する。そのなかに、英語が堪能で端整な顔立ちをしたクェンティン・ヤンという青年がいた。このハークネスの冒険については、ヴィッキー・コンスタンティン・クロークの著書『貴婦人とパンダ』(*The Lady and the Panda*)にくわしい。「言うまでもなく、ハークネスが女性であることは不利だったし、彼女には経験もなかった。ヤンはそれほど未熟ではないものの、中国人で、まだ二十代になったばかりだった。二人とも、裕福で有名な探検家たちのエリート集団とはかけ離れた立場にあったのだ。『ニューヨーク・タイムズ』紙が〝かなりの嘲笑を受けた〟と表現したハークネスらの探検旅行は、エリート探検家たちにとっては、互いの活動に対して抱くような関心を駆り立てるものではなかった[15]」

しかしハークネスは、そうした不利のために思いとどまりはしなかった。彼女とヤン（のちにふたりは恋仲となる）は、上海から四川に移動し、パンダを求めて霧に包まれた山々を歩いた。ハークネスが実際にどうやってパンダの子どもを手に入れたのかは、はっきりと書かれていない。おそらく、わざと曖昧にしてあるのだろう。一一月九日、ハークネスとヤンは、四人の男たちとともに早朝から森に入った。若木に結びつけた針金のくくり罠を確認するためだ。竹やぶのなかを進むとき、「視界は悪く、一メートル以下だった」とクロークは書いている。「前方で叫び声が聞こえ、マスケット銃の銃声が響いた。混乱状態だ。ハークネスが歩み寄ると、ヤンが中国語でわめいていた。ハークネスがあえぎながら〝何なの？〟と聞くと、ヤンが答えた。〝白熊（ベイシュン）だ[16]〟」

ハークネスとヤンは、この赤ちゃんパンダの親代わりになる。上品な後見人は、この生後二か月の雄パンダを「スーリン（蘇琳）」と名づけた。中国語で「ちょっとした愛らしいもの」という意味だ[17]。そして鼻を鳴らす赤ちゃんパンダを籠に入れて中国各地を移動した。スーリンに与えられた餌は、プルーンのジュースや、ミルク、タラ肝油、離乳食の野菜スープ、オートミールなどで、細かく裂いた若竹は、かけらさえもなかった。

飛行機で上海に戻ったハークネスは、喜びに満ちあふれていた。『チャイナ・プレス』紙は以下のように報じている。

パンダは、世界でもっとも珍しく、もっとも捕らえにくい、高価な動物だと言われている。過去半世紀にわたり、数多くの科学者や探検家が、生きたパンダを発見すべく、むなしい調査を続けてきた。そしてついに今朝、上海において、その努力は成功によって報いられた。その生後五週間のパンダは、初めて捕獲されたパンダという栄誉とともに、〈エンプレス・オブ・ロシア〉号に乗船して米国に旅立った。[18]

しかし、赤ちゃんパンダを中国から出国させるのは、野生の世界から連れ出すよりもずっと難しい問題であることが判明する。ハークネスは、探険旅行の科学的認可も得ていなければ、輸出許可も申請していなかったのだ。〈エンプレス・オブ・ロシア〉号で米国に発つはずの日に、中国の通関当局はハークネスとスーリンを引き留めた。個室で秘密の交渉が行なわれ、おそらく金が動いたのだろう。数日後、ハークネスは――大きな障害を乗り越えて――パンダとともに米国に戻ることが許可された。彼女は、籠に入ったパンダと一枚の書類を持って汽船に乗船した。その書類には、「犬一匹、二〇ドル」と書かれていた。[19]

スーリンは、米国に着くやいなや、大評判になった。誰も、こんな愛くるしい動物を見たことがなかったのだ。ハークネスはラッコ皮の高級コートを身にまとい、[20]ニューヨークとシカゴで、か細い声で鳴く赤ちゃんパンダを宣伝して回った。フラッシュをたくカメラの前でポーズをとり、報道関係者を相手に自分の幸運とヤンの勇敢さについて語り、もっとパンダを捕獲するためにまた探険に出ると話した。一九三七年四月二〇日、シカゴのブルックフィールド動物園でスーリンが公開される。[21]その姿を一目見ようと、最初の三か月だけで三〇万人超が来園した。シャーリー・テンプルや、エレノア・ルーズベルト、[22]ヘレン・ケラー[23]などの著名人もスーリンを見に訪れた。

米国はパンダフィーバーに陥り、たった一頭のパンダでは満足できなくなっていた。まもなく、動物園の間でパンダをめぐる競争が始まる。パンダを手に入れようと、動物園の科学担当部長たちが次々と探検隊を派遣するようになった。スーリンが公開されてから一〇年の間に、民間展示を目的として一四頭のパンダが中国の国外に持ち出された。そのほかにも、動物の毛皮などを記念品（トロフィー）として持ち帰る米国のトロフィーハンターたちによって、多くのパンダが殺された。一九四六年、業を煮やした中国は、自国に生息するこの愛すべき動物が外国人によって違法に収奪されることを禁止する。これを境に、パンダと中国国外の世界との関係は、新しい時代を迎えることになる。

一九三八年、四川の竹林から連れ去られてから二年も経たないうちに、スーリンは肺炎で死亡した。[24]現在、その体は米国シカゴのフィールド自然史博物館のガラスケースに展示されており[25]、いまも好奇心旺盛な見物人の関心を引きつけている。しかし、スーリンは、単なる動物園の動物としてよりも、はるかに大きな功績を残した。スーリンの物語は、世界中で多くの人たちの目に触れるパンダの動画や、パンダのぬいぐるみ、飼育下で繁殖したパンダたちのなかに生き続けている。初めて中国を出て海外に渡ったパンダとして、スーリンはハンターの記念品となるよりもはるかに偉大なことを成し遂げた。つまり、文化的な革命の引き金となったのだ。

二〇世紀の後半になると、中国社会におけるパンダの地位は向上する。中国共産党は、パンダが、海外に売り込めるだけの文化的な魅力を備えた、数少ない存在であることに気づかされたのだ。米国には、ヤシの街路樹が並ぶハリウッド大通りを走るオープンカーも、全米プロバスケットボール（ＮＢＡ）も、ペパロニピザもある。一方の中国は、当時、スズメが害獣として大量に駆除されているような状況だった[26]。北京を訪問する海外使節団が見たがるのは、万里の長城ではなくパンダである。しかしパンダも、その文化的な影響力も、政府が救いの手を差し伸べなければ消え去る運命にあった。

中国では、一九四〇年代に外国人による狩猟と生きたパンダの輸出が禁止されたものの[27]、森林破壊の影響により、パンダの数は減り続けていた。そのため、毛沢東率いる共産党は、一九六〇年代に四か所の野生パンダ保護区を設立し、中国人によるパンダの狩猟を全面的に禁止した。これにより、パンダの密猟者は懲役刑となり、重大な場合には死刑に処せられることになった。一九九三年には、パンダ三頭の毛皮を密売した罪により、中国南部の裁判所でふたりの男性が死刑を言い渡されている[28]。その数年後には、中国南西部の農民が、パンダを殺してその毛皮を売った罪で懲役二〇年の判決を受けた[29]（二〇一七年にパンダの密猟・密輸に関する最高刑が変更され、現在では「一〇年以上もしくは終身の懲役刑、ならびに財産の没収」となっている[30]）。

毛沢東による初期の取り組みは、パンダの減少を食い止めるのにあまり役に立たなかった。保護区は、公文書に記されているだけで、現場では保護も規制もほとんど行なわれない「紙上の保護区」だと、野生生物研究者らは批判した。それに、パンダの生存を脅かす重大な要因は、狩猟ではなかったのである。

その後の数十年間に、中国政府はパンダを保護するために野生生物に関する新たな法律を承認する。そして、ときにはお粗末な対処もあったが、強権的な手法を駆使して現地での活動を強化していった。パンダの主食が竹に限定されていることは、生存していくうえで大きなリスクになる。竹は開花後まもなく枯死するからだ。竹は、ほとんどの種が一生に一度しか開花せず、六〇年に一度しか開花しないものもあるが、いざ開花をすると一部のパンダは餓死に追い込まれる。中国西部では、一九七〇年代と一九八〇年代に、二度の、、、、いっせい開花が起こり、広範囲にわたって冷箭竹が枯死した。このとき、四川省の岷山山脈では一三八頭、邛崍山脈では一四一頭のパンダの死体が発見された。[31] パンダは、竹がもっと多く生えている地域に移動すれば、竹のいっせい枯死の時期を生き延びることができたはずだ。しかし、標高の低い地域にはすでに多数の人間が住んでいたため、行き場がなかった。当時、もっとも影響の大きかった地域では、八割近くが死亡したと推定されている。[32] この緊急事態に際し、政府は飢えるパンダを救うために職員を山に派遣し、発見したパンダをすべて捕獲して飼育下に置いた。[33] 回復した個体は野生に戻されたが、老齢のものや体が弱いものは、引き続き臥龍のパンダセンターで暮らすことになった。「救出」されたなかには、三〇頭の子どももいた。まわりに母親の姿が見えないため、母親が死んだか、もしくは母親に捨てられたと思われたのだ。[34] パンダの母親は、子を木陰に隠し、食事に出かけて四〜八時間も帰らないことがあるのだが、[35] 当時、研究者たちはこうしたパンダの習性を知らなかった(母親不在の最長記録は五二時間である)。[36] だから、政府がよかれと思って行なった救出作戦は、じつはパンダの子どもの大量誘拐だったということになる。

じつのところ、中国当局には、パンダについての一般的な知識がほとんどなかった。西洋の生物学者も、パンダがクマ科であるかどうかさえ特定できずにいた。ダヴィド神父が鋭い観察眼で、この動物はクマ科に属するようだと主張したことも、慎重な科学界においてはあまり重視されなかった。パンダの風変わりな行動が、科学者たちを悩ませたのだ。パンダは冬眠をしないし、声も吠えるというよりはヒツジの鳴き声のようである。過去には、目のまわりの模様から、アライグマ科に属する可能性も指摘されていた。混乱という点では、中国人も同様だった。中国語でパンダを意味する「ションマオ」は、「熊猫」という意味だ。科学界の見解が、最終的に「パンダはクマにほかならない」という点で一致するのは、詳細な分子レベルでの研究を経て、一九八〇年代になってからである。[37]

パンダの生物学、ならびにその保全に関する理解が著しく進展したのは、WWFから派遣されたジョージ・シャラーの訪問に中国政府が同意した時期であると言っていいだろう。シャラーは、中国で野外調査を実施した初の西洋人科学者である。一九七八年、中国は農業、工業、国防、科学技術の「四つの近代化」に関する計画を発表していた。この決定についてシャラーは、「実用主義が鎖国主義に勝ったのである」と書いている。「何世紀にもわたる栄光の時代につちかわれた誇りに包まれて、中国人は長いあいだ、外の猥雑な文化を国内に入れないようにしてきた。しかし、その時期、中国は技術を求めていた」[38]。一九八〇年五月一五日、シャラーはパンダの生息する森に初めて足を踏み入れた。そしてその後も、何度もそこを訪れるようになる。

現在の西側諸国のパンダに関する知識は、シャラーの研究を基礎としている。シャラーは、おもに四川省の臥龍自然保護区と唐家河（とうかが）自然保護区を調査地として、中国で五年近く調査を続けた。彼は、パンダが生存のために必要とする生態学的条件を研究した。竹のどの部分を食べるのか、それは季節によってどう変化するのかを記録し、実験室では、竹の栄養素の含有量を分析した。そして調査地では、竜の尾のように曲がりくねる尾根伝いに、モミやカバノキの森を大きな体でのしのし歩くパンダの姿に驚嘆した。シャラーは著書『ラスト・パンダ』(早川書房)にこう記している。

中国の山奥から現れて、いまや世界中に知られたパンダは、環境保護のシンボルである。ずんぐりとしてクマに似た体型、白と黒にくっきりと染め分けられた姿は、特徴がはっきりしていて描きやすい。まるで環境保護のシンボルという高貴な役割を務めるために、こんなふうに進化してきたかのようである。(中略)そして希少である。生き残っているものは、消え去ったものよりも感情に訴えてくるものだ。こうした特徴などが合わさって、伝説と現実が溶け合ったような、神話上の生き物のような動物を創りだしたのである。[39]

シャラーがパンダの調査事業から退いたのは一九八五年である。そして彼が去ってから四年後、WWFと中国森林省が実施した調査によって、四川省のパンダ生息地が一九七四年からほぼ半減したことが判明する。[40] しかしこの深刻な数字は、海外ではほとんど報道されなかった。そのころ、人民解放軍が大挙して天安門広場に押し寄せていたからである。

四川省の野生パンダの数は少ないかもしれないが、州都の成都（せいと）はどこを見てもパンダだらけだ。市中を歩く私のまわりには、いたるところにパンダがいた。バスの側面には、大きな目をして引きつったように笑うパンダの顔が、愉快なイラストタッチで描かれている。LEDの大型電光掲示板を見れば、光るドットで描かれたパンダが手を振っている。広場では、いくつものパンダの像がこっけいなダンスをしている。さらには、身長一五メートル、体重一二トンのパンダオブジェが、まるでキングコングのように成都国際金融中心のビルをよじ登っている。清朝の古い町並みを模した寛窄巷子（かんさくこうし）の、広狭さまざまな路地に並ぶ店では、売り子たちがパンダのぬいぐるみや文房具を売っていた。移動屋台では、舌がしびれるように辛いペッパーコーン〔乾燥させたコショウの実〕や、何でもかんでも串に刺した食べ物と並んで、パンダの顔が描かれたバオバン〔おかずを挟んだ蒸しパン〕も売られていたが、四川省の熱い日差しを受けて、砂糖をまぶしたパンダの顔は溶けかかっていた。

飼育体験からしばらくあとに、私は成都パンダ繁育研究基地へ向かった。成都の中心から研究基地までは、タクシーでおよそ三〇分だ。立体交差する道路の上を走ったり下をくぐったりしながら、まるで迷路を通るようにして進んでいく。道沿いの街灯には監視カメラがぶら下がっていた。まわりを走る車は、どれも年式が一〇年以内のようだ。どの交差点でも、よく統制の取れた男女の一団が、竹ぼうきで落ち葉を掃きとっていた。ひと月ほど前に全国人民代表大会が国家主席の任期期限を撤廃し[41]、事実上、習近平国家主席の終身政権を可能にしたとき、中国の人々は、まばたきひとつしなかった。経済がうまく回っていさえすれば、習氏が支持を失うことはないだろう。それに、中国共産党に対する批判は広く監視されている。たとえば、二〇一三年に、米国のバラク・オバマ大統領（当時）と習国家主席が並んで歩いている写真で、細身の大統領の横に立つ国家主席が少しぽっちゃりしているように見えたのを皮肉って、習氏をくまのプーさんに見立てた画像がインターネットで拡散したことがある。すると国の検閲が入り、プーさんの画像が入った投稿がすべてブロックされた。さらに政府は、映画『プーと大人になった僕』の中国国内での上映を禁止した（中国のパンダ愛は、架空のクマのキャラクターにまでは及ばない、と言っておこう）。当局は、こうした侮辱は「国家主席の地位と習氏自身の尊厳を本気で脅かそうとする取り組み[42]」だと認識したのだとか。プーさんの口ぐせではないが、まったくいやになってしまう。

中国が外国人によるパンダの収奪を禁止してからかなりの月日を経ても、スーリンフィーバーは完全に消え去ることはなく、二〇世紀の後半になっても、パンダは国内外で切望される動物であり続けた。野生の生息数が減少するなかで、中国政府はパンダの政治的影響力を利用するために、科学的革新に注目する。そして一九八七年、成都にパンダ基地が設立された。当初、パンダの数は雄、雌三頭ずつ、合わせてわずか六頭だった。

私がその同じ基地を訪れたときには、パンダは一九〇頭以上いた。名称は科学機関の響きがあるのに、政府が出資するその研究基地は、一見するとむしろテーマパークのようだ。大きなコンクリート造りの建物の先には回転式改札と入場券売り場があり、その上に覆いかぶさるようにして、白塗りの金属に竹を組み入れた巨大なパンダ型のアーチが設けられている。大型モニターには赤ちゃんパンダの映像が繰り返し流され、大勢の中国人観光客がその映像に見入っていた。

西側のジャーナリストが中国政府の科学者の話を聞くことは、不可能に近い。それも内容がパンダの繁殖についてとあってはなおさらだ。だから、四〇年近くにわたり中国のパンダ繁殖の取り組みを牽引してきた人物へのインタビューを調整するのには、ほぼ一年を要した。その人物とは、中国ジャイアントパンダ保護研究センター（ＣＣＲＣＧＰ）所長で、臥龍、都江堰、碧峰峡（へきほうきょう）のパンダセンターを監督する張和民だ。中国では「パンダの父」として知られている。

張は四川大学で野生生物学を学び、一九八三年に卒業した。その年は、冷箭竹の二度目のいっせい枯死が起こった年にあたる。張は、卒業と同時にＣＣＲＣＧＰに就職した。そして臥龍に赴任し、のちにジョージ・シャラーと数名の中国人研究者とともに、臥龍自然保護区に生息するパンダの小個体群について研究することになる。岷山山脈と邛崍山脈でのパンダの餓死を受け、中国政府はパンダの基礎的な生態について知識を深めることを切望していた[43]（張はこれらの地域でパンダの救助にあたった研究者のひとりでもある）。政府は、絶滅の危機にあるパンダを保全する方策として、人工繁殖が可能であるかの確認も望んでいた。こうした背景の下、張たち研究者は、中国におけるパンダ繁殖の状況を一変させるべく、まだほとんど例のなかった飼育下繁殖に関する研究を始めたのである。

当初、臥龍の科学者たちは、パンダの繁殖についてほとんど知識がなかったと、張は説明する。雌の発情期、つまり雌が雄を受け入れる時期は、いつなのか。雌は、何頭もの雄のなかからどうやって一頭を選ぶのか。あの哀れなほどに小さい赤ちゃんを、母親はどうやって守り、育てるのか。初期の飼育下繁殖の取り組みは、深い失望の連続だった。一九八三年から一九九〇年にかけては、「ほとんど成功例がなかった」と張は言う。臥龍のパンダたちは、食べることと寝ること以外は、何に対してもあまり興味を示さなかった。張は不安にさいなまれた。パンダたちはすべて、野生の世界から救助された個体だ。飼育下では交尾のしかたがわからないのだとしたら？　自然の世界では、パンダは匂いのマーキングを行ない、求愛の声を出して異性を誘う。そして生き生きとした関係性を築き、互いに戯れ合ったりもしてから、交尾に至る。ここではそうしたことが起こらない。パンダたちには性的経験がなく、繁殖の兆しはまったく見られない。張たちは、パンダに性の基礎知識を教えなければならなかった。

研究者たちは、まず、パンダの雄と雌に出会いの場を設けることから始めた。パンダたちは、個別のエリアから異性のいるエリアへ移された。同じ場で生活することで、互いの醸し出す匂いに慣れることが期待されたのだ。それがうまくいかないことがわかると、今度は交尾をしているパンダの映像を上映し[44]、パンダの性欲を高めるために漢方薬を処方した。「中国のライオン・ピルも、バイアグラも試しました」と張は話す。これも、何の効果もなかった。張は、思いつくことを片端から試していき、しまいには成都にある大人のおもちゃの店に出向いて、パンダ用に女性の性器を刺激する道具まで購入したという[45]。かほどに高潔な努力をしたにもかかわらず、パンダたちは頑固なまでに禁欲的なままだった。雌は子を産まない。パンダセンターの囲いのなかに、転げ回って歓声を呼ぶ、ふわふわの赤ちゃんパンダの姿はなかった。

飼育下繁殖の暗号を解くために、張たちが解決しなければならない問題が三つあった[46]。ひとつめは、いつ、何が引き金となって雌が発情するのかということ。臥龍で飼育しているパンダのうち、発情する雌はわずか四分の一にすぎなかった。ふたつめの問題は、発情したパンダのうち、実際に妊娠するのはさらにその四分の一だということ。そして最後の問題は、飼育下で誕生した赤ちゃんパンダの生存率が三分の一弱だということだ。「これらの問題を完全に解決するのに、一五年かかりました」と張は振り返る。のちに、彼らの研究により、雌パンダが妊娠できる状態にある期間がきわめて短く、一年に一度、最大で七二時間しかないことが判明した。つまり繁殖に成功するためには、雄はその短い期間を狙って正確なタイミングでマウンティングをしなければならないのだ。

そこで研究者たちは対策を練り、雌が春の発情期を迎える時期が近づくと、パンダの「助産師」チームが雌の尿サンプルの数値をチェックすることにした。そしてホルモンレベルが受精に最適な数値に達するや、仕事に取りかかる。もし雌が、遺伝的に近縁でない雄に興味を示せば、パンダが自然に交尾するのにまかせる。逆に、近縁すぎる雄に引かれているようなら、助産師チームの出番である。まず、雌に鎮静剤を打ち、繁殖専門のスタッフが雄から採取した精液を注射器で雌に注入するのだ。人工授精は、飼育下の個体群において高レベルの遺伝的多様性を確保するためにきわめて重要である。こうした手法によって、ふたつめの問題、つまり妊娠に関する問題が解決した。

雌が首尾よく妊娠したら（パンダの胎児は超音波検査で見ても非常に小さいので、確認が難しい）、無事に出産できるかどうかは張の手に委ねられる。二〇〇二年まで、臥龍でのパンダの出産には、すべて張が立ち会っていた。(47) 雌が破水すると、いつも決まって張が駆けつけ、分娩（ぶんべん）に寄り添う。すると二時間以内に、一頭か二頭の小さな赤ちゃんが生まれるのだった。しかし、やがて張が所長に昇進し、パンダの出産数も多くなると、すべての出産に立ち会うのは不可能になった。「あるとき、遠方に出張中に、パンダが破水したという連絡を受けました。赤ちゃんが双子の場合は、まだサポートしたいと思っていたので、急いで戻ることにしたのです」。しかし、分娩は進まず、臥龍のスタッフはその雌が死んでしまうのではと心配した。一六時間後に張がようやく到着し、「分娩室に入るとすぐに、赤ちゃんパンダが生まれました」。そんなことが驚くほど頻繁に起きたのだという。妊娠しているパンダたちは何時間も張の帰りを待ち、張が到着すると最後に大きくいきんで、赤ちゃんが出てくるのだ。「みんな不思議に思って、〝あなたがパンダのお父さんなの？〟と言うようになりました」。それで張は、「パンダの父」と呼ばれるようになった。

現在、小さくてふわふわの赤ちゃんがたくさんいる成都のパンダ基地は、中国有数の観光スポットである。来場者数は年間九〇〇万人（米国ディズニーランドの来場者数の半分）だ。私が訪れた日は、中国の祝日「労働節」が近かったので、パンダ基地はパンダグッズを身につけた観光客でいっぱいだった。場内では、ヘッドライトのまわりが黒く塗られたパンダ模様のカートが、竹のトンネルを通り、おとなのパンダや成熟間近の若いパンダのいる三つのエリアを周回している。私はカートには乗らず、青いレインコートを着て雨がたたきつける歩道を歩いた。

パンダ基地内には、博物館、映画館、ふたつのレッサーパンダエリア、保育室、研究センター、パンダ病院、それにレストランもあった。レストランのエスプレッソマシーンの横には、スティーブ・ジョブズとリンゴ(アップル)を食べるパンダの大きな肖像画がつり下げられている。私はそこでコーヒーを買ってから、「月保育室」に向かった。英語ではパンダの群れのことを「embarrassment(エンバラスメント)」(恥ずべきふるまい)という言葉を使って表すが、本当にうまい言葉を充てたものだと思う。広い展示スペース内にいる赤ちゃんパンダ九頭は、竹でできた台から転げ落ちたり、自分の足につまずいてよろけたりと、動けば何かしら災難が降ってくるようだった。有名人を追い回すパパラッチよろしくスマホや一眼レフを構えた観光客の大群が、もっと近くで見たいとガラス越しに騒いでいる。一頭がよちよち歩いてきたかと思うと、寝そべっていた別のパンダにつまずいてペタンと倒れた。これまたかわいらしい失態である。いっせいに「ああ〜」と言う声が上がった。こういうときに発する声は世界共通だ。シャッター音が鳴り響く。

それにしても、なぜ人間はこんなにパンダをかわいいと思うのだろう? 一九八七年、『ニューヨーク・タイムズ』紙が、ニューヨーク大学の行動神経科学者であるエドガー・E・クーンズにこの質問を投げかけている。クーンズの理論によると、パンダの魅力は「快楽メカニズム」によって引き起こされる。[48] パンダの目は、黒い模様のために一〇倍も大きく見え、それが喜びのもとになるのだ(実際には、あの模様は捕食動物を欺いて身を守るためのカモフラージュであって、かわいいと褒めそやす霊長類を惹きつけるためのものではないのだが)。この大きな目と、低くて丸い鼻、体に比べて大きな頭、ぎこちない歩き方が、よちよち歩きの人間の幼児を思い起こさせるのだという。

要するに、生物の進化のなせる技なのである。私たちの脳は、ヒトという種が確実に生き延びるために、ヒトの子どもに夢中になるようにプログラムされている。その脳の配線が重なるために、私たちはパンダに夢中になるのだ（つまりパンダ愛は、人間の自己愛によって無意識に生み出されているにすぎない）。だから、パンダにとっては幸運なことに、人間は、パンダの将来を人類の将来と同じくらい大切に思い、その存続に労をいとわないというわけだ。

「月保育室」を出て、「太陽分娩室」に向かうころには、雨は上がっていた。生まれたばかりの赤ちゃんがいる分娩室は一番人気のスポットで、建物のまわりに長蛇の列ができていた。一般的に、春はパンダが交尾する季節であり（人工受精も同様）、赤ちゃんは晩夏から初秋にかけて生まれる。だがその日、分娩室には一頭の小さなパンダがいた。アクリルガラスの向こうで、赤ちゃんパンダが――生後二か月くらいだろうか――ベッドではなく窓台に体を押しつけて眠っていた。まだ名前もついていない、小さなパンダの目はしっかりと閉じられ、ピンク色の肌には、まだ薄い桃色の毛がうっすらと生えているだけだ。パンダの新生児には毛がなく、体も梨くらいの大きさしかない。でも、竹を食べてすくすく成長すれば、やがては生まれたときの九〇〇倍の大きさになる。パンダは、ほかの哺乳類では未熟児と見なされる発達段階[49]で誕生するという。一三五日齢で産み落とされるパンダの赤ちゃんは、人間で言えば第三トリメスター〔日本でいう妊娠後期〕に子宮から出てくるようなものだ。そのため、新生児は出産後の数時間はとくに脆弱であり、当初、張和民を苦しめた三つめの難題、いかに赤ちゃんパンダを生存させるかという問題が生じるのである。

パンダの出産では、ほぼ半分の確率で双子が生まれる。[50] しかし、母親は、通常は一頭の子どもしか育てられない。野生下では、弱いほうの赤ちゃんを見捨てるのだ。「パンダの母親は本当に頑張り屋です。出産直後の二四時間は、二頭とも生き延びさせようと必死になります。でも、そのあとはヘトヘトになってしまいます」と、張は説明する。「だから、一頭を育て、もう一頭を見捨てるのです」。臥龍の研究者たちは、あまりにもたくさんの赤ちゃんが生後わずか一日で放り出されることを知り、衝撃を受けた。張たちはこの問題を解決する方法を見いだすのに多くの労力を費やしたという。試行錯誤の末、赤ちゃんの免疫システムを強化し、張たちが育児方法を学ぶことで、双子を二頭とも救えることが判明した。現在では、飼育下の双子は決まったスケジュールでこっそり取り替えられ、母親が片方の世話をしている間、人間がもう片方の世話をする。母親はそのことにまったく気づかない。

パンダの繁殖は、手探り状態だった一九八〇年代からずいぶん進歩した。成都のパンダ繁育研究基地では、開所以降、二〇〇頭以上のパンダが生まれている。[51] 臥龍では、当初わずか八頭だった飼育下のパンダが三三〇頭になり、世界最大の個体群に成長した。当初は壮大で半ば不可能と思われていた中国の繁殖計画は、いまや紛れもない成功例として称賛されている。そしてパンダは、絶滅の危機にある飼育下の動物としては、もっとも遺伝的多様性に富む種のひとつだと見なされている。[52] とはいえ、飼育下で誕生したパンダのうち、人工的な環境から野生の世界へ足を踏みだしたものはほとんどいない。二〇二一年の時点で、飼育下で生まれて野生に戻されたパンダは、わずか一二頭である。[53] この数字は、飼育下の全個体数のたった二パーセントにすぎない。

それならば、ほかのパンダたちは、いったいどこへ行ってしまったのだろう？

二〇一九年四月のある日、風が吹きすさぶなかを、デンマーク女王マルグレーテ二世がコペンハーゲン動物園に到着した。気を利かせて、足首丈の白のウールコートに、黒のローファー、手には黒の革手袋というでたちだ。そのうえ、耳には白と黒のイヤリングまでつける念の入れようである。赤いビロードのロープを挟んで、パンダの衣装に身を包んだ見物人がひしめき合っている。チベットの旗を振って「中国の人権侵害」に抗議する人の姿も見られるが、この重大イベントから群衆の気をそらす効果はほとんどないようだ。マルグレーテ二世はぎこちない手つきでロープを脇によけ、そして宣言した。「みなさん、

おめでとうございます。私たちはこの動物園のすばらしい園舎に二頭のパンダを受け入れました。この先、何年も、ずっとパンダを見ることができるのです[54]」。ところで――まったくの偶然だが――この日の祝典に先立ち、デンマーク議会は中国のチベットに対する主権を認める覚書を承認した。

　成都パンダ繁育研究基地からやって来たシンアル（星二）とマオスン（毛笋）の二頭は、その後まもなく、待望のデビューを果たすことになっていた。デンマーク政府が、陰陽印を模した円形の緑あふれるパンダ舎の建設に費やした金額は、大枚二四〇〇万ドル（当時の金額で約二七億円）だ。これに加えて、パンダのレンタル料が年間一〇〇万ドルかかる（そしてパンダは、食べ物が特殊なこともあり、飼育にかかる費用も世界一である）。デンマークでは、渦を巻くような形のパンダ舎の建設費とレンタル料について、強く批判する声も聞かれた。これに対し、コペンハーゲン動物園の科学部長ベングト・ホルストは、費用の妥当性を主張して、『ニューヨーク・タイムズ』紙にこう述べている。「こんなにアイドル的な動物なのですから、アイドルにふさわしい環境が必要なのです。モナリザの絵を、見苦しい額縁に飾ろうとは思わないでしょう[55]」

　飼育下の赤ちゃんパンダの数がどんどん増えるなか、ソフトパワーを波及させたい中国は、世界各地へ頻繁にパンダを派遣するようになった。これまでに、二三か国の二四か所以上の動物園にパンダが送られている。この一〇年だけを見ても、たとえばフィンランドには二頭が送られた。表向きの理由は独立一〇〇周年記念だが、このパンダの貸与は、習近平がフィンランドに公式訪問し、投資に関する多数の合意文書を交わした際に発表されたものだ。ドイツでも、G20サミットに先立ち、ベルリンのティアパーク動物園がおとなのパンダ二頭を受け入れている。スコットランドもパンダのつがいを受け入れたが、どうやらこれは、中国との間で沖合掘削技術とサケに関する取引を行なった見返りだったようだ。さらにオーストラリア、フランス、カナダが、中国へのウランの輸出について合意に達したあとに、パンダの貸与を受けている。

このように他国の行動を引き出すカードとしてパンダを用いる手法を、対中関係の専門家は「パンダ外交[56]」と呼ぶ。中国政府は、「友好の使者[57]」という言葉を好んで使う。中国は長きにわたり、ソフトパワーを蓄積しようともがいてきた。ソフトパワーとは、力づくの攻撃ではなく文化的影響力によって、他国を引きつけ、味方につける能力である。パンダと違って、中国はほのぼのとした穏やかな印象を持たれてはいない。ウイグルの再教育施設や香港など、国際舞台をにぎわす論争の数々は、西側諸国における中国の社会的な評判を傷つけている。そうしたなかにあって、パンダは、中国が文化的に優位に立つうえで最大のツールであり、七〇頭を越えるパンダが他国に送り出されている[58]。

パンダ外交の起源は、唐朝の則天武后が日本へ雌雄一対のパンダを贈ったとされる六八五年までさかのぼる。それから何世紀もの歳月を経て、一九四一年、蔣介石の夫人である宋美齢が、日本との戦時下における米国の支援に対する感謝の印として、米国のブロンクス動物園（スーリンの受け入れを争った動物園のひとつ）に二頭のパンダを贈呈した。

そして毛沢東が権力を握ると、新しいパンダ外交の時代が始まる。パンダは、まず一九六五年にソビエト連邦のニキータ・フルシチョフ大統領、その後に北朝鮮の金日成との戦略的関係を構築するための仲介役として利用される。その後まもなく、毛主席は共産諸国以外にも目を向けるようになった。リチャード・ニクソン米大統領が北京を公式訪問したあと、毛主席は首都ワシントンDCにある国立動物園に二頭のパンダを贈った。その返礼として、ニクソン大統領は中国に二頭のジャコウウシを贈っている[59]（大事なのは、贈り物の見た目ではなく、気持ちである）。

一九五七年から一九八三年までの間に、中国は二四頭のパンダを九か国に無償で送り出した[60]。しかし一九七八年に中国共産党の実権を握った鄧小平は、毛沢東が拒絶していた資本主義イデオロギーを導入する。鄧小平政権の下では、パンダは無料ではなくなった。外国政府がパンダをほしいなら、金を払えばいい。以降、パンダは贈られるものではなく、貸与されるものになった。友好国には数十万ドルのレンタル料に加え、パンダ関連商品の売上の一部を支払うという条件が提示された。これに西側諸国の動物園が手をあげ、大金をもたらす取引がいくつか実現する。しかし当時は、まだ中国が送り出すことのできるパンダの数が少ないことが、パンダビジネスの成長を妨げていた。この足かせを取り除いたのが、飼育下繁殖である。

もちろん、生き物であるパンダが政治的交渉のカードとして利用されることを、だれもが歓迎したわけではない。保全科学の研究者たちからの反発と、絶滅のおそれのある野生動植物の種の国際取引に関する条約（ワシントン条約、ＣＩＴＥＳ）の新ガイドラインを受けて、米国の魚類野生生物局（ＵＳＦＷＳ）は、一九九〇年代初頭に商用目的によるパンダの短期的輸入を禁止した。[61] これにより米国の動物園は、研究目的という名目で特別な貸与許可を取得しなければ、パンダを入手できなくなった。その後、ＵＳＦＷＳのパンダに関する監督が甘いとしてＷＷＦが訴訟を起こし、ＵＳＦＷＳは一九九八年に新しい方針を発表するに至る。以後、米国でパンダを受け入れる場合、中国はパンダのレンタル料の半額以上を野生パンダの保全に充てることが義務づけられた（二〇〇八年に四川大地震が発生した際には、中国はパンダのレンタル料の一部を破損した臥龍パンダセンターの修復に使用した）。

その後、中国はパンダ外交の第三期に入ったと、学者たちは考えている。いまや中国は世界第二位の経済大国であり、国防費も世界第二位の規模を誇る。キャサリン・バッキンガムとポール・ジェプソンがオックスフォード大学の支援を受けて実施した研究によると、習近平政権下のパンダ外交でパンダが貸与されるのは、中国に貴重な資源や技術を供給し、中国と「関係（グアンシー）」、つまり「信頼、互恵、誠実、継続を特徴とする深い交易関係[62]」を構築する国々である。

パンダは、悪い行ないをした国を叱責するためにも利用される。中国はパンダを与え、パンダを奪うのだ。二〇一〇年には、オバマ米大統領とダライ・ラマとの会談に反対すると中国が警告を発してまもなく、アトランタ動物園のパンダと、ワシントンの国立動物園のタイシャンが中国に送還された[63]。すべてのパンダの貸与契約には、パンダから得られるあらゆる生物学的物質（毛皮、精液、血液、子ども）の所有権は中国にあると明記されている。中国は、いつでも好きなときに、パンダを本国に呼び戻せるのだ。

外交関係がからむこともあって、パンダの繁殖については科学者の間でも意見が分かれたままだ。「私は、飼育下繁殖にあまり賛成ではありません」と北京大学の王大軍は私に語った。「パンダの保全にとって重要なのは、飼育下繁殖ではないと思うからです。パンダのために必要なのは、生息地と森を守ることです。そうすれば、パンダたちは大丈夫なはずです」。ジョージ・シャラーも、臥龍で調査をしていた当時から、パンダを飼育下に置くことについて声高に批判し、若き日の張和民としばしば激論を交わしていた[64]。著書に記したように、シャラーは、研究センターが「（パンダが）自由を奪われ、死んだように暮らす悲惨な家[65]」でしかなくなるかもしれないと危惧していた。そして、こんな思いを持っていた。「中国人の同僚たちとのあいだには、合同調査の目標を達成するための共通認識さえうち立てられていないのだ。パンダは〝野生のなかで〟、自由と生存を保証されなければならない[66]」

シャラーの思いは、退職したいまも変わっていない。彼は、二〇一三年に『ナショナルジオグラフィック』誌のインタビュー記事で、中国のパンダ工場を非難してこう述べている。「中国に必要なのは、檻のなかの三〇〇頭のパンダではない。必要なのは、森に「パンダを」復帰させ、守ることだ[67]」

ある冬の日、雪の降りしきる龍渓虹口自然保護区の竹林で、チンシン（琴心）とシャオフータオ（小核桃）という名の二頭の若いパンダが、初めて野生の世界に足を踏みだした[68]。いずれも、二〇一六年に臥龍で生まれた二歳の雌で、この日のためにずっと訓練を受けてきたのだった。集まった人々が声援を送るなか、電波発信機つきの首輪をつけてケージから放たれた二頭は、湿った雪の上を走り、やがて白い森の奥へ消えていった。

チンシンとシャオフータオの二頭は、臥龍にある核桃坪野生化訓練基地で飼育員の指導を受け、半野生環境下で、歩き方、斜面の上り方、隠れ場所の見つけ方、食べ物の集め方、危険を回避する方法などの基礎を学んだ。そして健康チェックを経て、都江堰のパンダ保護・疾病管理センターから三〇キロメートルも離れていない自然保護区に復帰させるのに良好な状態だと判断された。健康チェックの報告書には、チンシンは「やんちゃで、活発、元気がいい」、シャオフータオは「おとなしく、しとやかで、かわいらしい」との所見が書かれている。[69] 飼育下で生まれ、野生に戻されたパンダは、この若い二頭が一〇番め、一一番めの例にすぎない。

張和民が、臥龍の飼育下で生まれたパンダの野生復帰訓練を始めたのは、二〇〇三年のことだ。その後、野生復帰プログラムは急速に拡大している。「飼育下繁殖の最終目標は、野生のパンダを守ることにあります」。パンダ外交の話に対抗し、もしかするとシャラーの批判に対しても反論するように、張は主張した。「最終目標は、パンダを飼育し続けることではありません」。中国西部には、三三のパンダの群れが生息しているが、ほとんどの群れには二十数頭の個体しかいない。だから、新しい遺伝子がぜひとも必要なのだ。「これらの小さな群れは、何もしなければ三〇年以内に死に絶えてしまうかもしれません」

繁殖で当初苦労したのと同じように、飼育下生まれで何も知らないパンダを野生で生存できるように訓練するのは、不可能に近い芸当だった。二〇〇六年に初めて野生に放たれたシャンシャン（祥祥）は、一年もしないうちに崖から転落して死亡した。[70] それまで、研究者たちは人間を育てるようにしてパンダを育てていたが、「この事件のあと、パンダの母親から学ぶようになった」と張は言う。野生化訓練基地のパンダの子は、母親と暮らすようになった。そして、母親のもとにいる間に、基地生まれのパンダたちを少しずつ野生の行動に慣れさせるのだ。子が一歳になるころには、母親と子を山腹にある柵に囲まれた広いエリアに移す。そしてそこでも、母親が子に森で生き抜く術を教え続ける。子は、なわばりを確立し、捕食動物を避け、おいしい竹を探す方法を学んでいく。野生で暮らすならば、パンダの子が人間に馴れてしまわないことも重要だった。「パンダみたいに見えるように、パンダ柄の服をつくりました」と張は言う（パンダの尿の匂いをつけたこの白黒の衣装は、まったく耐えがたい代物である）。シャンシャン以降、野生復帰させた飼育下生まれのパンダ一一頭のうち、さらに二頭が死亡している。[71] 一頭は別のパンダに襲われたあとに細菌に感染して死亡し、もう一頭は野外に放たれてからわずか四〇日後に死亡した。臥龍のスタッフは、放たれる前の数日間、ケージに閉じ込められていたことによるトラウマが死因だと考えている。

すべてのパンダが、野生復帰プログラムを卒業できるわけでもない。どうしても必要なことが覚えられないパンダもいるという。それでも張は、野生復帰プログラムは成功だと思っている。「すでに、小相嶺山脈の群れの遺伝的多様性の問題を解決しました。現在は、その成功を岷山山脈に持ち込み、虹口でパンダを野生に放っています。この事業を早急に拡大していかなければなりません」と張は言う。

二〇一六年、パンダはある一里塚に到達した。四半世紀以上前に国際自然保護連合（IUCN）のレッドリストに絶滅のおそれの高い種として記載されて以来、初めて、「絶滅危惧種」から「危急種」にランクが引き下げられたのだ[72]（IUCNの定義では、絶滅危惧種とは野生で非常に高い絶滅のリスクに直面している種である。一方、危急種とは野生で高い絶滅のリスクに直面している種である）。パンダの個体数は、一七パーセント増加したとされる。野生個体数が二〇〇〇頭近くに達したパンダは、すべての人の予想を超えつつあった。

「科学と、政治的意志、地域社会の関与。これらがそろえば、野生生物を守り、生物多様性も改善できるということを、パンダの個体数回復は示している」。ランク引き下げの発表を祝う報道発表で、WWFインターナショナルのマルコ・ランベルティーニ事務局長はそう述べた。北京で開催されたある会議では、中国の国家林業局の陳鳳学副局長が、個体数データは多数の科学者が総面積四万三三〇〇平方キロメートルの森林を踏査して得た数字だと説明し、パンダの増加は保全政策と森林保護の成功によるものだと語った。最新調査によると、前回の一九九八～二〇〇二年調査でわずか一五九六頭だった個体数は大幅に増加していた。だが、中国の統計値は、たいていはあまり単純に解釈できない。政府がこの数字を得た方法の妥当性について、疑問を呈する専門家もいる[73]。調査員たちが隅から隅まで探したエリアは、前回の個体調査のときよりも七二パーセント近く広かったため、個体数が増加したのかどうかを正確に見極めるのは不可能だというのだ。

それでも、一九九一年にシャラーが『ラスト・パンダ』を出版したころを思えば、パンダが増えていることは間違いない。当時、パンダの絶滅はきわめて現実的な懸念だったのだから。張和民や、王大軍、ジョージ・シャラーのような味方を持つパンダが、私たちの生きている間に消え失せることはないだろう。たとえ個体数の増加がわずかだったとしても、パンダは激動の世紀をどうにか生き延びることができた。中国の人口は、一九〇〇年の四億人から、現在は一四億人にまで増加しており、パンダは、この世界最大の人口爆発の時代を乗り越えたのだ。近年は、人口増加のスピードは緩やかになってきた。それに、パンダが暮らす地方部から都市部への人口移動も進んでいる。

二〇一九年、中国の科学者チームが、二〇二〇～二〇三〇年に岷山山脈でふたたび大規模な竹のいっせい開花が起きる可能性があると警告した[74]。現在、多くのパンダは狭い生息地に暮らしており、移動できる場所がないことから、「竹の開花はパンダに大きな被害をもたらすおそれがある[75]」。一方、科学者たちは、個体数の減少を阻止するために政府が講じることのできる措置も提示している。たとえば、保護区と保護区の間の生息地回廊を拡大する、あるいは竹がたくさん生えている自然保護区にパンダを移すなどの方法である。一九六〇年以降、中国はパンダの群れを保護するために六七の保護区を設立しており、今後一〇年のうちに、パンダの生息地はほぼすべて保護される予定である。現在、中国政府はパンダ国立公園の計画も進めており[76]、これが完成すれば米国イエローストーン国立公園の一〇倍の広さになる。前回のように、飢えるパンダを救うために食べ物を森の各所に配置する、もしくは「竹が回復するまで一時的に飼育下に置く」[77]という形で、政府が介入することも可能だと、科学者たちは指摘する。たとえ竹の量に影響があったとしても、野生のパンダが飢えに苦しむのを、中国政府が放置するとは考えにくい。

パンダの個体数は、ほかの種のクマに比べてはるかに少ないかもしれない。それでも、中国を離れるとき、私の胸には希望があった。人間とパンダを結ぶ文化的なきずなは、人間とほかの七種のクマとの関係だけでなく、ほかのどんな野生動物との関係をも超越するように思えたからだ。実際にパンダは、動物界において唯一、人間の最悪の一面から免れた動物かもしれない。トラや、ゾウ、サイなどの愛すべき動物たちは、毛皮や牙、角を得るために乱獲されているが、パンダは違う。伝統薬のために捕獲されることもない。そして、かわいくて抱きしめたくなるような姿をしているにもかかわらず、まだ「エキゾチックペット」の違法取引にも巻き込まれていない。中国社会では、神という存在は証明できないという考え方が一般的だが、そのなかでパンダは文化の最高神の地位に上ったように見える。パンダは、ブタやヘビ、ヤギ、サルのように時を刻む干支の動物にはならなかったが、中国では毎年が「パンダの年」なのである。

第 4 章

# 黄金の液体

ツキノワグマ
*Ursus thibetanus*
ベトナム

　その小さなガラス瓶は、手に持つとひんやりとした。太陽のように黄色い液体が凍ってできた鋭利な結晶は、琥珀のように見える。容器を手の上で逆さにしても、その違法の液体は固まったままだ。「疲労がたまっていたら、アルコールに混ぜて。それからハチミツを加えるといいですよ」。ボサボサの長い黒髪の女性が私に言った。年は五〇代後半くらいだろうか。目の下には黒い大きなシミがある。短い首のまわりを、一連の真珠ネックレスが飾っている。その姿は、私が想像していたクマ農場の生産者とはかけ離れていた。「体の痛み、骨の痛みによく効きます。何にでも効きますよ」。私はその小瓶を、銀色のビスケット缶のふた（裏返しにして皿代わりにしている）に戻した。小瓶の容量は一立方センチメートル。一〇個一組で、ゴムバンドで巻いてあったもののひとつだ。どの小瓶にも、黒い粘着テープで金箔のラベルが貼ってあり、ベトナム語で「新鮮な熊胆（ゆうたん）、純度一〇〇パーセント」と書いてある。文字の上には、小さな黒いクマのロゴマーク。女性は、ほかにも商機があると考えたようで、「ハチミツは？　ハチミツも買いますか？」とせっついてくる。私は首を横にふった。そこで、通訳のアン・チャン（仮名）が口をはさんだ。「クマを見たいのですが」

私がチャンと初めて会ったのは、活気あふれるベトナムの首都ハノイの郊外に比較的新しく開発された地域だった。フライドチキンの店が建ち並ぶその界隈の高層マンションには多くの韓国人が住んでいることから、地元の人たちはコリアタウンと呼んでいる。チャンはベトナム育ちだが、国際関係を学ぶフルブライト奨学生として米オハイオ州で暮らした経験があり、完璧な英語を話す。以前に私の同僚が、チャンとベトナム人ジャーナリストとともに、ベトナム国内でのサイの角と象牙、それに熊胆の動きを追跡したことがあった。その同僚が、チャンならクマ農場の生産者とつないでくれると太鼓判を押したのだ。ただ、そのときのベトナム人ジャーナリストは、いまでは別の名前で記者をしているらしい。チャンに会った日の朝、ベージュ色の大型セダン車に乗り込んだときに、そう聞いた。「彼は襲われて、利き手をひどく殴打されたの。みんな彼がどういう人なのかを知っていて、もうだれも彼を信用しない」。だから、今回は、別の人を通してハノイ北部の郡の生産者との面会が手配されていた。しかし、その仲介者も、ひどくおびえていた。一緒にいたのは、車の窓を引き下げ、二三〇〇万ベトナムドン（一〇〇〇米ドル相当）をこっそり手渡す間だけだった。その後すぐに、チャンと私は、フックト郡のソンロク村に向けて出発した。

レザーシートの後部座席に座ったチャンは、素顔に濃い茶色のアイライナーを引き、赤い口紅をつけた。体の線にぴったりと沿う、深紅色のタイトなドレスに、細く高いヒールの黒いロングブーツというでたちだ。ドレスに合わせた赤いヘアバンドで、肩に届く髪をまとめている。私は、ボイスレコーダーを持っているのに気づかれないよう、チベット織物のショールをはおって体の線を隠していた。チャンは私に、熊胆市場に興味のある海外投資家のふりをするように念を押した。公然とジャーナリストとして旅をするのは危険すぎるからだ。それに、ジャーナリストだとわかったら、だれも口をきいてくれないだろう。「以前と同じだと思わないで」と、チャンはきつい口調で言った。「いろいろと変わったの。前ほど開放的ではなくなったのよ」

ハノイを出ると、気温は低く、じめじめしていた。灰色の雲が立ち込め、いまにも雨が降りそうだ。私たちを乗せた車は、観葉植物を育てる苗木畑や、フォー・ボー〔牛肉入りの米麺スープ〕の屋台、スア（甘いコンデンスミルク）を売る商人の横を次々と通り過ぎていく。ベトナムの村には、たいていは何かしら有名な特産品がある。たとえば、米麺で知られるトーハ村では、細い米麺を屋根から吊して日干しにしている。籐と竹細工で有名なフービン村では、女たちが、年齢を重ねて動きが鈍くなった指をねじるようにして、籐や竹の精巧なバッグを編む。花の村であるサデック村では、大勢の村人がバラを栽培している、という具合だ。そして、ハノイの北西約三二キロメートルのところにあるフックト郡の村々は、檻に閉じ込めたツキノワグマから採取する胆汁で有名だった。

最初に車を止めたのは、チャンが数年前に訪れたことのあるソンロク村のクマ農場だった。町の中央にある小さな敷地には、草地も小屋もなく、黄色と青で塗られた幅の狭い二階建ての家があるだけだった。かつて政府が間口の広さに応じて税金を課したため、ベトナムの家は、高さはあるが間口の狭い建物が多い。地元の人が「チューブハウス」と呼ぶ様式だ。その建物には、金縁のガラス戸の上に、日に焼けて色あせた看板が掛かっていた。看板には、食事中の大きなグリズリーが描かれ、その下には電話番号と、ベトナム語でクマを意味するGấu（ガウ）の文字が走り書きされている。チャンが陰鬱な笑みを浮かべ、その文字のあとに続くベトナム語を訳してくれた。「クマの保全のために」

そして、砂ぼこりをかぶった赤いタイルの歩道を玄関まで歩いていくと、くだんのボサボサ髪の女性が、冷ややかな面持ちで私たちを出迎えたというわけだ。私たちを見定めるように用心深い目を向けたのは、明らかに、外国人がこんなに熊胆に興味を持つのはどういうわけかと怪しんでいたのだろう。それでも、私たちを通りに面した居間に招き入れ、丸い木のテーブルの席に座らせて、緑色のプラスチックポットに入った熱いお茶を持ってきた。部屋には、ぽつぽつと装飾品が置かれている。ドアの上に掛かっているのは、まだら模様のあるシカの頭の剝製だ。ほかにゾウの大きな写真もあり、額の端に小さなスナップ写真が挟み込んである。二〇〇〇年にベトナムを訪問したクリントン大統領夫妻が、軍人と握手をしている写真だ。その軍人は、女性の夫の友人らしい。

お茶をいただきながら、チャンは落ち着きなく皮の財布の留め具をいじっていた。そして、看板について、まっすぐに質問を投げかけた。女性は如才なく、「あの看板には、クマを飼育している、と書いてあります。熊胆を売っているとは書いていません」と答える。これまでに何十回も同じセリフを口にしてきたのだろう。「クマの飼育は、まったく合法なんです」。ただし、以前、チャンが彼女の夫に会ったときにいたクマは、もうここにはいなかった。クマは、隣村に住む義理の家族が人を雇って世話をしているという。「私はもう歳ですし、体も弱いので、あまり世話はできませんから」

私が英語で質問をチャンにささやき、チャンがそれを訳して聞く。「いまは、何頭のクマを飼っていますか？」

「六頭です」

「みんな同じ場所で？」

「ええ」

「何年くらい飼っているの？」

「まあ、かなり長いです」。女性が平然と答える。

あいまいな答えしか返ってこないのにいら立ったチャンは、彼女が口をすべらせるのを期待して、強引に、矢継ぎ早に質問を投げかける。

「何年になるの？」

「数年です」

「一〇年くらい？」

「はい、一〇年です」

「クマはどこから買うのですか？」

「まあ、いろんなところから」

チャンは質問を繰り返し、女性はますます守りが堅くなる。こんな質問のしかたで、相手の好意を得ることができるのか、はなはだ疑問に思った。それでも、チャンが熊胆の値段を聞くと、女性はさっさとつくり話をやめて、足早に奥の部屋に入っていった。そして、冷凍の熊胆を乗せた銀の皿を持って戻ってきたのだ。値段は純度によって、一瓶あたり二万五〇〇〇～五万ドン、米ドルで一～二ドルだという。「昔はもっと高かったんですよ。七万ドンくらいの値がつきました。一五万ドンになることもありました。とてもよく売れたんです」。女性は陰気な声で話した。最近は需要が減っていて、買いにくるのは地元の人だけだ。「いまは貧しくなりました」

チャンは、以前にここを訪れたときにいたるところで目にした、熊胆の店の看板について質問した。「あれはどこに行っちゃったの？」

「もうありません。フックト郡の人たちは、クマを隠すようになりました」

もうこれ以上、秘密を漏らしてくれる様子はなかったので、私たちは失礼することにした。そうして立ち上がると、女性はにわかに私に走り寄り、脇腹をぐいとつかんだ。私は不安になって、チャンのほうをちらりと見た。野生動物の違法取引は危険な世界なのだ。

しかし、怪しげな場所に引きずり込まれるのかと思いきや、彼女は私を姿見の前に連れていった。そして、鏡に映ったふたりの姿を見て、大口を開けて笑い出した。

「あなたの背が高いと思っているのよ」。チャンがひきつった笑みを浮かべて言った。太めの女性の頭は、私の肩にも達しない。私は微笑みを返した。これをきっかけに、少し話をしてくれるかもしれないと思ったのだ。チャンもそう感じたのだろう、もう一度、クマを見せてもらえないかと尋ねた。

「クマはお見せできません」

熊胆は、何千年にもわたり伝統薬として用いられてきた。[1] 中国の薬物書に初めて登場するのは紀元六五九年である。ハチミツで甘くした熊胆は、徐々にアジア全域に普及していき、韓国や日本で人気の商品となった。熊胆は、感冒から、がん、二日酔いに至るまで、さまざまな病気の治療に処方される。[2] 硬い皮膚にすり込んで、こわばった膝の関節や背中の痛みを和らげるのに用いる人もいる。ソンロク村のクマ農場主が言っていたように、少量の酒に混ぜて摂取する人もいる。

熊胆は、いんちきな万能薬ではない。サイの角や、トラのペニス、センザンコウのウロコなどは、人間の健康に対する薬効が証明されていないが、胆汁に含まれるウルソデオキシコール酸と呼ばれる活性分子には、炎症を抑えコレステロール値を下げる効果があることが医学的に判明している[3]（ちなみに、いんちきな万能薬のことを英語で蛇油（スネークオイル）というが、ヘビ油もじつはいんちき薬ではない。中国のミズヘビから抽出される油には、関節炎の治療に使用されるオメガ三脂肪酸が豊富に含まれている）[4]。ウルソデオキシコール酸については、米国食品医薬品局が特定の肝疾患の治療薬として承認しているほどであり、前臨床試験[5]の結果から、パーキンソン病やハンチントン病、アルツハイマー病などの神経変性疾患の進行を遅らせる効果も確認され、筋萎縮性側索硬化症などの症状に対する効果も期待されている。ミネソタ大学医学部分子消化器病プログラムのディレクターであるクリフォード・ステアによれば、「保護される細胞は、脳細胞、腎細胞、心臓細胞、肺細胞など、数えればきりがない」という。

ウルソデオキシコール酸の名前は、ラテン語でクマを意味する語根 urso に由来するが、この物質を生産するのはクマだけではない。ただ、十分な量を生産する動物はクマだけである[6]。人間の場合、胆汁に含まれるウルソデオキシコール酸の量は、一～五パーセントにすぎない。肝臓で生産されて胆嚢に蓄えられる胆汁は、人間の体では、消化を助け、脂肪を分解するのに用いられる。一方、クマの体では、ウルソデオキシコール酸は、冬眠のような長期にわたる不活動状態において、プログラムされた細胞死（アポトーシス）を防ぐ働きをする。一部のクマ種においては、ウルソデオキシコール酸の濃度は胆汁の四〇パーセント近くにも達する。[7] この物質の専門家であるステアは、「もし、あなたや私が六か月も冬眠をしたら、かなりげっそりとやせてしまいます」と説明する。筋肉がやせ細ってしまうというのだ。冬眠を終えるころには、脳にも障害が起きている可能性が高い。しかし、クマの場合には、冬眠に入るときにウルソデオキシコール酸の濃度が一〇パーセント以上増えるという。[8] 明らかにこの分子は、クマを細胞死から守っている。だから、人間を守ることもできるのだ。

ステアは、遠回しな言い方をせず、ウルソデオキシコール酸は「すばらしい薬」であり、「自然界からの人類への贈り物」だと明言する。ステアのグループは、一九九〇年代後半に、この分子の持つ独特な能力を動物モデルで初めて示し、脳や心臓の損傷を半分程度抑える力があることを見いだした。ほかにも同様の効果をもたらす薬がありそうなものだが、ステアによれば、抗アポトーシス作用のある薬剤はほかにもあるものの、この「クマの分子」ほど強い、つまりミトコンドリア損傷を防ぐ効果の高い薬剤はないという。幸いなことに、ウルソデオキシコール酸はクマから抽出しなくても得ることができる。ステアも、本物のクマの胆汁を研究試料に用いてはいない。その代わりに、ウシの胆囊から抽出し、重度に加工した半合成のウルソデオキシコール酸[9]を使用している。この問題は、著名な研究者であるステアにとって、あまり触れられたくない点でもあった。

「われわれが発表した最初の論文は新聞のトップ記事になり、熊胆を使っていると報道されました」とステアはため息をつく。「抗議や嫌がらせの手紙がたくさん届くようになりました。でも実際は、試料は市販業者から得たもので、その業者は原料を家畜屠殺場から入手していたのです」。仮に、ウルソデオキシコール酸が大量生産されるようになったとしても、それは半合成の製品だろう。いまのところ大規模な生産は行なわれていないが、それはウルソデオキシコール酸が一般に知られている物質であるため、特許が取得できないからだという。大手製薬企業には資金をつぎ込む動機がないのだ。それに、合成代替品が、アジアの医薬品市場で流通している熊胆と同等に扱われる可能性も低い。熊胆でパーキンソン病やアルツハイマー病を治療しようとしている人はほとんどいないからだ。熊胆は、田植えや種まきに伴う背中の痛みや、慢性の炎症、頭痛などのありふれた病気の薬として使われている。そんなものに効く漢方薬は、ほかに五〇以上もある。いざとなれば解熱鎮痛剤のアドビルでも代用できる。普通の風邪を治すためにクマを飼育する必要など、まったくない。

ステアは、米国の国立衛生研究所に一〇年以上勤務している、気さくで研究熱心な人物だ。クマを保護することにも積極的で、合成代替品について中国政府に助言したこともある[10]。だが、新型コロナウイルスの世界的大流行が始まったとき、中国がその治療に痰熱清（熊胆の粉末）などの伝統薬の使用を推奨すると、ステアも、このウイルスが引き起こす過剰な炎症性免疫反応の治療薬としてウルソデオキシコール酸の臨床試験を行なう価値あり、と主張する論文の共著者に名を連ねた。この点について、私は疑問に思った。彼は、自分の研究が熊胆の売買を促進するかもしれないと、心配にはならなかったのだろうか。根拠が何もなくてもトラのペニスが消費されているのだ。医学研究者がウルソデオキシコール酸を「すばらしい薬」と呼んだら、需要が押し上げられはしないか。しかし、ステアの考えは違った。彼は、一般の消費者が薬の科学的根拠に高い関心を持つとは思っていない。だから、自分の研究が影響することもないだろうという。「中国の伝統医学では、熊胆に魔法の力があると考えられている。だから、クマが飼われ続けるのだ」

マレーグマ
*Helarctos malayanus*

ベトナムでは、農場のクマをその目的を冠して呼ぶのが一般的だ。さながら*Ursus bilis*〔bilisは胆汁を意味するラテン語〕という種のクマが存在するかのようである。「このbile bear（胆汁のクマ）は私のお気に入りのペット。家族の一員だ！」、「私のバイルベアの写真を撮らないで！」といった具合だ。分類学などわきへ押しやられている。檻のなかのクマと野生のクマには、ほとんど共通点は見いだせないかもしれないが、胆汁を採取するために飼育されているクマは、分類学上は一種のクマではない。アジアのクマ農場で暮らす哀れな動物は、ツキノワグマ（*Ursus thibetanus*）とマレーグマ（*Helarctos malayanus*）の二種である。前者は英語でmoon bear（月のクマ）、後者はsun bear（太陽のクマ）と呼ばれている。

ツキノワグマは、世界中のクマのなかでもきわめて生息範囲の広いクマで[11]、西はアフガニスタンやイランの乾燥したザグロス山脈から、ヒマラヤ山脈、台湾、日本の本州と四国、さらにはシベリアにまで分布している。対照的に、マレーグマはきわめて希少なクマだ。アジアの暑い赤道付近に広がる低地林に生息し、果実やハチミツ、甲虫、イチジク、サソリなどを食べる。両種ともに体は黒色で、胸に金色をした三日月形の模様があり、東南アジア諸国（とくに、クマ農場のクマの大半が捕獲されるカンボジアやミャンマー、ラオス）[12]の蒸し暑い森林地帯においては生息域が重複しているが、この二種のクマの類似性はこれらの点にとどまる。

マレーグマを学術文献で初めて紹介したのは、ベンクーレン（現在のインドネシアの一部）の副総督だったトーマス・スタンフォード・ラッフルズ卿(きょう)である。一九世紀初頭、ラッフルズは、友人が村人から買ったというマレーグマの子グマをペットとしてもらい受けた。ラッフルズは、眠たげな目と貧弱なあごという風貌が与える印象とは異なり、上品で優しい人物だった。彼は、この子グマをもらうと非常に喜んだ。子グマを鎖でつながずに、「子どもたちと一緒に託児室で育てた。よく食事の席にも連れてきた。クマは、果物はマンゴスチンしか食べず、ワインはシャンパンしか飲まないという、味にうるさい一面を見せた[13]」「不機嫌になるのは、シャンパンが飲めないとわかったときだけだった[14]」と書いている。ラッフルズの時代にクマだったら、何と幸せだったことだろう。

のちに近代シンガポールの基礎をつくり、ロンドン動物学会を創設したラッフルズは、一八二六年、四五歳の誕生日の直前に脳卒中で亡くなった。酒好きのマレーグマは、その六年前に死んでいたが、その際にラッフルズはこう記している。「わが家族で死んでしまったのは、私のお気に入りのクマだけだ。自然史上で扱う際には、必ずや敬意を持ってその死を思い出すだろう[15]」。その言葉どおり、慈しみ深いラッフルズはクマが亡くなったその年に、マレーのクマを意味する *Ursus malayanus* という学名をつけた。のちに、米国の動物学者がこのクマに *Helarctos* という新しい属名を提案することになる。[16] 属名はギリシャ語で太陽を意味する helios に由来する。

英語のムーンベアとサンベアという俗称は、系統における類似性を示す意図があったのだが、じつはマレーグマとツキノワグマはクマ科の系統樹のなかで近縁ではない。マレーグマは *Ursus minimus* という小型のクマから進化したと考えられている。一方、アジアクロクマとも呼ばれるツキノワグマにもっとも近縁の種はアメリカクロクマであり、両種ともに二〇〇万年以上前にヨーロッパのエトルスカスグマから分岐した。[17] ホルスタイン間氷期のころ、アメリカクロクマが北アメリカに到達したときには、ツキノワグマとほとんど変わらない姿をしていたと考えられる。現在でも、この両種は体の大きさも体形もよく似ている。

このようにマレーグマとツキノワグマは近縁でないため、見た目も異なる。ツキノワグマの大きな耳はお皿のように丸く、マンガのクマのように頭からひょっこり突き出ている。それに比べるとマレーグマの耳は小さく、頭に沿うような感じである。ツキノワグマの体重は二〇〇キログラムにも達するが、マレーグマは八種のクマのなかでもっとも小さく、多くの犬種と比べても小さい。さらに、ツキノワグマは黒くて長いふさふさとした毛に覆われているが、マレーグマの体毛は暑さを避けるために短く、つややかで、まるでツキノワグマの毛を短く刈り込んだような姿である。

ツキノワグマについては、研究も進んでいる。通常は単独行動をするが、二頭の親と二頭の子の家族で暮らすこともある。とてもおしゃべりなクマで、一風変わった耳障りな音を出す。[18] うなり、鼻を鳴らし、吠え、不安なときや警戒しているときには、はじけるような音を出す。ほかのクマに近づくときは、舌を上あごに打ちつけて、チッチッという音を立てる。

一方、マレーグマは、世界でもっとも研究が遅れているクマで、[19] あの人目を避けるメガネグマよりも情報が少ない。その理由の一端は、マレーグマの性質にある。メガネグマと同じように樹上を好み、日中はヤシの葉の陰に隠れ、樹のうろなどで休む。熱帯の環境はクマにとっては暮らしやすいが、研究者にとってはさまざまな困難が伴う。うっそうと茂った森ではヘリコプターを使えないため、すばやく発見することができないし、DNAの塩基配列を決定するために毛を採集しようにも、刈り込んだように短いマレーグマの毛はなかなかトラップにかからない。[20] そのうえ、マレーグマとツキノワグマの両方が生息する地域では、住民は胸に金色の模様のあるこの二種の黒いクマを区別できないため、マレーグマの目撃情報を得ることもかなわない。

マレーグマの習性に関する限られた知見のほとんどは、ガブリエラ・フレドリクソンの研究によるものだ。国際自然保護連合（IUCN）マレーグマ・エキスパートチームの共同議長を務めるフレドリクソンは、インドネシアの東カリマンタン州（ボルネオ島）にあるマレーグマ教育センターの創設に尽力した人物で、いまも多くの時間を同センターで過ごしている。一九九〇年代、マレーグマのフィールド調査を始めて間もない時期に、インドネシアの野生生物当局が野生生物の密売人から押収したマレーグマの子グマを送ってくるようになった。子グマの扱いに困った政府は、熱帯雨林にあるフレドリクソンの研究拠点を格好の場所だと考えたのだ（当局は、押収したテナガザルとマレーグマを同じ檻に入れたことがあったのだが、この同居はうまくいかず、テナガザルが殺されてしまった）。最初に送られてきたのはガンジャという名の子グマで、次いでウシルとシットの二頭が加わった。[21] フレドリクソンと三頭のクマは、毎日、長い時間をかけて森を歩いた。助手が野生のクマを探し、フレドリクソンは三頭の子グマが見せるクマ特有の行動を観察した。

「クマたちの本能は失われていませんでした」と、彼女は言う。「ケージから出すと、すぐに食べ物を探し出します。まるで機械のように、動きっぱなしです。ほかのクマと違って、ぼんやりしているときがないのです。何かを掘り出したと思ったら、すぐに腐った樹の穴に入り込み、そうかと思えば果実がなっている木に登ります。とにかく、じっとしていません」

マレーグマは、顔まねをすることでも知られる。相手の表情をまねるのは、人間同士のふれあいにおける重要な要素だが、動物の世界ではきわめてまれな行動だ。ボルネオマレーグマ保護センターが調査したところ、二一頭のマレーグマが、遊び相手の表情をまねて大きく口を開けるのが観察された。これは、マレーグマに「ある程度の社会的感受性」があること示唆している。[22] クマ類において、こうした行動が記録されるのは初めてのことだった。基本的には単独で行動をするマレーグマが、大型類人猿のように社会性の高い種にしか見られない、複雑なコミュニケーション手法を示したのである。

だが、もちろん、クマ農場の主は、こうしたすばらしい習性にはまったく関心がない。ツキノワグマの出す独特な声や、マレーグマの豊かな表情など、どうでもいいのだ。彼らの関心は、胆汁にある。そして、アジアに生息するクマのなかでウルソデオキシコール酸がもっとも多く採れるのは、ツキノワグマだ。ツキノワグマは、東南アジア南部の生息地（ベトナム、ラオス、カンボジア、タイ、ミャンマー）では冬眠をしないが、北部の山岳地域（中国、ロシア、日本、ネパール、インド）ではしっかりと冬眠する。巣穴に入るのは一〇月ごろ、出てくるのは四～五月ごろである。六か月以上もの間、うとうとしているクマの体内では、劣化を防ぐ特別な酸が大量に生産される。ところが、小柄なマレーグマのほうは、いわば巻き添えになって、あさましいクマ農場ビジネスに引きずり込まれている。マレーグマは、気温が高く食べ物が豊富な赤道付近の森林に生息するため、冬眠をしない。科学者が、さまざまな種のクマについて胆汁を分析したところ、マレーグマの胆汁にはウルソデオキシコール酸が八パーセントほどしか含まれていなかった。[23]

フントゥオン村には、チューブハウスが連なり、バナナの木が生え、水田が広がっていた。オートバイのクラクションが、絶え間なく鳴り響く。砂ぼこりの舞う道を歩く制服姿の小学生や、黒ずんだ歯で楽しげに笑う年配の女たち。温かいフォーや、甘いコンデンスミルクの上に注がれたアイスコーヒー。五月に到来した南西モンスーンの影響は、一〇月まで続く。こうして見れば、フントゥオン村は、ベトナム北部の典型的な村である。ただ一点違うのは、クマがいることだ――それも一六四頭も。(24)

フントゥオン村は、ベトナムでまだクマ農場のある数少ない村のひとつで、クマの数ももっとも多い。ベトナムでは、胆汁を採取するためにいまも飼育されているクマの四分の一以上が、(25)この肥沃な紅河（こうが）デルタに広がる約五平方キロメートルの村のどこかにいるのだ。過去一〇年の間に、クマ農場の農場主たちが当局にクマを引き渡した（あるいはもっとひどい方法で手放した）ため、クマ農場の中心地は次々と姿を消していった。だが、このフントゥオン村では、私が訪れた時点ではまだひとりとしてクマを手放した人はいなかった。(26)だれもがみな顔見知りという村でクマを手放すのは、仲間や隣人を裏切るような行為になる。クマの救助に来た人たちが農場主にクマを引き渡すように説得すると、村人は一致団結し、「この村からは一頭のクマも出さない」と対抗した。

現在、アジア全体では、約二万頭のクマが胆汁採取を目的として飼育されているという[27]。その大半が、需要がもっとも多く、農場が合法である中国で飼育され、残りが韓国、ミャンマー、ラオス、ベトナムの檻のなかで暮らしている（カンボジアは、東南アジアでクマ農場が定着しなかった数少ない場所である[28]）。

四〇年前までは、ほとんどすべての熊胆が野生のクマから採取されていた。熟練の猟師がクマを撃ち殺し、胆汁を蓄えた胆嚢を慎重に切り取って、野生動物市場で売っていたのだ。やがて、密猟の放置によりクマの個体数が減少し、熊胆の供給が滞るようになると、供給チェーンの不満を鎮めるため、中国政府は熟考の末に商業目的でのクマの飼育を提案した。ジャコウネコや、タケネズミ、ヘビなどの動物でうまくいったのだから、クマもそうすればいいというわけだ。一九八四年、ちょうど張和民がパンダを守るために臥龍（がりゅう）の繁殖プログラムに着手したころ、別の政府職員たちは北朝鮮の科学者と協力して、クマ農場における胆汁採取の技術改良をしていた。恐ろしい響きだが、その言葉どおりの恐ろしいことが行なわれていたのである。すでに北朝鮮で、生きたクマの胆嚢から胆汁を抽出する拷問のような手法が開発されていた[29]。その手順は、クマの腹部を切り込み、そこにステンレスの針を差し込んで、胆嚢に直接つながる管を常設するというものだ。「自由滴下フィステル法[30]」と呼ばれ、重力の力だけで、胆汁が出てくる。実際に目撃した動物愛護活動家によると、この方法で胆汁を採取されるクマは、「うめき、ぶるぶる震える」という。だが、中国政府は、この方法で万事うまく収まると考えた。この巧妙な方法を使えば、以前よりもずっと少ない労力で多量の胆汁を採取できるうえに、野生のクマへの影響も抑えられるとされていたからだ。飼育下のクマ一頭から一年間に得られる胆汁は、密猟される野生のクマ四〇〜五〇頭ぶんに相当する。[31] 結果として、カプセル剤、軟膏、こう薬、丸薬、目薬などの熊胆製品が市場にあふれ、消費者需要は急増し、[32] クマ農場は正当化された。そして、農場で飼育されるクマの数も爆発的に増加する。かつて貧しかった村人たちは「黄金の液体[33]」のおかげで裕福になった。

ベトナム熊胆市場の最盛期には、バスいっぱいの韓国人観光客がハノイからフントゥオン村のあるフックト郡までやってきて、生産者から直接熊胆を購入していた。[34] 消費者がフントゥオン村まで来ないときでも、生産者は容易に製品を市場に持ち込むことができた。中国の南側の国境は村から四〇〇キロメートル弱、そして中国のクマ農場が集中する地域のひとつである南寧（なんねい）も国境から一五〇キロメートルほどしか離れていない（中国の合法的な熊胆産業の規模は一〇兆ドルで、おもに雲南省と四川省を拠点としている）。[35] 二〇〇〇年代初頭、熊胆景気に沸いていたころは、フントゥオン村でだれがクマを飼っているかは一目瞭然だった。一番大きな家に住み、一番上等な自動車に乗っていたからだ。[36] だが産業の衰退とともに、クマの飼育は人目に触れない場所へと移っていった。

ライムグリーン色のチューブハウスの外で、チャンは電話ごしにイライラしながら話していた。私たちは、一頭のクマを飼う夫妻に会う予定だったのだが、いざ村に着くと電話が入り、体調が悪いのでクマを見せられないと言われたのだ。

「病気なんかじゃない」。電話を切ったチャンが声を押し殺して言った。「怖くなっただけ」

会うはずだったクマ農場主の家の横を見ると、野原に大きな広告板が立てられていた。家の窓からも見えそうなその広告板には、ベトナム語で「クマがより良く暮らせるように、政府へ引き渡そう」と書かれている。そして、連絡先の電話番号と、保護区で幸せな余生を送る二頭のクマの写真。クマ農場主は、これまでに何度、この広告板の前を通ったことだろう。

世界の農業を俯瞰すれば、クマ農場は工場式畜産に非常によく似ている。中国のクマ農場では、動物保護団体が腹立たしげに「棺桶サイズ」、「クラッシュサイズ」などと呼ぶケージにクマが閉じ込められている。[37] 立ったり、向きを変えたりできないほど小さく狭い鉄柵の檻だ。クマはその檻に何年も、ともすれば何十年も入れられたまま、胆汁を採取される。子グマのときに檻に入れられ、ずっと檻のなかで過ごすクマもいる。農場主は、クマを生かしておき、胆汁を分泌させるために、安い穀物飼料を与える。頑丈な鉄柵の間でカロリーを消費できないクマは、どんどん太っていく。

胆汁の抽出方法は、国によって違うという。ベトナムのクマも惨めだが、中国の農場のクマに比べればまだましかもしれない。ベトナムの檻は、棺桶よりは大きく、トヨタプリウスよりは小さいサイズのものが、コンクリートの床に置かれている。それでも、檻のなかでは数年しか生きられず、手術の傷からの感染や、骨の変形、肝臓がん、ヘルニアなどで死亡するものもいる。動物保護団体によると、老齢になり胆汁を生産しなくなったクマは、檻のなかで餓死させられることもあるという。[38] フックト郡の生産者は、ベトナムでは違法の麻酔薬ケタミンでクマを眠らせ、一時的に注射器とカテーテルを使って胆汁を採取する方法をとっている。[39] 何度も針を刺さないと適所が見つからない場合もあり、ケタミンの影響でクマが意識朦朧としたままになってしまうこともある。こうした採取が二週間に一度行なわれ、そのたびに八〇～一〇〇ミリリットルの胆汁が得られる。[40] いや、少なくとも、そう聞いていた。チャンと私は、ベトナム一の熊胆生産地で、まだ一頭のクマも見ていないのだ。ライムグリーン色のチューブハウスへの訪問も、失敗に終わった。

クマ農場は、ベトナムではもはや合法ではない。動物保護団体の精力的な活動を受けて、二〇〇五年に禁止になった。[41] これは、野生動物の違法取引という暗い世界において、数少ないサクセスストーリーである。一九九〇年代後半から二〇〇〇年代半ばにかけて、ベト

ナム国内でのクマ飼育は急増し、推定四〇〇頭から、産業の最盛期には約四三〇〇頭にまで増えた。[42] 段々畑の広がるベトナム農村部の道沿いには、檻が並び、何百頭もの太った哀れなクマたちが座っていた。当然ながら、動物保護団体はその急増を喜ばしく思わなかった。クマ農場は野生のクマへの影響を抑えるという触れ込みだったが、これも実際には逆のことが起きていた。ベトナム内外の活動家は、クマ農場の残酷な活動を禁止し、国境をまたぐ違法な取引を取り締まるよう、政府に強く主張した。絶滅の恐れのあるクマの体の一部（熊胆を含む）に関する国際取引は、ワシントン条約（CITES）の下で禁止されており、ベトナムはすでに同条約に署名していたのだが、まだ多くの熊胆の瓶が中国や韓国に持ち込まれていた。国際的に汚名が広がるなかで、ベトナム政府はついに活動家の要求を受け入れ、クマからの胆汁の採取と熊胆の販売を禁止する。ただ、禁止を急ぐあまり、すでにベトナム全土の農場の檻に閉じ込められていた何千頭ものクマたちの処遇については、きちんと対処できなかった。

政府のとりあえずの解決策は、胆汁を採取しないかぎり、すでに手元にあるクマを飼い続けるのはまったく問題ないとするものだった。[43] ソンロク村で、あのボサボサの長い髪の女性が言っていたとおりである。クマの所有者は、政府にクマを登録し、追跡用のマイクロチップを埋め込むことが義務づけられた。[44] そうすれば、機能停止状態とされる農場に、違法にクマが加えられることはないはずだ。この論理に従えば、現在、ベトナムの檻のなかにいる約四〇〇頭のクマは、すべて一五歳以上だということになる。野生のツキノワグマは三〇年生きることもあるが、農場のクマはそれよりもはるかに短命である。(45)

チャンは、胆汁採取のために飼育されているクマを見つけるのがいかに難しいかを大げさに話していたが、ふたりで車に戻り、フントゥオン村を走っていると、偶然にもフックト郡で最大規模のクマ農場を見つけた。そのバター色の建物は、一街区を占めるほどの長さがあり、歩道に面して四つの大きな窓があった。どれも金属のシャッターが開き、金網が張ってある。暗い室内には、見るからに哀れなツキノワグマ数頭が、一頭ずつケージに閉じ込められていた。そのクマの檻とイチジクの木の間に連なる虹色の三角旗が、場にそぐわない明るさを醸し出している。

建物のほうに歩いていくと、緑色の戦闘服に迷彩色のキャップをかぶった年配の男性が立っていた。チャンが彼に話しかけて注意を引き、私が檻に近寄ってゆっくり見る時間をかせいでくれる。歩道に一番近い中央の檻にいるクマは、ひどく太っていた。じっと座ったまま動かず、背中を檻の柵にぴったりとつけている。がさがさした足が二本、どっしりした体の下から突き出ている。頭から飛び出た丸い耳は、しおれているように見える。檻の床は赤錆色の柵が地面から三〇センチメートルほど高くしてあり、尿や糞、食べかすが下に落ちるようになっていた。檻のなかには飲み水の皿すらなく、食物を与えるときに使う小さな薄い板があるだけだ。クマは通りのほうに目をやり、やかましいオートバイが通り過ぎるのをぼんやりと眺めていた。胸の金色の三日月模様はすっかり色あせ、大きく太った腹には胆汁抽出の傷跡がある。こちらに気づくと、どんよりとした目で私の目をじっと見た。飼育下のパンダが見せたようなわずかな好奇心すら感じられない。インドの救出された「踊るクマ」のランギラでさえ、このツキノワグマよりはましな暮らしをしていた。最初は、クマがほんの数頭しかいないように見えた。でも、薄暗い建物のなかに目を凝らすと、檻が何列も並んでいるのがわかった。檻のなかで、黒いものがしきりに口を動かしている。少なくとも一五頭はいるようだ。最初に見た哀れなクマの横では、別のクマが、ひび割れて血の出ている前足を柵の隙間から突き出していた。それでも、この二頭はほかのクマたちよりもずっと恵まれている――少なくとも、太陽の光と、通りかかる人たちを見ることができるのだから。クマ舎の前に、「危険な動物」がいると通行人に注意を促す標識があった。クマたちにとってみれば、農場主こそが危険な動物だろう。

ベトナムで胆汁の採取と販売が禁止になった二〇〇〇年代中頃の時点で生存していた飼育下のクマ四三〇〇頭のうち、動物愛護の非営利団体が運営する保護センターに引き取られたものは五〇〇頭にも満たない。[46] それ以外のクマは、ほとんどが死亡した。虐待が原因で死ぬものもいれば、農場主が飼育の費用を回収するためにクマを殺し、体の一部を売る場合もあった。禁止令に従うのをいとわない農場主でさえ、クマを保護センターに引き渡さず、まだ胆汁採取が合法な中国にクマを売ることが多かった。

そして、店じまいに乗り気でない者もいた。禁止法において、クマを「飼い続ける」のは問題ないとした抜け穴は、実質的にクマの首に縄をつけたのと同じだった。当局が、胆汁採取が行なわれていないか確認しに訪れることはめったになく、たとえ検査にやってきても、金でどうにでもできたからだ。また、ベトナムの禁止令は熊胆の需要を六〇パーセントも減少させる効果があったのだが[47]、それによって農場の利益も大幅に減ったため、クマの処遇はさらに悪化した。餌は、与えられる場合でも、以前よりも栄養価の低いものになった。二〇一八年の調査によると、ベトナムのクマ農場でクマの食料に充てられる金額は、月に四ドル以下だった[48]。

　チャンが咳払いをして、私のほうを向いた。年配の男性に、クマの拷問部屋の奥にある家に招待されたのだ。私はふたりの後について中庭を歩いていった。ふと見ると、とがった耳をした薄茶色のイヌが、小さな金網のケージに閉じ込められていた。チャンは、これは番犬だから大丈夫だと言う。状況をなるべく好意的に解釈して、クマの持ち主に気に入られようという算段のようで、中庭に咲いている黄色い花の美しさを褒めたりもしていた。

　その家は、私がベトナムで足を踏み入れたどの家よりも立派だった。節税のために間口を狭くしたチューブハウスよりもはるかに幅が広く、居間の青緑色の床には、凝った装飾を施した木製家具が置かれている。大きな飾り棚には、ウイスキーやブランデーの瓶がびっしりと並んでいた。壁に目をやると、若いカップルの結婚式の写真の横に、二頭のトラを描いた巨大な油絵がかかっている。息子夫婦だと思われるその写真のふたりが、部屋に入ってきた。中国のクマ農場は、医薬品の大企業が運営するものがほとんどだが、ベトナムではいまだに家族経営である。私が中国ではなくベトナムに来た理由の一端も、そこにあった。中国でパンダについて調べるのは可能だったが、クマ農場の調査は難しそうだったのだ。

息子夫婦の妻がにこやかに銀色のポットからお茶を注ぐと、チャンは愛嬌を振りまき始めた。

「私たち、ホーさんのお宅に行ってきたところなんです。クマを六頭飼っている、ソンロク村の有名な人です。私は旅行会社に勤めていて、来るたびに彼のところで買うんですよ」。チャンは勢い込んでしゃべった。「前回、村に行ったときは、土曜日の朝八時半に、クマに餌をやっていたわ。誰にでも売ってくれました」

この部屋にいる三人は、ソンロク村のホー氏の妻ほど素っ気なくはなかった。自分たちの事業について、隠しているというふうでもない。

「クマは何頭飼われているのかしら。三〇頭くらい?」チャンがさらっとした口ぶりで質問する。答えるのは、息子夫婦だ。

「いや、ほんの二〇頭です」と、夫が答え、それをチャンが英語に通訳した。ほんの二〇頭。この場でなかったら、とんでもない答えだ。

「何年くらい飼っているんですか？」

「長いですよ。二〇〇二年からです。どのクマにもマイクロチップが埋め込まれていて、番号がついています」と、妻が慎重に答えた。二〇頭とも、胆汁を採られながら二〇年近くも生きながらえたなんて、なんと幸運なことだろう。続いて、夫が口を挟む。「つまり、政府が管理しているということです」

「クマを飼うのは合法なんです」。妻が、ソンロク村で聞いたのと同じ公式見解を述べると、夫が後を継いで言う。「胆汁を採取するのが違法なだけで」。まるで稽古をした寸劇を演じるように、ふたりでセリフをつなぐ。当局職員が毎月訪問し、何の問題もないことを確認していると、妻が力説した。

でも、そうではないようだ。息子夫婦は、何のためらいもなく、熊胆を買いたいのかと聞いてきた。

「あなたたちに熊胆を売った人――ホー氏――も、私たちから買ったんですよ」と、妻が言い放った。自分たちの製品に誇りを持っているようだ。夫がまた口を挟む。「うちは大口販売専門なんです。価格は、一平方センチメートルあたり五万ベトナムドン（二ドル）です」。顧客は中国人と韓国人がほとんどだと、妻が付け加えた。

年配の男性が席を立ち、部屋を出て、透き通った小さなガラス瓶を五つ持って戻ってきた。私たちは小瓶を手にとってじっくりと観察した。この小瓶は冷凍されておらず、液体は濃い茶色をしている。息子夫婦が購入を強く勧め、チャンが品質についてあれこれ言いながら確答を避ける。鮮度について聞くと、通常は毎月一回、時によっては二か月に一回の頻度で採取をするという。小瓶は一〇〇個単位で販売している。

チャンの演技はすばらしかった。値段が高すぎるからというふりをして、サンプルとして一本だけ買うと言った。でも、電話番号を教えてほしい、ハノイにいる高級顧客とつなぐことを約束しよう、と持ちかけた。この提案は、彼らの気持ちを和らげたようだった。私たちは、時間を割いてくれたことに礼を言い、中庭のほうに戻った。さっきの薄茶色のイヌが、こっちに向かってキャンキャン吠える。そのときになって初めて、私はクマ舎の裏につながる鉄柵の扉に気づいた。その隙間から、女性がクマのケージに水をまいている。圧力釜では、大量の茶色い卵がゆでられていた。そろそろ食事を与える時間なのだ。私はそっと扉に近づいた。巨大なツキノワグマが頭をケージに激しく打ちつけている。農場主が、離れろと叫んだ。

表の歩道側から見ると、最初に見た元気のないクマが四つ足で立っていた。その姿を見て、私は息をのんだ。背中にあるはずの毛が全部抜けていたのだ。胆汁を採取されるクマは慢性的な皮膚感染症を患うことが多く、そのために毛が抜けてしまうということを、あとになって知った。チャンが熊胆の小瓶をごみ箱に投げ捨てた。

胆汁採取のために飼育されているクマほど悲惨な一生を過ごす動物が、ほかにいるだろうか。トラやサイは、密猟されて殺され、強壮剤や、工芸品、酒などにされるが、たいていはすぐに死が訪れる。工場式畜産で育てられるニワトリやブタ、ウシは、クマといい勝負かもしれないが、それでも数か月とはいかないまでも、数年以内には殺される。イルカやゾウのような高度な知能を持つ動物が、遊園地や水族館でひどい生活を強いられているのは確かだが、それでも毎日、手術による激しい痛みに苦しんでいるわけではない。そしてこれは、虐待されているほかの動物との比較である。いうまでもなく、勝手な理由で大事にされている動物もいるのだ。ツキノワグマが、黒い体に金色の三日月の模様ではなく、白黒模様に生まれていたら、寵愛（ちょうあい）の対象になっていただろう。それなのに、このクマたちは苦しみしか知らない。

　村を出る道で、チャンと私は、来るときに車窓から見たのと同じバナナの木や、フォーの店、水田、低い椅子に腰掛けた年配の女たちの横を通り過ぎた。歩道に面した監獄に閉じ込められている、毛の抜けた太ったクマ二頭の横も通った。クマたちは顔を上げなかった。女性がほうきを振り回しながら、さっさと立ち去れと叫んでいる。私たちはスピードを上げ、フントゥオン村とクマたちをあとにして、ハノイへと車を走らせた。

胆汁を採取するクマ農場に足を踏み入れたことのある人なら、その禁止のために動物愛護活動家が必死に取り組んできた理由がわかるだろう。あの光景と、匂い、音は、なかなか忘れられるものではない。だが、野生生物の保護活動家がアジアのクマ農場の存続を懸念する理由は、それだけではない。農場で飼育されているのは、ほぼすべて、かつては野生の世界で暮らしていたクマなのだ。そして、農場に供給するために野生のマレーグマやツキノワグマの捕獲が後を絶たない状況は、この二種のクマの将来を脅かす緊急の課題となっている。

こうしたクマ農場の廃止に向けて取り組む、フリー・ザ・ベアーズという国際団体がある。同団体の研究プログラムを監督するブライアン・クラッジは、長年にわたり、東南アジアの野生クマ個体数に対するクマ農場の影響について研究してきた人物だ。ある日の朝、私はラオスにいる彼に電話をかけ、クマ農場がどのように野生のクマを減少させてきたのかを聞いた。電話の向こうから、デモ隊がメガホンで叫ぶ声や、鳥の鳴き声、オートバイのクラクションの音にかき消されそうになりながら、快活なアイリッシュアクセントが聞こえてきた。

「クマ農場が、野生のクマの救いにならなかったのは確かです。むしろ、状況は悪化したかもしれません。クマの需要が増え、生きた子グマの市場が生まれたのですから」と、クラッジは言った。二〇一六年にベトナムのクマ農場主を対象として実施した調査では、クマの繁殖を試みた者は八名しかいなかったという。[49] 成功した農場はわずか四つで、子グマは一頭を除き、すべてが生後一週間で死亡していた。三分の二近くの農場主が、野生のクマを入手していることをあっさり認めた。もっとも、農場主が認めなくても、捕獲された野生のクマはすぐにそれとわかる。アジアで飼育されているクマの約三分の一は、足をなくしている。[50] それは、スチール製の足かせ罠で捕獲された証拠だ。

野生動物の違法取引を監視する団体トラフィックは、カンボジアや、ラオス、タイからベトナムへの生きたクマの流通が継続していることを突き止めた。二〇〇〇〜二〇一一年の間に、ベトナムの地方自治体当局は、密輸入された一五二頭の生きたクマを押収している。[51] これらのクマのほとんどは、取引業者が中国に運ぼうとしていたものだろうが、ベトナムの農場主による注文もあったに違いない。「農場のクマの数は全体として減少しているものの、［ベトナムの］多くのクマ農場が、生きたクマの取引にまだ参加している可能性は非常に高い[52]」というのが、トラフィック報告書の結論である。

アジア各国の政府がクマ農場を認可したことにより、「天然の本場物」の需要も急騰した。それは当然の結果だった。こうしたことは、人工飼育の代替品が市場に登場すると、必ずといっていいほど起きる。サケもしかり、ヤクヨウニンジン（ジンセン）もしかりだ。そして同じことがクマでも起こっていた。伝統的な漢方医学の医者は、しばしば野生原料からつくられた製品のほうがよく効くという考えを押しつける。すると、熊胆を摂取する人は、野生のクマから採取したものしかほしがらず、そのために高い金を払うのである。「農場のクマの熊胆では満足できなかったのです」と、クラッジは話す。ベトナムの熊胆購入者は、農場のクマから採取されたものは「品質が悪い」と考えた。そして市場では、小売店の店主が野生起源だとうたう胆汁や胆嚢に一番高い価格をつけた。トラフィックが指摘するように、「消費者が野生起源の製品に高いお金を払うかぎり、クマ農場の数にかかわらず、野生のクマを捕獲・売買する動機はなくならない」

農場へのクマの供給や、クマの体の一部を得ることを目的とする狩猟により、クマの数は大幅に減少した。マレーグマもツキノワグマも、絶滅の恐れのある「危急種」に指定されている。[53] ツキノワグマの個体数は五万〜六万頭と推定されるが、その数は過去三〇年間にほぼ半減した。[54] マレーグマの個体数も、同じ期間に、三分の一以上減ったと考えられている。[55] 三〇年は、クマではわずか三世代に相当する期間である。その間、マレーシア、インドネシア、パプアニューギニアでは、三万五〇〇〇平方キロメートルもの原生熱帯雨林がアブラヤシのプランテーションに姿を変え、マレーグマの暮らす空間や、陰や保護色になる木々、食物が奪われた。こうしたプランテーションとの境界で暮らすクマたち[56]は、そうとは知らずにプランテーションに近づきすぎて、ヒゲイノシシやイノシシの捕獲用に仕掛けられた罠にかかって負傷する。[57] アブラヤシのプランテーションになるのを免れた森も、高価なフタバガキ科の硬木を得るために伐採されてしまうことがほとんどだ。フタバガキ科の森林は、マレーグマの生息地なのである。「マレーグマの個体数に関して、信頼できる推定値はない[58]」ものの、マレーグマは、現在、よく知られた絶滅危急種のパンダに次ぐ、絶滅の恐れの非常に高いクマ種だと、一般には考えられている。

かつてマレーグマは、紅河デルタよりも上の北東地域を除き、ベトナム全土に生息していた。ツキノワグマも、山岳地域に多数が暮らしていた。クラッジらのグループは、胆汁採取を目的とするクマの飼育がベトナム国内の野生クマ個体数に与えた影響を調査するために、二二の保護区に隣接する村落に住む一四〇〇人以上に聞き取り調査を実施したことがある。調査では、クマを見たことがあるか、クマはたくさんいたか、個体数が減ったと感じることはあったか、といった質問を投げかけた。すると、九八パーセントという圧倒的な割合の住民が、クマの数は減ったと思うと答えた[59]。減り始めたのは一九九〇年ごろで、二〇〇五年まで減り続けたという。明らかに、事は並行して起こっていた。「クマの個体数が激減したこの時期は、ベトナムでクマ農場が確立され、急速に拡大した時期と重なる」とクラッジは言う。この調査では、クマの個体数が減らなかった地域をひとつも特定できなかった。クラッジらが導き出した結論は、クマ農場は狩猟圧力を大幅に強めたというものであり、その背景には「需要の増大や、市場アクセス、お粗末な法執行、金銭的な利益の魅力などが要因となって、やりたい放題の密猟が横行する[60]」状況があった。

ベトナム北部で屈指の高さを誇る山々が、低地の竹林と熱帯常緑樹からわき出るようにそびえている。ここ、タムダオ国立公園は、かつてツキノワグマが生息していた場所だが、もう何十年も前にその姿は見られなくなった。動物保護団体アニマル・アジアのタムダオ・クマ保護センターを案内してくれるチュアン・ベンディクセンも、「野生のクマを見たことは一度もない」と言う。

アニマル・アジアは、一九九三年の創設以来、アジア各国で六三〇頭以上のクマを救助してきた。[61]私がタムダオ・クマ保護センターを訪れたときには、一七八頭がそこで暮らしていた。「この施設には、フックト郡からも多くの子どもたちが訪れます」。鉄柵を開けて、ジャングルに囲まれた施設に入りながら、ベンディクセンが言った。タムダオは、フントゥオン村から北へわずか三二キロメートルほどの場所にあるが、まったくの別世界だ。樹木に覆われた安らぎの場所に身を置いた私は、悪名高いクマの村で目にした状況とのあまりの違いに衝撃を覚えた。「子どもたちの親にも来てほしいのですが、来てくれませんね」。その代わりに、毎週土曜日の朝、ベンディクセンはフックト郡に出かけ、アニマル・アジアのベトナム支部局長として移動診療所を監督する。一階建ての小さな建物のなかで、伝統医療の治療師が住民の話を聞き、無料で薬草を混合した薬を処方するのだ。少しずつ、熊胆の使用をやめさせるのが目的である。

二〇〇〇年代初頭、アニマル・アジアは他団体との協力の下、ベトナムにおけるクマ農場の禁止を求めるロビー活動を開始した。二〇〇五年にその活動が成功すると、ベトナム森林保護局は、タムダオ国立公園内の谷間に広がる緑豊かな土地を立ち入り禁止区域とし、引き渡されたクマの保護センターとしてアニマル・アジアが使用することに同意した（アニマル・アジアは中国の成都でも、皮肉なことにパンダ基地からそう遠くない場所で、クマの保護区を運営している）。残酷な熊胆産業から解放されたツキノワグマとマレーグマは、ようやく穏やかな余生を送ることができるようになった。

ベンディクセンは、柔らかな口ぶりだが、鉄の意志を持つ人物だ。楕円型レンズの縁なし眼鏡をかけ、黒い短髪を中央でわけている。彼はサイゴン（現 ホーチミン）に生まれ、一九七〇年代初頭に両親とともにオーストラリアに移住した[62]。そして大学で畜産学を学び、オーストラリア政府の職員として家畜福祉の改善に取り組んだあと、二〇〇〇年にベトナムに戻った。ハノイ市で小さな動物病院を経営し、イヌやネコの治療をしていたベンディクセンは、ドイツ人の獣医師仲間からクマ農場の話を耳にする。そして禁止を求める活動への思いが強くなっていき、アニマル・アジアのボランティアとして働くようになった。以来、彼はクマ農場の禁止を求める活動家のひとりとして知られるようになる。フントゥオン村にも何度も足を運び、クマを引き渡すよう住民に説得を続けているが、まだひとりもクマを手放していなかった。

「みんな、胆汁は採っていないと言うんです」。小川にかかる小さな橋を渡り、クマのいるエリアに向かいながら、ベンディクセンが言った。タムダオ・クマ保護センターは山間にあり、面積は〇・一平方キロメートルほどで、一部が森林になっている。「でも、胆汁を採取していないはずがないんですよ。それ以外に、飼育する理由がないでしょう？　経営者というものは、損失が出る事業からは早めに手を引くものです」

「ベトナムでは、胆汁を採取した罪で投獄された人はいないんです」と、ベンディクセンが不満を口にした。法律上は、クマの胆汁を採取しているところを取り押さえられた場合には、五年以下の禁固刑に処せられる可能性がある[63]（クマが六頭以上の場合は一五年）。しかし、採取している最中に政府の役人か警察官に逮捕されない限り、とがめを受けることはない。罪になるかどうかが明確ではなく、罰が与えられるとしても、罰金か、たまにクマが没収される程度という状況の下で、ほとんどの農場主は罪悪感にさいなまれることなく事業を続けている。

　私が訪れたときにいた一一頭のマレーグマは、すべて保護センターの入り口に一番近い建物のなかにいた。その風変わりな姿を見るや、私はたちまちこのクマに魅せられてしまった。小さなクマたちが、後ろ足で草の上をよたよたと歩いている。マレーグマは顔のまわりにしわがたくさんあるのだが、いまはその立ち上がった姿勢のためにお尻まわりもしわだらけで、まるでびっしょり濡れたおむつをはいているようだ。マレーグマは、私がそれまでに見たことのあるどのクマにも似ていなかった。目と目の間が離れているし、胸の金色の模様も、ツキノワグマのバットマンのような三日月模様よりもはるかに濃い。そのうえ、鉤爪は異様に太くて長いのだ。高い柵を乗り越えて逃げないように、木々の幹のまわりには滑りやすい竹が巻いてあるのだが、一頭のマレーグマが、鉤爪を指のように使って竹をはぎ落としていた。

「子グマはとても活発ですよ」。ベンディクセンがそう言い、私たちは柵の向こうに目をやった。「いろいろとやって見せてくれます。でも、クマ農場から救助された年長のクマは、歩くのに苦労することも珍しくありません」。私たちは、クマのエンリッチメント〔飼育環境を豊かにするための取り組み〕の時間に合わせて保護センターの見学を設定していた。作業員がイチゴや、パイナップル、ニンジンを囲い地のあちこちに隠し、クマたちが探して食べられるようにする。こうした遊びの時間は、乾ききっていたクマの精神を刺激するだけでなく、檻のなかで何年も過ごすうちに衰弱した筋肉を鍛えるためにも、きわめて重要だ。保護センターに来たばかりのクマは筋力が弱すぎて、敷地内に設置してあるハシゴや木製の台によじ登れないことも多いという。

レイラという名のマレーグマが、私たちのほうに寄ってきた。瑞々しいイチゴが口の端からはみ出ている。金色をした胸の三日月模様の右側に、生まれつきの黒いあざがあるので、ほかのクマと容易に識別できる。母親は、レイラがまだ子グマのころに密猟者に殺された。(64) 五年前、密猟者がベトナム国内を移動していたところを政府当局者が取り押さえ、レイラを保護してセンターに連れてきたのだ。レイラは大きな音を立ててイチゴを口に吸い込み、鼻先にしわを寄せて大きくあくびをした。信じられないほど長い舌が、まるでフルーツロールアップ〔フルーツを薄く長く伸ばしたアメリカの菓子〕のように口からシュルシュルッと伸び出てきた。二五センチメートル近くもあるマレーグマの舌は、クマのなかではもっとも長く、ハチミツや虫を掘り出すのに重宝する。

タムダオの保護センターで暮らすマレーグマは、さまざまな理由でここにやって来た。レイラを含む三頭の子グマは、密売人のもとから救助された。ペットとして飼われていたクマもいる。体が小さく、しわのある顔がかわいいマレーグマは、「エキゾチックペット」として取引される人気動物なのだ。二〇一九年、マレーグマがクアラルンプールのマンションの窓から頭を出して不思議そうに外を見ているところが撮影され、大ニュースになったことがある。その部屋の住人、マレーシアの人気歌手ザリス・ソフィア・モード・ヤシンは、道ばたで「拾った」そのクマをイヌだと思っていたと主張した。(65) ヤシンはこの件で九〇〇〇ドル近い罰金を科されたが、クマにひどい扱いはしていないと言い張った。彼女は、「もしブルーノ［クマの名前］が口をきけたなら、私が与えた食べ物はとてもおいしかったと言うに違いありません」[66]とマレーシアのメディアに話し、チョコレートを与えたこともあるのだからと言って自分を弁護した。

保護センターには、東南アジア各地のクマ農場から救助されたマレーグマも五頭いる。「カンボジアでは、マレーグマの胆汁はツキノワグマの胆汁の二倍の値がつく」と、ベンディクセンが教えてくれた。二〇〇五年の禁止以降、ベトナムのクマ農場の数は減ったが、違法活動は国境を越えて広がっている。「ラオスで増加しています」[67]。土の道をツキノワグマのエリアに向かいながら、ベンディクセンが言った。そのエリアでは、何十頭ものクマが草の上をのっそりと歩き回っていた。まるで、毛むくじゃらのウシが牧草地に放されているようだ。「穴の開いたバケツみたいなものです。ひとつ穴をふさぐと、別の穴から漏れ出すのです」。次にクマ農場の中心地になりそうなのは、いまもアジアにおける野生クマの供給地であるミャンマーだ[68]。

ベトナムには、救助が必要なクマがまだ何百頭もいる。でも、タムダオでは、もうあと数頭しか受け入れられないという。見学の最後に保護センターの獣医室に戻ると、ベンディクセンが言った。「山があるので、もうこれ以上、敷地を拡張できないんですよ」。もっと広い場所を、急いで探さなければならない。二〇一七年、ベトナム林業総局は、国内で活動するクマ保護団体との間で、ある合意に達した。それは、国内で飼育されているすべてのクマを、今後五年以内に保護区に移すというものだ[69]。この合意により、二〇〇五年の禁止令にあった抜け穴が閉ざされることになる。ベトナムのクマ農場が、ようやく終焉を迎えるのだ。

ベトナムを離れてから二週間後、アニマル・アジアからメールが届いた。フントゥオン村のクマ農場主のひとりが、タムダオ・クマ保護センターに雌のクマを一頭、引き渡したという。ベトナムの他地域ならば、ごく普通の救助活動にすぎないが、フックト郡においては画期的な成果である。ようやく、仲間と別の行動をとる農場主が現れ、一頭のクマも出さないという村の約束事を無視したのだ。村人たちの強固な意志に、ひびが入ったのである。

「一頭めが一番難しいということです」。さらに二年後、ふたたびベンディクセンと話をすると、彼はそう言った。「村人たちの態度が変わってきました。フントゥオン村の農場主のもとに行っても、以前のようにはっきりと拒絶されなくなりました。あいまいな感じなのです」。そう言って、最近、フックト郡で移動診療所にやってきた年配の男性の話をした。背中が痛いというその男性と話をしているうちに、ベンディクセンはそれがフントゥオン村で最大規模のクマ農場の持ち主であることに気づいた。なぜ痛みを和らげるために熊胆を使わずに診療所に来たのかと問うと、「クマ農場主は〝とにかく体に効くものがほしい〟と答えたのです。そして、私たちが農場を訪れて話をすることに同意しました」

アジア全体で、少しずつ、だが確実に、進展が見られる。二〇一九年、フックト郡の住民五〇〇〇人が、地域のクマ農場を終わらせる請願書に署名した。[70] また、二〇一五年には、ベトナムの伝統薬協会が、あらゆる熊胆の処方をやめることに同意している。[71] 野生のマレーグマは、何十年も姿が見られなかった地域に現れるようになった。[72] ツキノワグマも、何十頭も保護センターに受け入れられている。フントゥオン村にいた背中の毛がないクマも、保護センターに行ける日が来るかもしれない。ツキノワグマとマレーグマが、パンダのような立場になるにはまだだいぶ時間がかかるだろうが、中国でも、胆汁採取を目的とするクマ農場に反対する世論は広まりつつある。多くの中国人が、胆汁の採取は残酷だと考えるようになったのだ。二〇一八年には、河北省の代表者が、二〇三五年までにクマ農場を閉鎖する提案書を全国人民代表大会に提出している。[73] 中国の主要都市では、残酷なクマ農場に反対する人々が頻繁に集まって声をあげるようになった。私には、あらゆる方面からかすかな希望の光が差しているように思える。そう、地平線の向こうから顔を出して真っ暗闇に光を放つ、太陽と月のように。

第III部

# 北アメリカ

NORTH AMERICA

「さびしい？」イオレク・バーニソンはいった。「さあ、わからんな。みんな、ここが寒いという。おれには、どこが寒いのかわからない。おれは凍えたりしないからな。だから、さびしいってのがどういう意味かもわからない。クマはもともとひとりで生きるようにできてるんだ」

——フィリップ・プルマン

『黄金の羅針盤』（大久保寛 訳、新潮社）より

第 5 章

# 野生の世界を飛び出して

アメリカクロクマ
*Ursus americanus*
米国

昨今のアメリカクロクマの状況は、冗談のような話から始まる。食料雑貨店に入って、棚からトルティーヤチップスをとってくるクマの話を耳にしたことはないだろうか？[1]ガソリンスタンドに押し入って、チョコレートバーをムシャムシャ食べるクマは？[2]お菓子屋さんのキッチンでバターを一〇キログラムも食べる大食漢のクマは？[3]もしあなたがタホ湖周辺に住んでいるなら、間違いなく地元のニュースで全部（でなければどれかは）聞いたことがあるだろう。

米国のカリフォルニア州とネバダ州の州境にあるタホ湖は、青空色の宝石だ。米国の古き良き時代、つまり都会に住む核家族がシエラネバダで楽しい五日間を過ごすために、テントとキャンプ用コンロを携え、大挙して保養地を訪れていた時代を思い出させる場所である。いまも、大勢が休暇を利用して訪れる人気スポットだ。しかし、今日のタホ湖流域は、野生の土地と都市との境界（WUI）の典型例であり、青い水をたたえる湖が有名なだけではなく、米国におけるアメリカクロクマと人間との軋轢（あつれき）の中心地としても知られている。この面積約五〇〇平方キロメートルの湖は、高地に棲む野生生物にとって雨の少ない時期の貴重な水源なのだが、モーテルや、ミニゴルフコース、バーベキュー設備、カジノなどに囲まれている。かつて人間が湖岸の開発を始めたとき、周辺に棲むアメリカクロクマにはふたつの選択肢があった。立ち去るか、そこで一緒に暮らすかである。そしてほとんどが、後者を選んだ。

アメリカクロクマは世界でもっとも個体数の多いクマであり、米国の人々にとってもっともなじみ深いクマだと言っていいだろう。クマの絵を描けと言われたら、おそらく多くの人は、黒くて短い毛に、白っぽい鼻先、こぶのないスラッとした背中、そして丸い耳という姿を思い浮かべるのではないだろうか。過去一〇〇年にわたる全国的なリワイルディング（再野生化）の取り組みのおかげで、アメリカクロクマの生息域は、米国における元来の生息域のおよそ半分にまで回復した。その姿は、米国東部アパラチア地方に広がるヒッコリーの森や、南部ルイジアナの湿地、南西部のピニョン松とジュニパーの森、ヤシの葉が揺れるフロリダキーズなどで見ることができる。でも、それだけではない。アメリカクロクマは、ニューヨーク州のヨンカーズ[4]や、ノースカロライナ州のローリー、マサチューセッツ州のボストンなどの都市でも、まるで巨大なアライグマのように大型ごみ収集容器を物色しているところや、住居の軒下で休んでいるところが目撃されるようになった。マンハッタン島と、ニュージャージー州で急増するクマたちとを隔てるものは、ハドソン川しかない。このアメリカクロクマの個体数の急増と、人間の野放図な開発圧力が相まって、米国に新しい系統のクマが出現した。アーバンベア（都市型のクマ）である。

タホ湖のネバダ州側にあるインクライン・ビレッジで、カール・ラッキーは、ある別荘の軒下にいた。先のとがった赤茶色の松葉が積もるなかをはいつくばって進む姿は、まるでクマのようだ。彼は、軒下の狭い暗闇を懐中電灯で照らしている。別荘の持ち主が留守の間に、大きな雄のアメリカクロクマがここで暮らし始め、グラスファイバーの断熱材をはぎ取ったうえ、蓄えておいたマツの実を持ち込んで夜食を楽しんでいたらしい。幸い――いや、私にとっては残念なことに――いま、クマは外出中のようだ。「インクライン・ビレッジには、こういう場所がいくらもある」。ラッキーは、西部特有のぶっきらぼうな口調で言った。それから立ち上がると、色あせたブルージーンズにくっついていたマツの葉をはたき落とした。「家の軒下を棲処にしているクマがたくさんいる。ごみ収集の晩になると、食べ物を探しに出てくるんだ」

ラッキーは、ネバダ州野生生物局の生物学者だ。引き締まった体つきで、髪は薄く、しょうが色のあごひげを蓄えている。肌は、太陽の下で長い時間を過ごした白肌の人に特有の日焼けをしている。霧雨の降る朝、インクライン・ビレッジでラッキーと待ち合わせをしたとき、彼はトラックの運転席の後ろに白黒模様の元気のいいイヌを二匹乗せていた。

ルースターとダズルという名の、カレリアン・ベアドッグである。見た目はハスキー犬とボーダーコリーの雑種のようだが、北欧原産の犬種で、かの地では猟師がヒグマを狩るのに使う。米国西部山岳地帯の各州では、アメリカクロクマやグリズリーを町から追い払う手段として、野生生物管理官たちがこの勇猛なイヌを普及させてきた。ラッキーはベアドッグの熱心な支持者で、タホ湖周辺のクマ被害の増加に対処するため、二〇〇一年に最初のベアドッグをブリーダーから入手した。ストライカーという名のイヌだった。[5] いまいる二匹のうち、ルースターはストライカーの子である。ルースターとダズルは、ラッキーに呼び出しがかかるとほとんど常に同行する。これまでに、ネバダ州側の湖岸の町から何百頭というクマを追い払ってきた。

ラッキーは、アーバンベアの習性について、米国西部ではほとんどだれよりもくわしい。もう二〇年以上、タホ湖周辺のアーバンベアと関わっている彼は、米国に迫るクマの反乱に最初に気づいたひとりだった。タホ湖流域は、北米大陸で二番めにアメリカクロクマの生息密度が高い地域であり、[6] 三平方キロメートルもあれば数頭は生息している。だから、アメリカクロクマが都市や町を取り戻そうとするかのように動き出すと、タホ湖周辺の住民は、かなり多くの「移住者」を見ることになった。かつては湖周辺の自然のなかで一生を過ごしていたクマたちが、一九九〇年ごろから、観光施設の多い地域に現れだした。[7] そして幹線道路を横断し、湖に入って冷たい水で水浴びをしたり、ごみ箱をあさって食べたりするようになった。

なぜ突然クマが町に出没するようになったのか、初めのうちはラッキーにもわからなかった。カリフォルニア州もネバダ州も、干ばつに見舞われたわけではなく、森には食物が豊富にあったからだ。ラッキーたち研究者がアメリカクロクマの生態環境を調査して導き出した結論は、無知な観光客が雑然と残していくごみが匂いを放ち、クマを野生の地から引き寄せているに違いない、というものだった。そして、タホ湖北岸のインクライン・ビレッジがその中心地になっていた。

私が訪問した三月は観光閑散期のただなかであり、タホ湖周辺のクマたちはまだ冬眠しているはずの時期だった。一般的に、アメリカクロクマは四月にならないと穴から出てこない。春に食べる植物の生長に合わせて出てくるからだ。しかし、都市環境が、彼らの自然の習性を変えてしまった。「そうなんだよ、もう冬眠しているとは言えないね」。別荘を後にして、湖岸に広がるインクライン・ビレッジの商業エリアに向かいながら、ラッキーが事もなげに言った。トラックは、幹線道路に転がっているジェフリーマツの大きな松ぼっくりをうまくよけながら進んでいく。「冬眠せずに、ちょっと休める場所を見つけて、そこから週に一～二回出てくるんだ」

ラッキーのさりげない一言に、私は面食らった。クマが冬眠をしなくなった？[8] それはかなり大ごとなのではないか。鳥が空を飛び、魚が泳ぐように、クマは冬眠をする生物なのだから。通常は、冬の初めに気温が下がり、自然の食料が得にくくなると、それが合図になってクマは冬眠に入る。しかし、いまは一年中、人間の食べ残しが大量に手に入るため、クマたちは真夜中に冷蔵庫をあさる不眠症患者になってしまったのだ。二〇〇三年の調査によると、近隣のカーソン山脈の森に棲むクマは、通常どおり一二月初旬に穴に入って冬眠をするのに対し、タホ湖周辺のアーバンベアは一月まで冬眠に入らなかった。また、追跡した三八頭のアーバンベアのうち、五頭は冬眠をせずに冬を越してしまったという。[9]

気候変動が、この習性の変化に拍車をかけている。冬は温暖になり、秋の訪れは遅くなり、春の訪れは早くなったため、北アメリカ全土でクマの体内時計がリセットされた。[10]冬眠しなくなったクマもいれば、冬眠に入る時期が遅くなったクマや、起き出してくる時期が早すぎるクマもいる。二〇一六年の二月末、国立公園局（NPS）はイエローストーン国立公園の来園者に対し、グリズリーに遭遇する可能性があると注意を促した。二月の気温が平均より高かったため、グリズリーが通常より何週間も早く穴から出てきたからだ。[11]同様のパターンはアメリカクロクマでも見られる。米国地質調査所の野生生物学者ヘザー・ジョンソンの調査によると、コロラド西部のアメリカクロクマは、冬季の最低温度が一℃高くなると、冬眠期間が六日短くなる。[12]今世紀半ばには、アメリカクロクマはいまよりも二～六週間、起きている期間が長くなる可能性がある。

ジョンソンによると、クマの冬眠は細胞の老化プロセスを遅くすると考えられているが、冬眠の短縮は、生理学的レベルでは必ずしも有害ではない。何しろ多くのクマ種は、生息域のなかでも暖かい地域や、一年中食料がある地域では冬眠をしないのだから。そうはいっても、北アメリカのクマの冬眠期間が短くなっているならば、それだけ面倒に巻き込まれる期間が長くなるのだと、ジョンソンは強調する。「一年のうちで活動している期間が長くなれば、そのぶんだけ殺されるリスクも高くなるということです。クマは冬眠している間は死にませんから」。ジョンソンは生態学誌『エコスフィア』に掲載された論文で、都市部がクマにとって「個体数が減少する、生態学的な罠」[13]になっていると指摘している。都市部は、クマを森林から引きずり出して早死にさせる場所になっているのだ。

まさにそうしたことが、タホ湖周辺で起きているようだった。ラッキーと私は、インクライン・ビレッジの〈I・V・コーヒーラボ〉という喫茶店で、ジョン・ベックマンと待ち合わせをした。ベックマンは長年にわたりラッキーと共同で研究をしている生物学者で、いまは環境団体ワイルドライフ・コンサベーション・ソサエティで活動している。私たち三人は、コーヒー豆の小袋が点滴パックのように金属棒にぶら下げられている喫茶店（ラボ）の、表通りに面した窓の近くの席に腰を下ろし、雷雨をやり過ごすことにした。

ベックマンはカンザス州に住んでいるが、クマの仕事でインクライン・ビレッジに来ていた。背が高く、肌は浅黒く、眠そうな目をして、うっすらと無精ひげを生やしている。肉体的特徴が、あらゆる点でラッキーの対極にあるような感じだ。二〇〇〇年代の初め——都市周辺に出没するクマが急増していた時期——に、ベックマンが中心となり、シエラネバダ山脈とグレート・ベースン砂漠が接する地域に棲むクマたちの状況を把握する画期的な調査を実施した。アメリカクロクマは、よく移動することで知られ、おとなの雄は約一六〇平方キロメートル、もしくはそれ以上のエリアを行動圏とする。ベックマンの研究によると、前記の地域に棲むクマの行動圏は過去一〇年の間に著しく縮小し、以前よりも七〇～九〇パーセント小さくなっていた。[14] それなのに、クマたちは太っていた。いや、いい、いい、いい、太りすぎていた。

一般的に、クマは冬眠中に体重が一五～三〇パーセント減る[15]（だから、穴にこもる前に十分なカロリーを蓄えておくことが非常に重要なのである）。ベックマンの前代未聞の発見によると、タホ湖周辺に棲む都会派のクマたちは、冬の間じゅう太り続けていた。集団として比較すると、その体重は森林で暮らすクマたちの一・三倍だった。[16] そして驚くことに、森林に棲むクマの生息密度は一〇分の一に減少していた。つまり、圧倒的多数のクマたちが、森を捨て、都会の暮らしを選んでいたのだ。

クマと人間の衝突が急増するのに、あまり時間はかからなかった。タホ湖流域のクマの個体数自体は増加していないにも関わらず、一九九〇年代と二〇〇〇年代を比較すると、クマと人間が出会う頻度は一〇倍以上に増えた[17]。カリフォルニア州のサウス・レイクタホ市とエルドラド郡では、クマがごみをあさる事例が一年間に四五〇件を超え[18]、ネバダ州の野生生物管理当局は、一九九七年から二〇一三年の間にタホ湖流域とグレート・ベースン砂漠の西部で一三二頭のクマを安楽死させている[19]。そしてこれよりもはるかに多くのクマが、日照りの続く時期に水や食料を求めて幹線道路を横断しようとして、自動車に衝突して死亡した。

その後も、アメリカクロクマは驚くべきペースで森林を離れている。以前は、都市部をうろつくのはほとんどがおとなの雄だったのだが、ベックマンによると、最近は子グマを連れた雌を町で見かけることが多くなった。都市でクマが死亡し、子連れの雌グマも都市部に進出しているとあっては、山間地域での個体数は増えなくなってしまう[20]。ラッキーとベックマンが二〇〇八年に実施したカーソン山脈の調査では、狭い地域一か所を除き、約八〇キロメートルに及ぶ山脈で一頭の野生のアメリカクロクマにも出会えなかった。ベックマンは言う。「クマは普通、草や果実を食べる。でも都市部に出てくると、ごみや、果実のなる木、鳥の餌箱、コイの池があって、一年中、食べ物に事欠かない。クマにとっては、バイキングみたいなものだ。追い払うのは難しいよ」

干ばつの時期は、とくにそうだ。過去一〇年の間に、カリフォルニア州東部は激しい干ばつに見舞われ、多数の草木が枯死した。晩夏と秋にクマが頼ることのできる食料は、町の大型ごみ収集容器だけだった。クマにとって、晩夏と秋は過食期にあたる。冬眠に備え、雌グマの場合は出産に備えて、夢中になって食べまくる時期なのだ。

マレーグマを除くすべてのクマ種は、繁殖周期において着床遅延という現象を示す(21)。野生のアメリカクロクマの場合、雄の精子が雌の卵子を受精させるのは夏だが、胚盤胞と呼ばれる初期胚は、晩秋になるまで雌の子宮に着床しない。雌が冬眠の穴に入る前に十分に体重が増えていなければ——体脂肪率が二〇パーセント未満ならば——出産には至らず、その初期胚は分解吸収されてエネルギー源となる。これは、食料の少ない年に個体数を調整する自然のメカニズムであり、人間が現れるまではかなりうまく機能していた。しかし、やがてクマたちは、果実が実るかどうかに関係なく、裏庭や、ごみ箱、自動車、それに食料雑貨店にも、おいしい食料があることに気づく。タホ湖のアメリカクロクマは、カリフォルニア州を干ばつが襲っても妊娠を断念することなく、毎年、子グマを出産するようになった。そうして森に食料がない年に生まれた子グマは、母親から湖畔の町に行くことを学ぶのだ。

通常、路地裏をうろつくアメリカクロクマの行動は、グリズリーよりも、大型ごみ収集容器に頭を突っ込むアライグマとよく似ている。だがひとつだけ、グリズリーのように攻撃的な行動をとるきっかけになるものがある。それが食料である。一九〇〇年から二〇〇九年の間に、アメリカクロクマに襲われて死亡した六三人のうち半数近くが、クマが食べようとしていた物とクマの間に人がいる状況で事故に遭っていた[22]。さらに、クマの研究で名高いスティーブン・ヘレロが二〇一一年に実施した調査によると、アメリカクロクマの襲撃による死亡事故の八六パーセントが一九六〇年以降に発生している。そして、その現象ともっとも強い相関関係がある要素は、WUIで暮らし、遊び、働く人間の増加である[23]。

タホ湖周辺では、ごみ箱を散らかすアメリカクロクマに殺された人はいない。少なくとも、まだそうした事例はない。だが湖のカリフォルニア州側では、自宅や職場の近くでクマに襲われた、叩かれた、クマが突進してきた、という事故はそれなりの数に達する[24]。たとえば、友人の小屋に押し入ったアメリカクロクマにばったり出くわした男性の話などは、一度聞いたら忘れられない。「角笛を吹くと、クマが後ろ足で立ち上がった（中略）こっちに突進してきたから、胸板に一発、跳び蹴りを食らわせてぶっ倒したよ」と、その男性は地元メディアに語っている[25]。

「いま、ぼくたちがしているのは、クマがだれかを傷つける前に町から追い出すことだ」と、ラッキーは説明する。「クマが人を殺したら、政治家はぼくたちにもっと厳しい行動を強いる。そして、市民の安全のために殺処分されるクマの数が増えることになるんだ。間違いない」。そう言って彼は州境の向こう、アリゾナ州の例を挙げた。一九九六年夏、トゥーソンから八〇キロメートルと離れていないサンタカタリーナ山地でキャンプをしていた十代の女性アンナ・ノックルを、体重約一四〇キログラムのアメリカクロクマの雄が襲った。[26] ノックルは、頭と首、顔、足にひどい傷を負い、集中治療室に三週間入院して、頭皮を縫合する手術を受けた。彼女の両親は、米国森林局とアリゾナ州狩猟漁猟委員会に対して訴訟を起こす。ノックルを襲ったクマがつけていた166番の黄色いタグは、そのクマが過去に当局に目をつけられた個体であることを示すものだった。その後、ノックルが襲撃されたマウント・レモンは、州が「問題のあるクマ」を移送する場所だったことが判明する。事故の数日前にも、米国森林局はこのクマの出没について別の苦情を受けていた。野生生物当局は、干ばつのせいでクマの自然の食料が枯渇したのが事故の原因だという立場をとっていたが、結局、州が女性の家族に二五〇万ドルを支払うことで示談が成立した。[27]

なぜ、タホ湖流域は、クマと人間との軋轢が米国一激しい地域になっているのだろうか。喫茶店を出る前に、ふたりにこの質問を投げかけると、ラッキーは、それは違うと言った。タホ湖の状況がとくにひどいわけではなく、何十年にも及ぶ研究の蓄積によって、よく知られているだけだと言うのだ。「たとえばニュージャージー州でも、ひと月だけで七〇〇件くらい苦情が来ているのかもしれない。でもぼくらがしてきたような調査をしていないから、話が聞こえてこないんだ」

ベックマンが口を挟んで、むしろネバダ州は成功例なのだと指摘した。二〇一八年、彼はふたたびラッキーと共同で論文を執筆した。タホ湖のWUIに生息するアメリカクロクマから、二〇年の歳月をかけて学んだ事柄を記録した、権威ある論文である[28]。保全策が奏功して、もとはタホ湖流域とシエラネバダ山脈で暮らしていたクマたちがグレート・ベースン砂漠にふたたび個体群を形成し、いまでは、ネバダ州内で八〇年以上もクマが観察されなかった地域にまで生息域を広げていると、彼らはその論文で説明している。「一九二〇年代には、ネバダ州にはほとんどクマがいなかった」とベックマンは強調する。しかしいまでは、ネバダ州のクマは順調に回復している。

クマはとても賢い動物である。タホ湖のような場所では、あまりに賢すぎて自分のためにならないほどだ。体の大きさに対する脳のサイズが大きく[29]、嗅覚がとても優れている——クマは人間の約二〇〇〇倍[30]、嗅覚の敏感な大型犬ブラッドハウンドの七倍も鼻がきく——ため、人間の食料の場所を発見できるだけでなく、どうやったらそれを手に入れることができるのかもわかるのだ。たとえキャンピングカーや、小屋、クマ対策ごみ箱を壊さなくてはならないとしても。昔、ごみ管理についての記事を書き始めたころに、私が「クマ防止ごみ箱」という言葉を使うと、すぐに野生生物管理官に訂正されたものだ。本気のクマが相手では、この世にクマを防止できるものなど、ほとんど何もない。

クマの認知能力に関する研究の大半は、飼育下のアメリカクロクマを対象とするものだが[31]、他種の野外調査からもクマの認知能力を暗示する結果が得られている。たとえば、中国の秦嶺(しんれい)山脈は、気温がマイナス五℃に達することも珍しくない地域だが、そこに生息するパンダは、冷温に耐えるためにウマの糞を体に塗りつけるという器用な技を使う。ある調査では、二年間に三八回も「ウマの糞の上で転がる行動[32]」が観察されている（ウマの糞には、パンダの温度感受性受容体の経路に反応する化学物質が含まれており、パンダが寒さを感じるのを防ぐ）。また野生のヒグマは、周囲の環境について、複雑な知的記憶能力を発揮することが知られている[33]。好物の果実がどこにあるのかも、だいぶ前に初めて出会ったクマがどのあたりで生活しているのかも、覚えていることができる。ほかの場所に連れて行かれても、もとの棲処への戻り方がわかる。産卵期を迎えたサケが自分の生まれた川に戻るのと同じである。さらに、ホッキョクグマはセイウチの頭を叩くために石や氷のかけらなどの道具を使うことを、イヌイット族の人々が三〇〇年以上前から伝えている[34]（動物のなかで道具を使うものは一パーセントに満たない）。それでも、実験室での研究となると、やはりもっともよく用いられるのはアメリカクロクマである。

米ミシガン州オークランド大学の比較心理学者ジェニファー・ボンクは、クマの環境認知について非常に評価の高い研究を発表している[35]。しかし、彼女は初めからクマの知性を研究しようと思っていたのではない。多くの動物心理学者と同じように、もともとは霊長類の認知能力や社会性動物の生活に関心があった。クマは、子どものころは緊密な家族グループのなかで育つものの、単独性と見なされる動物である。ボンクは、二〇〇五年にハリケーン・カトリーナが米国南東部を襲ってからまもなく、ジョーという名のチンパンジーを対象に研究を始めた。ハリウッドの調教師から引き渡されたジョーは、アラバマ州ウィルマーのモビール動物園という小さな動物園で、四頭のアメリカクロクマと同じ小屋に入れられていた。母グマのエルシーと、その子（年齢はもうおとな）のブルータス、ダスティー、ベラである。[36] ボンクはチンパンジーの実験を進めるうちに、クマたちも精神的刺激から得るものがあるかもしれない、と思いついた。

ボンクはクマを対象として、物体の単純識別について試験を行なった。[37] まず、クマにタッチスクリーン式の機械の使い方を訓練した。その後、クマと人間の画像の違いを知らせるように教えた。つまり、アメリカクロクマの画像をタッチすると、ご褒美に餌がもらえるのだ。人間の画像をタッチした場合には、餌はもらえず、ブザーが鳴る。実験ではまず、異なる概念の画像を無作為に組み合わせたものを、二〇組ほど次々に見せていった。そして八〇パーセントの精度で選べるようになったところで、写真の組み合わせを変え、同じ精度を保てるかを調べた。それができれば、情報を一般化できたことになる。クマは、霊長類とそれ以外の動物、たとえばウマとを区別できるだろうか？　草食動物と肉食動物は？　動物と風景の違いは？　クマは、それらを区別することができた。「クマは学ぶのが非常に早かった」とボンクは言う。「やる気に満ちていました。そのうちに、クマは、私のお気に入りの研究対象になりました」

最初に見事な才能を発揮したのは、飼育下で生まれたブルータスだった。「スクリーンを正しくタッチすればご褒美がもらえることを、すぐに理解しました。そして、ほかのクマをスクリーンに近づかせませんでした」。ボンクは数年間、ブルータスだけを対象に実験を続けた。彼女は、ブルータスが数を区別し、かつ理解できることを発見する。[38] これは、動物の知性の重要な尺度である。ブルータスにさまざまな配列に並んだドットを見せると、ドットがスクリーン上を動いても、数が多いほうと数が少ないほうを区別することができた。[39] ボンクは、「こうした行動様式はサルに類似するものであり、クマがほかの高度な定量能力も示す可能性があることを示唆している」と、動物行動学の専門誌『アニマル・ビヘイビアー』の査読有り論文に記している。[40] その後、クマたちが新しい囲い地に移され、互いにある程度離れて過ごせるような環境になると、ブルータスは実験機器を独り占めできなくなった。すると今度は、ダスティーの才能が輝きを放つようになる。画像区別の実験では、「[ダスティーは] 動物と動物以外の写真を区別する作業を初めて行なったときの正答率が九〇パーセントでした」と、ボンクは言う。「自分はこの画像を選ぶことを期待されているのだと理解していることを示す、かなり説得力のある証拠が得られたのです」

ボンクは、ある物体の二次元画像と、現実に現れる物体とを結びつけて考える能力についても、アメリカクロクマを対象として実験している。また、この概念を拡大し、クマが数と二次元もしくは三次元の物体を同時に理解できるかも調べている。たとえば、クマにアーモンドが三つある写真を見せたら、アーモンドを三つもらえると理解できるだろうか？　ボンクがデトロイト動物園のアメリカクロクマに、ある物体と、それに対応する画像を見せたところ、クマはそれぞれの意味を移し換えて理解することができた。これは、ゴリラにはいくら試してもできなかった作業だとボンクは指摘する。

「私は、知性という言葉を使うのは好きではありません。ちょっと人間中心的な響きがあるからです。でも、区別をすることを覚える早さや、私たちが〝知性〟と呼ぶものを測る指標で見ると、クマの能力は、多くの課題において、私がこれまで対象としてきた大型類人猿よりも優れています」

クマの近くで生活している人にとっては、これは驚くに値しないだろう。「キャンプ地で食べ物にありついているというだけでも、とっても賢いことがわかりますよね」。ボンクはそう言って、オークランド大学の大学院生が実施している別の実験について教えてくれた。食料を詰めたパズルボックスを、さまざまな動物に与える実験である。クマには、箱を開けるために仮説検証と因果推論をしていることを示す行動が見られた。おそらく、密閉されたごみ箱をこじ開けるときにも、同じようにしているのだろう。「クマのほうが、ネコ科の動物よりも忍耐強いようです。ネコ科の動物は、なかに肉が入っているとわかっていてもあきらめますが、クマはあきらめずに、いろいろなやり方を試します」

こうしたすばらしい認知能力について知るのはとてもおもしろかったが、アジアのクマ農場にいるツキノワグマが、自分の身に起きていることを痛切かつ聡明に理解しているのだと思うと、心が痛んだ。あの苦しい体験も、もし彼らが、たとえば金魚程度の脳しか持っていなかったら、まだ耐えられるかもしれないのにと思う。ボンクの発見は、私の心に安らぎを与えてくれるものではなかった。しかし、クマの知性を理解することは、別の理由からきわめて重要だった。人間とクマとの軋轢をできるかぎり減らし、クマがこの複雑な世界で長く生き続けられるようにするためには、クマの行動を理解することが不可欠なのである。

ヨセミテ国立公園には、一世紀近くにわたり、とても賢いクマたちが暮らしている。カリフォルニア州には、米国（アラスカ州以外）でもっとも多い三万頭のアメリカクロクマが生息しているが、そのうち半数近くがシエラネバダ山脈を棲処としているのだ。その山脈は、グレート・ベースンの砂漠からせり上がり、西に広がって、のこぎりの歯のように大地を切り裂く。地面は隆起し、沈降して、高山草原や、花崗岩のカテドラル（大聖堂）、セコイアの森へと続く。世界最大の巨木と言われる「シャーマン将軍の木」も、米国本土四八州の最高峰ホイットニー山や、ヨセミテ渓谷の巨大な一枚岩、ハーフドームとエル・キャピタンもここにある。ヨセミテ国立公園はタホ湖流域から車で四時間ほどの距離だが、アメリカクロクマの管理となると、天と地ほどの差がある。

九月のある日、私がホジドン・メドウのキャンプ場に車を止めたのは、もう夕暮れどきだった。ヨセミテ渓谷から北西に約四〇キロメートルの位置にあるホジドン・メドウは、この公園のキャンプ場のなかではあまり人気のない場所のひとつだが、直前に予約をしたのでここしか空きがなかった。公園監視員の詰所は無人だった。記録簿に車のナンバーを書き込みながらホワイトボードを確認すると、私がテントを張る場所の番号が書いてある。詰所の出窓にはクマの安全対策パンフレットが積んであった。私はキャンプ場の外縁を走る曲線道路を、時速一〇キロメートルでそろそろと進んだ。ダグラスリスが、木の枝でおしゃべりをしている。家族連れがキャンプファイアの燃えさかる炎でホットドッグを焼き、大人たちが膝や足の痛むところをさすっている。私は四五番のテントサイトの、薪が積んである横に車を止めた。そのサイトはキャンプ場の端にあった。すぐ裏手がトイレではなく、森が広がっている場所を選んだことに、私は夜中になってから後悔した。油と肉の匂いが少し混じった煙が、細いマツの木の間を漂う。暗くなる前にと、私は急いでテントを張った。

四五番のテントサイトには、焚き火台と、以前にここを使った人のイニシャルが彫り込まれたピクニックテーブル、それに食料保管用のロッカーがあった。クーラーボックスふたつと食料の袋をいくつか入れるのに十分な大きさの、茶色い金属のロッカーである。正面に、こんな注意書きが貼られていた。

**食べ物はすべてこのロッカーに保管してください。自動車のなかに食べ物を放置しないでください。食べ物を出しっぱなしにしないでください。違反者には法廷への出頭を命じます（連邦規則集2・10）。ヨセミテのクマを守りましょう。物品損害を減らしましょう。**

もう一枚のステッカーには、規則を破った場合には五〇〇〇ドル以下の罰金を科される場合があると書いてある。私は、緑色のクーラーボックスを慎重にロッカーに入れた。その後、だんだんあたりが暗くなるなかでロッカーの鍵をかけるのに、自慢にならないほど長い時間がかかった。ロックするには、チェーンについている長いピンをふたつの小さな穴に通す必要がある。問題解決能力と、かなりの器用さを要する作業だ。ヨセミテのクマたちがこの複雑な仕掛けの鍵を開けることができるなんて、想像しがたい。ましてや、あの毛だらけの足でこの仕掛けをうまく操作することなど、できそうもないように思える。

しかし、クマたちはそれを見事にやってのけていた[41]。

ホジドン・メドウの一〇九か所のテントサイトは、公園内でこの旧式ロッカーがまだ使用されている最後の場所だった。何年もの間、試行錯誤を繰り返してきたクマたちは、このタイプの鍵の開け方をマスターしたのだ。あとから知ったのだが、これらのロッカーはその年の冬に交換される予定になっていた。ヨセミテの職員が旧式のロッカーを改良したり、まったく新しいデザインを考案したりするのは珍しいことではない[42]。そうした粘り強さと飽くなき発明によって、この公園はクマの侵入をうまく防いでいるのである。その肌寒い夜、ホジドン・メドウは大勢でにぎわい、キャンプファイアではマシュマロが焼かれてねばねばの塊になっていたが、あたりにクマが現れる気配はなかった。女子トイレの掲示板も、前週にキャンプ場周辺をうろついていたピューマについての注意書きがあるだけだ。その晩、寝袋にもぐり込むとき、私は手元にクマよけスプレーを引き寄せた――ネコ科の動物にも効くと信じて。

翌朝、私は日の出とともに目覚めて、テントからはい出た。ロッカーまで歩いて行って、掛けがねを確認する。しっかりかかったままだ。次に視線を地面に向けて、クマの足跡や、ロッカーを壊そうとした形跡がないかと見まわした。大丈夫のようだ。私はロッカーからインスタントコーヒーとグラノーラバーを取り出してから出発した。その日は、エルポータルという町に行くことにしていた。公園に隣接し、一部がNPSの管轄下にある町だ。

現在のヨセミテ国立公園は、クマとの共生に関する世界的な模範である。しかし、それは苦い経験の上に成り立っている。二〇世紀のヨセミテはクマ管理の成功例ではなく、米国の恥だと見なされていた。二〇〇〇年代の後半までは、頭のいいクマたちが公園じゅうを狂ったように走りまわり[43]、ミニバンの窓を打ち砕き、キャンプ場を襲撃し、ふらりとテントに入り込み、ごみ箱をひっくり返していたのだ。「公園まで車で来て、車内にチョコレートバーを置きっぱなしにすると、車が破壊されたものだ」と、ヨセミテ国立公園の元所長が地元紙『マーキュリー・ニュース』に語っている[44]。一九九七年には、公園内でアメリカクロクマに侵入された自動車の数は六〇〇台を超えた[45]。よく標的にされたのは、ホンダや、ダッジキャラバン、古いトヨタ車などである[46]。『マーキュリー・ニュース』の記事には、当時の状況が以下のように要約されている。「ヨセミテの壮大な花崗岩の絶壁や美しい滝を見に行く旅が、クマによる無差別暴力に身を委ねることを意味したのは、それほど遠い昔のことではない[47]」（強調は著者による）

エルポータルにあるNPSの施設は、金網塀で囲われたコンクリート造りの建物だった。林のなかにひっそりと建つ刑務所のような外観である。エレベーターで数階上り、迷路のような通路を通ってレイチェル・マズルのオフィスにたどり着くと、彼女は山積みの書類と野外観察ハンドブックに囲まれて座っていた。夏の終わりによく見るような、濃く焼けた肌をしている。髪は濃い茶色に灰色のすじが混じり、低めのポニーテールにまとめていた。マズルは、少し偏頭痛がすると言って、私を外に誘った。新鮮な空気を吸えば良くなるかもしれないし、外に出れば電話や話し好きの同僚からも逃れられるので好都合だという。彼女の後について建物の裏手に出ると、そこには職員がよく昼食を食べるピクニックテーブルがあった。シエラの乾燥した山々がまわりを囲んでいる。「人はみんな、クマが好き」。テーブルに手をついて腰を下ろしながら、マズルが言った。「クマが好きじゃない人を見つけるほうが難しい」。しかし一九九〇年代には、公園に出没するクマはマズルにとって偏頭痛どころではなく、もっと頭の痛い問題だった。「ヨセミテは、人間の食料だけでなく、人間の存在にも慣れたクマの群れをつくってしまったのよ」

マズルは経験の豊富な生物学者だ。公式の役職は、ヨセミテ国立公園の野生生物、来場者利用、社会科学の各部門の責任者だが、非公式には、この公園のクマの歴史の専門家でもある。ニューヨーク州シラキュース（ここもアメリカクロクマが急増している場所である）出身の彼女は、一九歳のときに西部に向かった。ヨセミテ国立公園の近くにある、キングスキャニオン国立公園で季節限定の仕事をするためだったのだが、以来三〇年、この地で暮らしている。マズルは、人間とシエラネバダのクマとの軋轢がもっとも深刻だった時期に、クマたちを相手にして何十年も現場で闘った。そして二〇一五年に、米国の国立公園におけるクマ危機とその後のリワイルディングの取り組みを『クマについて』(*Speaking of Bears*) という本にまとめている。

なぜヨセミテ国立公園がクマの襲撃拠点となったのかを理解するには、この公園の歴史を知る必要がある。開拓者たちが、ヨセミテ渓谷で壮大な花崗岩の大構造物を発見し、やがてこの地域を国際的な行楽地に変えるまで、この地域には三〇〇〇年以上もの間、先住民のアワニチ族が暮らしていた。[48] 西から東へ説明すると、渓谷はエレファント・ロックに始まり、次いで目を見張るようなエル・キャピタンの絶壁、切り立つ岩肌を水が止めどなく流れ落ちるブライダルベール滝、さらにスリーブラザーズの三枚岩、ヨセミテ滝と続き、ついに渓谷の東端にある世界的に有名なハーフドームに至る。ハーフドームは、半球を真っ二つに切ったような形をした、高さ約一五〇〇メートルの岩である。

この世のものとは信じがたいような地形の数々は、英国から渡ってきた初期の入植者たちの想像力をかき立てた。彼らがヨセミテ渓谷に到達したのは一八三三年ごろである。[49] その後、金の採掘を夢見る大勢の人々がここを通り、マリポサ大隊〔先住民族の排除を目的として結成された州公認の自衛団〕がこの地で先住民族を包囲する。[50] しかしヨセミテが全国的に注目されるようになるのは、一八五〇年代に、ジャーナリストのジェームズ・メイソン・ハッチングスと画家のトーマス・A・エアーズが渓谷の雄大さを一般の人々に広めだしてからである。[51] 一八九〇年、米国連邦議会はヨセミテを国立公園に制定する。そしてヨセミテ・ロッジが建設されると、エアーズの手によるすばらしい版画と、ナチュラリストのジョン・ミューアの理想主義的な文章にも導かれて、毎年夏に多数の観光客が訪れるようになった。[52] ミューアは人々に「山に登り、山からよき知らせを受け取られよ。日の光が木々に注ぐように、自然の平穏があなたの上に降り注ぐだろう」[53]と呼びかけた。都会の人々が押し寄せるなかで、居留地に残る先住民のアワニチ族にできるのは、観光客相手の見せ物に出演することくらいだった。[54]

第一次世界大戦が勃発するころには、多くの米国人が都市で暮らすようになり、自然は人々が息苦しい大気汚染や都会の虚飾からしばし逃れる場所になる。ヨセミテのアメリカクロクマは、自分たちの棲処である渓谷に、観光客があまり考えもせず食べ物を持ち込むのを喜んだのではないだろうか。「最初のうちは、人とクマが接することはあまりなかった」とマズルは言う。「それに、当時のごみはいまみたいにプラスチックだらけではなかったから、ほとんどが自然に分解したのよ」。公園へのクマの侵入が増えたのは、二〇世紀初頭に来園者が増加してからだ。来園者は、これもジョン・ミューアが書いた、あまりロマンチックとはいえないほうの文章に、もっと注目すべきだったのかもしれない。

「クマは」小屋に押し入って、砂糖や、干しリンゴ、ベーコンなどを探す。時には、登山者のベッドをかじることもあるが、もっとおいしい食べ物で腹がいっぱいのとき

は、ベッドには手をつけない。ただし、屋根の穴から引っ張りだして、木の根元に運び、そこで昼寝をすることはある。(55)

一九一五年、公園内に新たなごみ捨て場が建設され、公園職員は観光客の出すごみをそこに運ぶようになった。このいい匂いのする廃棄物が、腹をすかせたクマたちを引き寄せる。観光客は、本物のテディベアを見て喜んだ。そして、自分たちが捨てた腐った生ごみをほじくり回しているアメリカクロクマをひと目見ようと、ごみ捨て場に詰めかけた。(56)「当時は、クマについて、まったくわかっていなかった」と、マズルは言う。まもなくアメリカクロクマは人間の存在にすっかり慣れてしまい、人の手から直接食べ物をもらうほどになった。そうしたなかで、公園管理当局の不安は高まっていく。クマは、人間社会との境界など知らない、危険な野生動物なのだ。何か手を打つ必要があった。

論理的に考えれば、次のステップはごみ捨て場を閉鎖し、クマに餌を与えている人を見つけたら罰金を科すことだっただろう。特定の食料について公園への持ち込みを禁止したり、観光客にごみを持ち帰るよう求めたりすることもできたはずである。しかし、ヨセミテ国立公園の管理当局は、これらの案を採用しなかった。信じられないことに当局は、クマの問題を改善するためには餌やりショーを始めるしかない、という結論に達したのだ。(57)

一九二〇年代になると、キングスキャニオンとヨセミテの両国立公園では、ごみ捨て場を

「餌やりエリア」に変え、ごみ好きのクマたちを役者に変えた。観光客は、腐敗するごみの悪臭のなかで、多いときは十数頭ものクマが自分たちの出したごみを食べる様子をじっと眺めるのだ。このようなショーを実施すれば、クマたちをキャンプ場から引き離し[58]、限られた場所に集中させることができるので、管理がしやすいというのが当局の主張だった。

その後、ヨセミテ国立公園の主たる営業権所有者であるヨセミテ国立公園会社は、クマのいるごみ捨て場を正式な営利事業にする[59]。一九二三年には、ヨセミテ・ロッジの近くで川が湾曲するあたりに、餌やり台が建設された。観光客が五〇セントを支払ってそこに立つと、餌づけされたクマたちがタイミングよくやってくるというわけだ[60]。その後、会社はこのイベントを拡大し、毎晩二〇〇〇人もの観光客を案内するようになった。公園はこの狂気の娯楽によって収入を得ることができ、あわよくばクマもキャンプ場から遠ざかるのだ。どこに問題があるというのだろう？

しかし当然のことながら、何十年もの間、野生のアメリカクロクマを餌づけしていたことにより、ヨセミテ国立公園と、その近くのセコイア国立公園、キングスキャニオン国立公園では、やがてもっと深刻な問題が生じることになる。ヨセミテの来園者とクマの数がともに急増するのに伴って、衝突の機会も増えていった。一九三七年には、六七人もの人が、ヨセミテの大食いクマのショーで負傷して病院送りになった（鉤爪による裂傷、殴打による負傷、咬傷など[61]）。その二年後に公表されたＮＰＳの報告書は、この地域のアメリカクロクマが人間の食料に慣れてしまったことを認めている。

クマのショーは目玉のアトラクションに成長し、公園局が突然中止に踏み切れば市民から大反対されるのは目に見えていた。しかし、そのうちにクマたちはキャンプ場に侵入し、自動車にも押し入るようになった。さらに、ごみ捨て場で食べ物を得る競争に耐えられないクマたちのなかには、道ばたに立ち、哀れにも両手を挙げて餌をねだるものも現れた。[62]

ヨセミテは、人間とクマの間で起こりうるあらゆる形の衝突についての本格的な実験場と化していた。一九三〇年代には、シエラ山脈にある複数の国立公園で一〇〇頭以上のクマが殺処分にされた。[63]多数のクマが押し寄せるなか、クマのショーを中止する公園も出始める。[64]まもなく、公園監視員は毎晩キャンプ場からごみを収集し、公園内の中央焼却場に運ぶようになったが、それでもクマの出没はやまなかった。まるでクマの「モグラたたき」だ。「ごみ捨て場にクマが入れないようにすると、キャンプ場に出没する。だから今度はキャンプ場に対策を施すと、次は車、その次は人に向かうようになった」と、マズルは説明する。

ついにヨセミテ国立公園当局が思いのままに使用できる道具を手に入れ、公園のごみ問題に決着をつけられるまでには、何十年もの時間を要した。一九六〇年代になると、トラックと、大型ごみ収集容器、それに道路の整備によって、公園職員は、公園からも腹をすかせたクマたちからも遠く離れた場所まで、ごみを運べるようになった。しかし、それでもなかなか状況が改善されないまま、一九六七年のある夏の晩に悲劇が起こる。

八月一二日、モンタナ州北西部のグレーシャー国立公園でキャンプをしていた大学生のジュリー・ヘルゲソンとミシェル・クーンズが、それぞれ別のグリズリーに襲撃されて死亡したのだ。[65] その死については、一九六九年に出版されたジャック・オルセンの『グリズリーの夜』(*Night of the Grizzilies*) に書き記されている。クーンズはカリフォルニア州サンディエゴの出身で、当時、グレーシャー国立公園のギフトショップで働いていた。ヘルゲソンはミネソタ州出身で、やはり夏休みを利用して、イースト・グレーシャー・パーク・ロッジの洗濯室でアルバイトをしていた。その晩、クーンズは仲間と一緒にトラウト湖まで登ってきていた。一方のヘルゲソンは、パートナーのロイ・ダカットとふたりで、湖の東へ約三〇キロメートルの、グラナイト・パーク・シャレの近くまで歩いてきていた。

稲妻が光る嵐の夜、クーンズのグループが野営していた場所にグリズリーが現れた。クマが匂いをかぎながら歩き回り、クーンズのそばまで来たところで、彼女は飛び起きて悲鳴をあげた。びっくりした仲間は寝袋から飛び出し、あわてて木に登った。だがクーンズの寝袋はジッパーが引っかかっていて開かない。[66] クマは彼女に襲いかかった。クーンズが、腕を引きちぎられる、と泣き叫ぶ。「ああ、もうだめ、殺される」[67]。そこから一五キロメートルほど離れた場所では、ヘルゲソンとダカットが、運命に引き寄せられるかのように場所を選んでテントを張っていた。そこは、グラナイト・パーク・シャレから出る生ごみを食べにくるクマたちの通り道の近くだった。ダカットが目を覚まし、すぐそばをクマが歩いているとヘルゲソンにささやくそばから、クマが彼女に襲いかかってきた。続いて、ダカットもクマの下敷きになる。ようやくクマから逃れたダカットは近くのテントへ走った。クマは残されたヘルゲソンに狙いを定める。森の奥に引きずられていく彼女の叫び声は、闇のなかで徐々に小さくなっていった[68]。

のちに公園当局は、一部のグリズリーがごみによって「意図的に引き寄せられている」[69]ことを確認した。グラナイト・パーク・シャレは「当ホテルにきてグリズリーをご覧ください」と宣伝までしていたのだ[70]。生物学者のスティーブン・ヘレロは、一九八五年の著書『クマの襲撃―原因と回避』(*Bear Attacks: Their Causes and Avoidance*)のなかで、以下の見解を示している。「ジュリー・ヘルゲソンとロイ・ダカットへの襲撃を誘発した要因としてもっとも可能性が高いのは、ごみによる餌づけと習慣化だ。ごみと、人間による餌づけ、習慣化の役割をいっそう強く裏づけるのが、ミシェル・クーンズの死である」[71]

クーンズが殺される前日に、トラウト湖付近の登山道を歩いていた父親と男の子が一頭の攻撃的なグリズリーに遭遇し、あわやという目に遭っていたと、ヘレロは書いている[72]。

男の子が逃げるときに、食べ物がたくさん入ったリュックを落とすと、クマはすぐさまそれを引き裂いたという。ヘレロは、クーンズの死には複数の要因――暑い気候と雷の光がクマを興奮させた可能性、グループがテントの保護さえなしに眠っていたこと、クーンズがいい香りのする化粧品をたくさん使っていたことなど[73]――が関係していると指摘し、そのうえでこう述べている。「このクマを攻撃に向かわせたのは、その性格と、ごみや人間の食料を食べてきた経験である。そしてその攻撃的な性格は、人間や、ごみ、食料との関わりを重ねるなかで培われたものだ[74]」。一部をクマに食べられたクーンズの遺体は、キャンプ場から約三〇メートル離れた場所まで引きずられていた[75]。

それでも当初、NPSは、攻撃の原因は被害者がいずれも女性だったことにあると考えていたようだ。初期の報告書には「トラウト湖の若い女性は生理中であり、グラナイト・パークの被害者も、いつ生理が始まってもおかしくない時期にあった[76]」と書かれている。NPSと米国森林局が事件直後に発行した、クマの生息地での安全に関するパンフレットでも、女性に対し「生理中はクマの生息地に近づかないように」と注意を促している[77]。また、クマが「人間の性行為」に誘引されるという記載もある[78]（数十年後の研究により、グリズリーもアメリカクロクマも生理出血に高い関心を示さないことが確認されたが、恐ろしいことにホッキョクグマは関心を示すことが明らかになった[79]）。

のちにNPSは、襲撃におけるごみと食料の役割を認めざるを得なくなる。そして、シェナンドー、マウントレーニア、ロッキーマウンテン、グランドティトンの各国立公園では、ごみ捨て場が完全に閉鎖された[80]。ヨセミテでも、一九六九年と一九七〇年にようやく同様の措置がとられた。公園内のトゥオルミメドウズ、ホワイトウルフ、ワヲナ、クレーンフラット、そしてヨセミテ渓谷にあるごみ捨て場はすべて廃止になり、その後は、ごみは焼却されるか、公園外に運搬されてマリポサ郡の埋立地に廃棄されるようになった。しかし、こうした本腰を入れた取り組みにもかかわらず、ヨセミテ国立公園のクマ問題は収まらなかった。「ごみ捨て場の閉鎖がちょっと急だったから、クマは行き場がなくなって、キャンプ場に向かうようになったの」とマズルが説明する。著書『クマについて』のなかで、マズルはこう書いている。「クマの棲む巨大な檻を、次から次へと閉鎖したようなものだ。そしてキャンプ場には、まだクマ防止対策が導入されていなかった。多くの国立公園では、まだごみ箱がクマ防止仕様になっていなかったのだ[81]」。またもや公園当局は、多数のクマを殺処分にすることで、自分たちがつくり出した混乱状態を収めようとした。「こんな面倒なことになったのは、ひとつにはごみを捨てる場所がなかったからだけれど、もうひとつ、こんな餌やりエリアをつくったからでもあった」と、マズルは言う。「何十年もかけてそういう状況をつくり出して、改善するのにも同じだけの時間がかかったというわけ」。そう言って、一九九〇年代のある連休のことを回想した。時間外労働をして、小型トラック六台にごみを満載して運び出したうえ、クマも追い払ったのだという。「セコイア国立公園にいた数年は、本当に日の出前から始めて、夜中の一二時を優に過ぎるまで、クマ対策の仕事をしていたの。クローゼットに閉じこもって泣くこともあったわ」。ヨセミテ国立公園が最終的にクマの問題を克服できたのはいつだと思うかとマズルに問うと、彼女は二〇一〇年と答えた。そして、「あらゆる場所にロッカーを配備して、クマ防止対策が浸透して、教育活動も整ったから……」と言って、少し間をおいてから、言葉を続けた。「それだけじゃなくて、もう救うことのできないクマを、たくさん処分しなくてはならなかった」。野生の世界で食料を探すすべを、とうとう身につけられなかったクマたちがいたのだ。いまでは、国立公園は、ごみを常食とするクマの対策だけに追われることなく、ほかの動物種の回復にも資金と時間を費やすことができるようになったという。

「いまは昔とは違う。まったく違う公園になったのよ」

ヨセミテ国立公園の野生生物管理事務所は、ヨセミテ渓谷のビジターセンターと博物館から、未舗装の道を少し下ったところにあった。日焼け止めを塗った子どもを連れた家族が、ミストトレイルのハイキングコースを歩いてバーナル滝に向かう準備をしている。茶色い丸木小屋が数棟、オークやポプラの木々のなかに立ち、秋の風景に溶け込んでいる。

ハイイロリスが落ち葉の山に顔を突っ込み、夢中になって食事をしていた。この公園に棲むアメリカクロクマも、きっと同じようにしているのだろう。

事務所では、ケイトリン・リー・ロニーが、興味深い品々をデスクの上にていねいに並べていた。ゴム弾に、噛み砕かれたプラスチック容器。歯形がついてペチャンコになったビール缶。「クマはビールが大好きなのよ」とリー・ロニーが説明する。壁には、サンフランシスコのベイエリアで活躍した漫画家フィル・フランクが描いた、懐かしいクマのポスターが貼ってある。フランクは、一九七五年に「ファーリー」というコマ割りマンガを発表した。[82] マンガの舞台は架空のアスファルト州立公園。公園監視員であるファーリーの役目は、〈フォッグシティー・ダンプスター〉〔ダンプスターは「大型ごみ収集容器」の意〕という名前のレストランを経営するアメリカクロクマの集団と闘うことだ。まるでどこかの国立公園のようである。パソコンの横に置いてあった木のプレートを私に手渡しながら、リー・ロニーがくすくす笑う。「これ、わたしのお気に入りなの」。プレートにはこう書いてあった。「ヨセミテのクマ問題の核心は、一番頭のいいクマと、キャンプ場にいる一番頭の悪い人間の知性が、同程度だということである」

リー・ロニーはエルポータルで育った。両親はともにNPSの職員で、ヨセミテ国立公園で働いていたというから、クマに関わるのは親譲りである。ヨセミテ渓谷から六十数キロメートルの距離にあるマリポサの高校に行き、[83] 在学中から公園の人間・クマ管理プログラムでボランティアを始めた。その後、サンタクルーズの大学で生態学と進化生物学を学び、その間にも毎夏の休暇にはヨセミテに戻ってボランティアを続けていた。初めて給与を手にしたのも、ヨセミテ・コンサーバンシーという非営利団体の本屋での仕事だった。「どこに行っても、結局はここに戻ってきちゃうの。離れがたくて」。野生生物管理事務所で会った日、彼女はライトブルーのTシャツを着ていた。シャツには「ベア・チーム」の文字。出産を間近に控えたお腹の上で、その文字が横に伸び広がっていた。

リー・ロニーがヨセミテのクマ専門部隊（ベア・チーム）のリーダーになってから、もう一〇年以上になる。部隊が創設されたのは一九九八年、公園内でのクマと人間との軋轢がピークだったころだ。その年、事件の報告件数は一六〇〇件近くに上っていた。[84] 部隊の任務は、公園の目を覆いたくなるようなクマ問題を解決することだ。[85] 現在、クマと人間の軋轢を緩和することだけを任務とする、科学者と常駐スタッフで構成されるチームを擁する公園は、ヨセミテだけである。

ベア・チームは、まず、クマの手が届くところにある人間の食べ物をすべて取り除かなければならなかった。昼に夜に、キャンプ場のごみを集めては、公園外に運び出す。食べ物をきちんと保管していないキャンプ場利用者を厳しく取り締まり、罰金を科す。そして、そうせざるを得ない場合には、人間の食べ物に慣れてしまったクマを安楽死させることもあった。リー・ロニーが、教育イベントで参加者の目を引きつけるために使う品を、手にとって私に見せてくれた。オレンジ19番と呼ばれ、一〇年前にヨセミテ渓谷を歩き回っていたアメリカクロクマ(86)の毛皮である。なでてみると、ふさふさで柔らかい。「オレンジ19番には子グマがいてね。リュックのなかの食べ物を取ろうとしては、人間の背中に飛びついていたの」。結局は、安楽死させるほかなかった。

事務所の壁にかかっている昔の掲示板には、いかにも古めかしいフォントで、長々とした文章が書いてある。

クマたちに告ぐ――破壊工作に注意せよ
この公園内で、一部の人間が、君らの兄弟にビスケットや炭酸飲料などを与えているので、用心するように。自尊心を失うな――その類の食料は避けるのだ。昨年、お恵みに手を出してしまった仲間のようになってはいけない。物乞いになり果てたクマたちがどうなったか、忘れてはいないだろう？　痛風や、バランスの悪い食生活、ビタミン欠乏症、お腹の張りなどで悩みたいか？　「人工の」食料に気をつけろ――自然の食料だけを、自分で探して食べるのだ。食料を与えようとする人間は、よかれと思ってやっているのだが、掲示を見ていない。だから、あまり近くに寄ってきたら、この注意書きを読んで聞かせてほしい。そうすれば、彼らもそのうちに理解するだろう。
委員会

幸いにも、その後に状況は改善し、文字の読めないクマにこんな長文でお願いをする必要はなくなった。いまは、公園の至るところに、クマ対策を施したインフラがある。「ひとつのキャンプ場だけでも、クマ対策ロッカーが三〇〇個以上ある」と、リー・ロニーが教えてくれた。毎晩、ベア・チームは、キャンプ場利用者向けにガイドウォークを実施している。公園内に生息する三〇〇～五〇〇頭のクマたちについて、よく知ってもらうことが目的だ。夜遅くに公園内の一三か所のキャンプ場をまわるパトロールも頻繁に行ない、食料がすべてロッカーにきちんと保管されているか、大型ごみ収集容器は空になっているかを確認している。「キャンプ場にクマがいたら、負の条件づけをして追い払う。クマがたくさんいたら、交通整理をするの」。ヨセミテ渓谷には、車内に食べ物を置いたまま放置されている自動車を撤去して保管する場所まである。

ヨセミテでの進展は、何千個に及ぶごみ箱やロッカーを見てわかるような環境レベルの改善だけでなく、クマの行動からも明らかだ。二〇世紀における、ヨセミテのクマたちは、夜間に活発に行動するように生活のリズムを変化させていた。クマは夜行性ではないが、暗闇のなかなら、クマは姿を隠してキャンプ場を襲撃することも、人間を避けることもできた。だから公園内でのクマの事件は、九〇パーセント近くが日没後に起きていた。しかし、公園内のごみが減ると、ヨセミテのクマたちは昼間に活動するリズムを取り戻したと、リー・ロニーは言う(87)。さらに、公園の科学者たちがクマの食物の変化を見るためにクマの毛の断片を分析したところ、クマが食べている人間の食料の割合は、半世紀前に比べて約六三パーセント少ないことがわかった。[88]

現在は、ベア・チームが問題のあるクマを安楽死させることはほとんどない。リー・ロニーによると、「平均で、年に二〜三頭」だという。クマの出没事件も減少している。その年の件数はわずか二二件で、過去最少だった。クマが原因の物損も、一九九八年の六六万ドルから五〇〇〇ドル以下まで、九九パーセント減少した。[89] それでもベア・チームは、どんどん進化していくクマの好奇心の上をいかなければならない。「本当に賢いクマがいる」とリー・ロニーは言う。たとえば、ヨセミテ渓谷の北東にあるスノークリーク地区のキャンプサイトは、かなり奥まったところにあるのだが、その周辺に出没するおとなの雌グマは、バックパッカーの持っているクマ缶（クマが開けられないとされるクマ防止容器）を、高さ約一二〇メートルの崖からはたき落として砕くことを覚えた。[90] そうして下まで降りていって、容器からこぼれ出たものを食べるのだ（これも、クマ防止ではなく、クマ対策と言うべき例である）。

「ロッカーの開け方がわかるようになるクマもいるの。ヨセミテのロッカーは、全部、新型に置き換えたばかりなんだけど、置き換えたときには、すぐにロッカーが足跡だらけになった。クマがロッカーを調べたのよ。ごみ箱を置き換えたときにも、同じようなことが起きたわ」。リー・ロニーの机に置いてあるクマの白い頭骨は、二本の犬歯が切り株のようにすり減っていた。「たぶん、食料保管用ロッカーの金属棒にかじりついて、こんなふうになったんだと思う」。私が泊まったホジドン・メドウのキャンプ場にあったロッカーも、クマが開けられるようになったため、すでに何度も改良を重ねてきたのだという。「掛けがねがしっかり掛かっていないと、鉤爪を押し込んでドアをこじ開けるの。強く打ちつけても開かないように、もう一本、金属棒を溶接したんだけど、また新しいタイプに置き換えないと」。レバーに覆いがついていて、下から手を入れないと開けられないタイプが望ましいという。それならば、クマの前足は入らないからだ。

「とにかく、時間が経つと必ず開け方をマスターするから、クマ防止の方法も常に進化していかざるをえないのよ」

ヨセミテのクマ管理に終わりはない。一〇〇年近くをかけてつくり出してしまった当初の問題は解決したとはいえ、毎年何百万人もが来園し、公園内には腹をすかせた賢いクマが約五〇〇頭いるのだから、共存しようと思えば、革新と、強い意志、そして究極的には、共感を伴うプロセスが常に必要なのだ。

ヨセミテのクマはアーバンベアではない。だから公園当局は、常に住民の安全が第一で、生態系の健全性は二の次である都市や町に比べれば、はるかに多くの手立てを講じることが可能だった。それでも、ヨセミテで何十年も続いた管理の失敗から得られた教訓を全米で広く共有すれば、WUIにある市町村が、身近な場所で暮らすクマたちとの関係を改善するのに役立つかもしれない。

しかし、ここである疑問が浮かぶ。それは私がずっと昔、不思議に思ったことでもあった。アメリカクロクマとともに生きる方法を学ぶことは、なぜそんなに重要なのだろう？

翌朝、車を運転してヨセミテ国立公園を出るとき、クレーンフラットのごみ捨て場跡の横を通り過ぎながら、私は世界各地で見た（あるいは見られなかった）五種のクマたちのことを思った。檻のなかのマレーグマとツキノワグマ。縮小しつつある雲霧林で暮らすメガネグマ。分断された原生林に棲むナマケグマ。そして、かわいくも哀れな一八六四頭のパンダ。かたや、アメリカクロクマはごみを食べるために殺処分され、交通事故にも遭っている。そのうえ、冬眠しなくなったものもいる。ひどい境遇ではあるが、状況を俯瞰してみると、集団としてのアメリカクロクマは、じつに順調なのだ。一〇〇万頭近くのアメリカクロクマが、この世界を歩き回っているのである。現実的な視点で見ると、数十頭が死んだところで、世界全体の個体数にはほとんど影響しない。ならばなぜ、共生することがそんなに重要なのだろう。

あの数年前の雨の日、インクライン・ビレッジでカール・ラッキーとジョン・ベックマンに会ったとき、私はこの質問を投げかけたのだった。ベックマンは、私の見方に理解を示した。「ああ、たしかに。本当にクマのことを心配するなら、ほかの七種のクマのことを心配すべきだね」。彼はそう言ってから、でも、と続けた。アメリカクロクマは、本当に絶滅の危機にある種を守るための練習台なのだと。

「アメリカクロクマとさえ共生できなかったら、いったいどうやってグリズリーと共生できるというんだ？　アメリカクロクマが家に入ってくるのと、グリズリーに侵入されるのとではわけが違う」

ベックマンは続けて言った。「そして、そういうことが、実際に起き始めているんだ」

# 第6章

# グリズリーの再来

ヒグマ
*Ursus arctos*
米国

ネイサン・キーンの朝は早い。[1] たいていは七時半ごろにイヌたちを放し、庭を自由に走らせる。それからコーヒーを沸かして、つかの間の静かな時間をひとりで楽しむ。しばらくすると子どもたちが起きだして、農場の一日が始まる。しかし、二〇二〇年六月初旬のある日、彼の日課に変更が生じた。まず、その日はイヌを放すのを忘れた。そしてコーヒーが沸くのを待ちながら、キッチンの窓から、収穫間近の秋まき小麦が水平線まで広がっているのを眺めた。[2] そこで彼はギョッとして、もう一度目をこらした。すぐそこに、家から一〇メートルも離れていないところに、グリズリーがいたのだ。

「間違えるわけがないさ。肩に大きなこぶがあって、顔の幅が広かった」。キーンはそのときの状況を語った。しかも、「やつは、ニワトリ小屋のなかでニワトリを食ってたんだ」

キーンは、モンタナ州ロマ市から北に約二五キロメートル離れた平原に暮らして一四年になる。[3] 農場の娘と結婚し、ふたりでおもに小粒穀物を栽培してきた。小麦や、カノーラ、亜麻、アブラナ、それに麻の実。家畜はニワトリを育てているが、ウシはいない。当時、彼の知るかぎりでは、グリズリーは二五〇キロメートル近く西にあるグレーシャー国立公園に、つまり遠く離れた場所に生息する動物だった。モンタナ州中北部に広がる牧場に現れることなどありえない。自分の小さな農地と、野生の大自然との接点として考えられるのは、マリアス川だけだった。グレーシャー郡のブラックフィート・インディアン居留地付近から州を横断して東に流れるこの川は、キーンの土地の境界を通る。クマは川の流れに沿って移動してきたのだろうと、彼は考えた。「おそらく、ニワトリの匂いに気づいて、川沿いの低地から上がってきたんだろう」

それは当時、過去一〇〇年以上さかのぼっても、米国でグリズリーが目撃された場所としては最東の地点だった。(4) キーンは、クマが近づいてきているという不満の声を、町で耳にはしていた。「でも、まさか自分の家の裏庭に現れるなんて、だれも思わないさ」。グリズリーがニワトリをバラバラにしている間に、キーンはモンタナ州の魚類野生生物公園局に電話をかけ、このずうずうしい動物について報告した。(5) だが、州の職員が捕獲のために到着する前に、隣人のやかましい小型トラックが通り過ぎたので、クマはどこかに行ってしまった。(6) キーンは、ニワトリの大虐殺現場を検証するほかなかった。

その後、この地域を担当する州のグリズリー管理専門家が到着し、犯行現場を調査して、犯人は三歳の雄グマだと断定した。(7) そのクマは、以前にこの地域に向かっているところを目撃されており、毎日約一五キロメートルのペースで東に移動しているという。州の職員は、クマがニワトリを食べに戻ってくるかもしれないと言い、キーンのニワトリ小屋の横に罠を仕掛けたが、そのクマはその後も捕まらなかった。

この事件のあと、キーンは生き残ったニワトリを守るため、小屋のまわりに通電柵を設置した。[8] そして、トラックにピストルを常備するようになった。「ふと気づくと、肩越しに振り返っているんだよ。あんなことがあれば、まわりに何かいないか、よく考えるようになるさ」。そう言って声を低めた。「まったく、野生動物ってやつは」。この事件が地元のニュースに取り上げられると、彼は嫌がらせの言葉を受けるようになった。「クマのいる地域でニワトリを飼ってるのに、なんでもっと注意しなかったんだ、とかなんとか言う人もいたよ。でもここは、クマのいる地域じゃないんだ。そうなりつつあるのかもしれんがね」

グリズリーは、もう何十年も目撃されなかった場所にまで生息地を拡大しつつある。[9] キーンが遭遇した事件は、西部山岳地帯の各州では、もはや驚くべき出来事ではなくなった。彼がグリズリーを目撃してからわずか一年後に、また別の個体がビッグ・スノーウィー・マウンテンズを歩き回っているところが撮影されている。[10] それは、キーンの農場からさらに五〇キロメートルほど東の地点だ。イエローストーン生態系〔一部がモンタナ州南西部〕と、大陸分水嶺北部の生態系〔一部がモンタナ州北西部〕に生息するクマは、一〇〇年以上もの間、互いに孤立していたのだが、[11] どちらも少しずつ、それぞれの地域から出るようになった。両者の間の距離はだんだん縮まってきており、かつての生息域が取り戻されつつある。

グリズリーをひとつの種だと考える人は多いが、じつはそうではない。グリズリーは、北アメリカに生息するヒグマのふたつの亜種のうちのひとつだ。もうひとつの亜種は、アラスカに棲むコディアックヒグマ（*Ursus arctos middendorffi*）である。グリズリー（*Ursus arctos horribilis*）の生息域は、かつては中央メキシコのあたりまで南に広がり、その灰色がかった毛色から oso plateado[12]（スペイン語で「銀色のクマ」）と呼ばれていた。しかしこれらの南方のクマは、捕獲、銃による狩猟、毒殺などのために、一九三〇年代にはほとんど姿が見られなくなった。[13] それとは別に、一八〇〇年代初頭にルイス・クラーク探検隊がアメリカ本土を横断したころには、五万頭のグリズリーが生息していたと推定されている。[14] しかし、ヨーロッパからの植民者たちも多くのクマを殺したため、生息数は一〇〇〇頭未満になった。[15] やがてグリズリーの生息域の南限はメキシコから北へ移動し、グレーター・イエローストーン生態系の南端に落ち着いた。

グリズリーは、沿岸部からも姿を消す。[16] 一八〇〇年代中ごろ、カリフォルニア州はグリズリーの捕殺に一〇ドルの奨励金を出していた。[17] レストランでは、脂ののったグリズリー・ステーキを一ドル以下で食べることができた。[18] ゴールドラッシュ時代の人々の振るまいをもっともよく体現するのは、カリフォルニア州の罠猟師セス・キンマン[19]という人物かもしれない。彼は、グリズリーの体のさまざまな部位を使って異様な家具をつくることで有名だった。自ら八〇〇頭のグリズリーを銃で打ったと公言するキンマンの作品のひとつに、丸い背当てのある椅子にグリズリーの前足が二本、肘置きとしてついているものがある。その毛皮で覆われた座面の下には、切り離された四本の足がボルトで取りつけられている。足先は、鉤爪がついたままだ。キンマンからアンドリュー・ジョンソン大統領に贈られたこの椅子は、ホワイトハウスの図書館に保管された。ある伝記作家が、その椅子の興味深い仕掛けについて解説している。「ふわふわで非常に座り心地がいいのだが、コードに触れると、あごの張り出た巨大なグリズリーの頭が椅子の下から前に飛び出して、まるで生きているように歯をきしませ、音を立てる」[20]。結局、一九二二年にはまだ生息していた三七の個体群のうち、三一の個体群がその後わずか五〇年のうちに消え失せてしまう[21]。生き残ったグリズリーは、広大な草原から追い出され、人里から遠く離れた野生の奥地へ、モンタナ州やワイオミング州、アイダホ州、ワシントン州の森林へと逃れていった。

この五〇年の間にグリズリーの個体数が回復してきたのは、人間の迅速な介入と、それに続く自然拡大の成果である[22]。一九七五年、米国本土四八州に生息するすべてのグリズリーは、種の保存法のもとで保護されることになった[23]。その数年前、連邦政府が、米国から姿を消すおそれのある動物を保全するために、この画期的な法律を導入したのだ。グリズリーはとくにインパクトのある動物なので、必然的にこの法律の顔のような存在になった。

保護対象であるから、飼牛をクマに殺された農場主がいくら憤慨しても、そのクマを殺すことは許されない。[24] ワイオミング州とアイダホ州では、動物の毛皮などを記念品（トロフィー）にするための趣味の狩猟（トロフィーハント）も禁止になった。[25] 種の保存法の指定種になることにより、「今後、米国本土四八州のいかなる場所においても、グリズリーを殺害、捕獲、損傷、攻撃、輸入、輸出することは違法[26]」となったのである。その後、米国魚類野生生物局（USFWS）が、まだグリズリーが生息していると考えられる生態系を特定し、回復の優先地域に指定した。グレーター・イエローストーン、大陸分水嶺北部、キャビネット・ヤーク、ビタールート、セルカーク、ノース・カスケードの六つの生態系である。[27]

米国人は、税金や寄付をとおして、グリズリーの個体数を回復させるために何百万ドルもの資金を費やした。生息地を保護し、私有地の地役権を取得し、[28] 人間を食べることもあるこの動物との共生について学ぶ教育事業を実施するために、資金を投じた。重要なのは、その資金がクマの再配置にも充てられたことである。一九九〇年代になると、科学者たちは、カナダから少数のグリズリーを移入して、モンタナ州北西部のキャビネット・ヤーク生態系のグリズリー個体群を増加させることにした。[29] これらのクマの子孫は、いま、ビタールート山脈に進出し、モンタナ州とアイダホ州の州境付近まで生息域を広げている。[30] そこは、何十年もの間、グリズリーがまったくいなかった地域である。当初、科学者たちはビタールート山脈にもクマを移入しようとしていたのだが、[31] いまでは、人間が手助けをしなくても個体群が再形成されるかもしれないと考えられている。
　現在、米国本土四八州に生息するグリズリーの数は、二〇〇〇頭弱である。[32] この半世紀の間に個体数は倍以上になり、[33] もはや人間が考案した境界の内側におとなしくとどまってはいないということは、キーンのグリズリーとの遭遇からも明らかだ。USFWSが二〇二一年に発表したグリズリーの現状に関する報告書によると、「米国本土四八州におけるグリズリーの個体群は、個体数が著しく増加し、生息域も大幅に拡大している」。[34] イエローストーンのグリズリーの生息域は、ここ数年で三倍に拡大し、[35] 国立公園や保護区の中心部から北へ広がりつつある。一方、大陸分水嶺北部の回復優先地域に生息するグリズリーは、南に向かっている。このふたつの個体群を隔てる距離は、あと一〇〇キロメートル足らずであり、[36] 過去一〇〇年以上の間でもっとも近い。いわばふたつの島である個体群が出会い、大陸のように地続きになるのに、あと一〇年もかからないだろうと科学者たちは予想している。[37]
　わずか五〇年前には米国本土四八州で絶滅の危機にあったグリズリーの回復は、米国ではまず起こりえないと考えられていた返り咲きの物語だ。グリズリーは、北アメリカに生息する哺乳類のなかでもとくに繁殖が遅く、広大な生息地を必要とし（雄のグリズリーの行動範囲は約一五〇〇平方キロメートルに及ぶこともある）、[38] そのうえ、人を殺すのである。そのグリズリーを回復させるには、自然環境とそのなかでの人間の立ち位置についての人々の考え方を、大きく変える必要があった。人を食べることで知られる動物の回復を支持するには、遺伝子に刻み込まれた記憶——捕食動物に対する恐怖をつかさどる、脳の原始的部分——に打ち勝たなければならなかった。自然主義者のエドワード・アビーやアルド・レオポルドの文章に支えられた新しい環境哲学の登場が、こうした回復の機運を広めたのは間違いない。

ルイス・クラーク探検隊の時代から数百年の間に、グリズリーのイメージは忌まわしい捕食動物から野生のシンボルに変わり、私たち人間はこのクマに対して慎重に和解の手を差し伸べることができるようになった。グリズリーの肩のこぶは、まるで山のようにゆっくりとせり上がり、広大な原野のような背に裾野を広げる。背に逆立つ毛は、マツの葉を思わせる。そしてグリズリーがハンノキの向こうを見るために後ろ足で立ち上がると、背の高さは二メートル以上にもなり、うっそうとした森のような体のてっぺんにある丸い顔は、さながら秋の満月である。鉤爪のある四本の足は下草を踏み分けてけもの道をつくり、川と森をつなぐ。野生の大自然がなければ、グリズリーは姿を消してしまうだろう。そしてグリズリーがいなければ、王者を失った野生はもはや野生ではなくなる。

しかし、グリズリーがいまやシンボル的存在になったとはいえ、恐ろしい動物であることに変わりはない。なにしろ、約三六〇キログラムにもなる筋肉と脂肪の塊に、鋭い犬歯と、長さ約一〇センチメートルの鉤爪がついているのだ。そして、身を守る意識がきわめて強く、危険を感じればすぐにそれを制圧しようとする。あの巨大なあごの前にあっては、人間などぬいぐるみの人形も同然だ。このような特性を持つため、グリズリーは人間の受容力の限界を試す試金石となる。絶滅への道から抜け出せたとはいえ、人の感情は変わりやすいものだ。グリズリーがアメリカの大自然のなかで繁栄し続けるのは、決して不動の権利ではない。そして、一〇〇年以上も姿が見られなかった地域にまで生息域を広げつつあるいま、グリズリーは地理的な境界だけでなく、人間の寛容の限界をも超えようとしている。

西部山岳地帯は、ロッキー山脈東側の起伏のある山腹が平地と出合う場所である。その一帯でウシの群れにクマが紛れているのを見つけると、牧場主たちは怒りをあらわにする。ワピチ（アメリカアカシカ）を狩る猟師たちは、仕留めた獲物を取りに林を分け入る際、警戒を強めるようになった[39]。獲物のそばに怒りっぽいグリズリーがいて、これは自分のものだという態度を見せることが少なくないのだ。ハイキングや山登りを楽しむ人たちにも、気をつけなければならない理由がある。二〇一五年には、イエローストーン国立公園でハイキングをしていたランス・クロスビーという六三歳の男性が、二頭の子グマを連れた体重約一二〇キログラムの母グマに襲撃され、命を落としている[40]。当局はこのグリズリーを安楽死させる決断を下した。公園の発表によると、その理由は、「遺体のかなりの部分が食べられたうえで隠してあり、また戻ってきて食べるつもりである意図が見てとれた[41]」からだ。「通常は、子グマを守るために攻撃に及んだ母グマが、被害者の遺体を食べることはない[42]」ため、この行動は異常と言える。母を失った二頭の子グマは、オハイオ州のトレド動物園に移送された[43]。しかし、イエローストーンの周辺で暮らす人々の不安が和らぐことはなかった。地元の人々から見れば、クロスビーの事件は、グリズリーの数が増えすぎて共存できないレベルに達したことの表れだった。

グリズリーが、北アメリカにおいて人間と一触即発の状況にあることは疑いようもない。生活の糧を大地から得ている人々が、グリズリーよりも嫌い、不信感を抱く相手は、オオカミぐらいしかいない。経済が農業と牧場経営に大きく依存する西部農村地帯において、食物連鎖の最上位にある捕食動物をふたたび森林に戻す取り組みは抵抗を受けている。常に恐怖にさらされ、飼牛の食害による金銭的損失をこうむる生活を強いられることへの不満は大きい[44]。グリズリーの生息域と勢力が拡大するにつれ、自然を征服したいという極端な欲求も人々の心に戻ってきた。米国では、こうした熱望がはっきりとした形となって表れている。グリズリーが連邦政府による保護対象から除外された場合には、トロフィーハントを合法化するよう求める動きがあるのだ。

グリズリーの生息域は、あと少しで相互につながり合うところまできている。しかし、これから先の数十年間も生息域が拡大し続けるかどうかは、私たち次第だ。連邦政府の科学者たちの記録によれば、二〇一五年以降、グレーター・イエローストーン生態系におけるグリズリーの死亡数は四〇〇頭を超える。[45] そしてその四分の三以上に、直接的にせよ間接的にせよ、人間が関与している。飼牛を食べたために、野生生物管理官が安楽死させたクマが八五頭ほどいる。そのほかに、「自己防衛」のために約五〇頭が殺されている。自然死を迎えたと思われるクマは三〇頭に満たない。

寛容力の限界は、引っ張ったり押し戻されたりしながら、常に変化する。しかし、時には、飼牛を囲う有刺鉄線柵のようにかたくなな場合もある。イエローストーンと大陸分水嶺北部のグリズリー個体群は一〇年以内にふたたび一体化するだろうと科学者は予想しているが、そのほかの地域ではそうした一体化の実現は難しそうだ。グリズリー生息域の東方への拡大は、食料だけではなく（かつて平原で繁栄していたグリズリーは、バイソンの安定した個体群を食料としていた）、社会の受容性によっても制約されるかもしれない。支援が広がらなければ、数頭の雄グマが単独で山からプレーリーに出てくることはあっても、多数のクマがプレーリーに棲みつくことはないだろう。[46] ネイサン・キーンが目撃した一年後にビッグ・スノーウィー・マウンテンズで確認された雄のグリズリーは、その後、飼牛を食べていたという理由で野生生物当局に殺処分されている。[47] こうした状況から、いくつかの問いが浮かぶ。人々は、何頭くらいなら、身近にグリズリーがいることを許容できるのだろうか。グリズリーの個体数が何頭くらいまで増えたら、回復の取り組みはもう十分といえるのだろうか。そしてだれがそれを決めるべきなのだろう？

私がイエローストーンのグリズリーに初めて出くわしたのは二〇一六年のことである。そのクマは、ワイオミング州ジャクソンホールにある〈ホテル・テラ〉の玄関前をうろついていた。石造りのホテルの横で、恰幅（かっぷく）のいい男性が茶色い毛皮の着ぐるみ姿で、通り過ぎる車に手を振っていたのだ。大きな口ひげを蓄えた男性の頭の上に、クマの頭がかぶさって、二本の牙が突き出ている。クマにかぶりつかれてどうすることもできず、クマの大きな口の間から顔をのぞかせているような感じだ。胸元には、串でつくった鉤爪のついた手でプラカードを抱えている。「ぼくは、死んでるよりも生きてるほうが価値がある」

私はノートを片手に、そのクマに近づいていった。

「このイベントのために、この衣装を手に入れたんだ」。男性はそう言って、牙の陰に隠れた顔にほほえみを浮かべ、クルッと回ってみせた。「ぼくはグリズリーが大好きなんだ！　グリズリーのいる場所に行くと、元気になるんだよ」

男性はジム・レイボーンと名乗り、握手に手（前足）を差し伸べた。[48] ワイオミング・ワイルドライフ・アドボケイツという、ワイオミング州の環境保護団体の代表として来ているのだという。ホテルにはイエローストーン・グリズリー分科会の年次会議に出席するため、連邦政府や州政府、先住民部族の代表者が大勢集まっていた。議題は、イエローストーンのグリズリー個体群を連邦政府の保護対象から除外するかどうかについてである。仮に、この個体群の管理が連邦政府の手を離れ、ワイオミング州、モンタナ州、アイダホ州の州政府に委ねられることになれば、グリズリーを対象とするトロフィーハントが合法化される可能性が高かった。

　イエローストーンのグリズリーを、種の保存法の対象種から除外するかどうかの議論は、西部山岳地帯の各州において一〇年以上も続いていた。二〇〇七年には、短期間ながらＵＳＦＷＳがイエローストーンの個体群を対象種から除外したことがある。[49] 個体数が五〇〇頭以上になったため、個体群は十分に回復したと見なされたのだ。しかし、この連邦政府の評価に対し、環境団体が異議を唱えた。州政府当局は牧場主や猟師の意向に配慮し保全問題を軽視することが知られており、それが懸念されたのである。対象種から除外されれば、米国におけるグリズリーの回復は悲惨な結果になるだろうと環境団体は嘆いた。そしてＵＳＦＷＳに対して訴訟を起こし、[50] 最終的には勝訴して、グリズリーを絶滅の危機にある種という地位に戻すことに成功した。裁判官は、イエローストーンに生息するグリズリーの重要な食料であるホワイトバークパイン〔北アメリカ西部の亜高山生態系に生育するマツ属の種〕に対する気候変動の影響を、ＵＳＦＷＳが十分に分析していないという裁定を下した。[51] イエローストーンの気温は、一九五〇年代に比べ平均一・三℃上昇しており、[52] 気温上昇がもっとも顕著なのは標高一五〇〇メートル以上の地域、つまりホワイトバークパインが生育する場所だった。[53]この樹自体も、二〇二二年に種の保存法の対象種に仲間入りしている。

連邦政府の科学者たちは、自らグリズリーの食料についての調査に着手した。[54]そして、ホワイトバークパインが大幅に減少したため、クマたちが標高の低い地域で食料を探すようになり、結果として人間との衝突が起きやすくなっていることに同意した。[55]また、二〇〇二年に、子グマの生存率の低下によって個体数の増加速度が遅くなり始めたことも確認した。[56]これは、ホワイトバークパインが大量枯死した時期と一致している。一方で、調査チームはグリズリーの食料の多様性と適応能力も称賛した。[57]イエローストーンのグリズリーは、ほかの地域の個体群に比べて肉への依存度が高く、[58]多くのクマがすでにホワイトバークパインがあまりない地域に生息していると、調査チームの報告書は指摘する。[59]そして、子グマや一年子〔満一歳以上二歳未満の若い個体〕の死亡数が増えたのは、ホワイトバークパインの大量枯死が原因ではなく、狭い地域に生息するグリズリーの数が増えすぎたからだという説を提唱した。[60]「二〇〇〇年代の初め以降、イエローストーンのグリズリーの個体数は、増え方は鈍っているが、減少はしていない。これは、この個体群がほぼ環境収容力に達していることを示しているのかもしれない」[61]

そして連邦政府当局は、ふたたび、イエローストーンの個体群を保護対象から除外することを提案したのだ。[62]生まれてからずっとワイオミング州に住んでいるというレイボーンは、同州におけるグリズリーの危うい未来と、実現する可能性のあるトロフィーハントについて、懸念を示した。おかしな話だが、彼は猟師だという。「でもぼくは、絶対にグリズリーは撃たない」と明言する。そう言いつつも、自分のことを急進的なクマ保全運動家だと誤解する人がいるかもしれない、と悩んでいる様子だった。正直に言えば、彼の身を包んでいる毛皮の着ぐるみを見れば、そう解釈されるのも無理はないという感じである。クマが大好きだといいながらも、レイボーンがもっとも懸念しているのはトロフィーハントがもたらす経済的な影響だった。「この地域の観光産業は、クマで成り立っている。ぼく自身も、観光ガイドをしていて、何百人もの観光客にグリズリーを見せてきた」と言う。話し込んでいる私たちの横を、ずっしり重たそうなファイルを抱えた科学者たちが通り過ぎ、ホテルに入っていく。レイボーンが、鉤爪のある前足でさりげなくドアを開いたまま押さえていた。さながらクマのベルボーイである。「この地域のクマの数が減らないようにしたいんだ。観光客を連れて野生動物や間欠泉を見に行くと、みんな必ず聞くんだよ。〝今日はクマに会えるのかい?〟ってね」

クマを保全しようという姿勢は、西部山岳地帯の各州の全域で優勢なようだった。イエローストーン周辺の観光地には、クマをイメージしたものがあふれている。〈三匹のクマ（スリー・ベア）ロッジ〉に、〈クマの歯（ベア・トゥース）バーベキュー〉、〈走るクマ（ランニング・ベア）パンケーキハウス〉。土産物屋には、「グリズリー横断中」という標識の描かれたマグカップが山と積まれている。さらに、国立公園から半径約一五〇キロメートル以内にあるほとんどのパン屋で、クマの足（甘いデニッシュパン）が売られている、という具合だ。それでも、本物のクマの足を手に入れたくてたまらない人々がいることもまた、確かなのである。

トロフィーハントは、植民地時代の考え方、つまり野生とは人間のエゴを満足させるために征服され、無害化されるべきものだという思想を起源とする、時代遅れの活動のように思える。しかしこの世界観の片鱗は、二一世紀になっても、脆弱なグリズリーの傍らで幅を利かせている。自然界においてグリズリーがいかに崇高な存在であるかを熱心に語るクマ擁護団体から話を聞くのは簡単だ。だが、北アメリカにおける人間とグリズリーの共存の未来について理解するには、それ以外の見方も知る必要があった。私は、猟師の話に耳を傾けなければならない。

だから私は、オレゴン州東部にあるスティーブ・ウェストの事務所を訪れた。事務所は、ラグランド市の大通りに近い、平屋建ての建物の一角にあった。〈スティーブのアウトドア・アドベンチャー〉というテレビ番組の司会を務めるウェストは、縦にも横にも大きい――グリズリーと対決しても、ほんのわずかながら勝てるチャンスがありそうな感じの男性だ。刈り込んだ砂色のあごひげが丸顔の下あごを覆い、輪郭がうっすらとぼやけている。その日、彼は胸のあたりがきつそうなチェック柄のシャツを着て、番組のロゴマークの入った迷彩色の野球帽をかぶっていた。狩猟を始めたいきさつを聞くと、初めは肉を目的として、おもにシカやワピチの猟をしていたのだという。トロフィーハントに手を出したのは、一九九〇年代だ。場所はアラスカで、獲物はアメリカクロクマとグリズリーだった[63]。クマがとても魅力的な理由は、ひとつには、危険が伴うことだ。「グリズリーが猟の標的になるのは、狩るのが難しいからだ」

ウェストはこれまでにたくさんのクマを殺してきた。なかでもとくにすばらしかったのは、カナダのブリティッシュコロンビア州のグレート・ベア・レインフォレストと呼ばれる温帯雨林で仕留めたクマだという。まだ同州がトロフィーハントを禁止する前、草の生い茂る河口で、狩猟用前装銃で撃ちとったものだ。とはいえ、ウェストは特定の獲物だけを狙うわけではない。美しい大型動物が好きで、世界中の大型動物を、ひとつ、またひとつと手にかけてきた。ナミビアのオリックスに、オーストラリアのスイギュウ、カナダのジャコウウシ[64]。ガラスの目玉をはめ込んだ珍しい動物の剥製が木のパネルに取りつけられ、事務所の壁を飾っている。私は、ぞっとするような野獣たちの陳列のなかに、丸太に取りつけられたピューマを見つけた。じっと見ている私に気づいたウェストが説明する。「ああ、それは〝ネコゴジラ〟って呼ばれてたやつだ。ユタ州でヒツジを殺してた。あれはすばらしい猟だったよ」としみじみ思い出しながら続けた。「おれのイヌが、やつを見つけ出したんだ。二度、見失った。仕留めたときには、おれも足が血だらけになっていたよ」

それでも、グリズリーに比べれば、ピューマなど色あせて見えるという。

「グリズリーに忍び寄るのと、ほかの動物を追うのとはまったく違う」とウェストは言う。私たちは、壁を飾る彼の戦利品をひとつひとつを観察しながら、オフィスの廊下を歩いていく。「人間対クマっていう要素が入ってくるんだ。ああ、もちろんおれにはライフルやボートがあるから、武器って意味じゃあ、おれのほうが有利さ。でも、危険なことに変わりはない」と、ウェストは強調した。

自身の主催するテレビ番組に、あのブリティッシュコロンビア州で仕留めた特大のグリズリーについての回があり、引き潮のときにクマを射止めたシーンが映っている。(65) 雨音と銃声がかぶさって聞こえないが、河口の浅瀬に四〇〇キログラムあまりの巨体が倒れたのだから、ものすごい音がしたはずだ。迷彩服で姿を隠していたウェストが、勝ち誇ったようにこぶしを振り上げ、その後ろで金属製ボートに乗っているガイドに向かって大声で叫んでいる。「いやあ、ボブ、見事なクマだぜ」。それから汽水のなかを進んでいって、グリズリーのぬれた耳をつかんで頭を持ち上げ、その顔をカメラに向けて叫んだ。「ほら、ご覧のとおりさ！」

グリズリーの狩りは、ウェストの体に大量のアドレナリンを駆けめぐらせる。狩りには、技術と集中力が必要だ。「やり返される危険がある。だから失敗は許されない。打ち損じたらだめだ。そうしたら、ケガをしたクマを追わなければならなくなる」。とにかく、追跡して仕留めるまでがすべてなのだと、彼は続けた。「クマを撃ったあとは、あっけないものさ」。そのあっけない代物（仕留めたあとのグリズリー）は、いまはオフィスのドアの上に掛けられ、来客を迎えていた。歯をむき出しにして威嚇し、腕はティラノサウルス・レックスのようにだらりと前に出している。それは、テレビで見たことのある草を食むクマとは、まったく違う生き物に見えた。

ウェストは、ヒグマの管理にはいくつかの手法を組み合わせるのがいいと言った。アラスカ州のブルックス滝のように、猟師の出入りが禁止される場所もあっていい。そこでは大勢の観光客が、木製の展望台に上り、サケを食べるヒグマを見ることができる。一方、アラスカ州のほかの地域では、クマの狩猟が可能である。「アラスカ州は、完璧な折衷案だ」と彼は言う。でも、ヒグマを撃つことが法律で許可されている場所は、世界中でどんどん減っている。それを念頭に、私はイエローストーンで狩猟が解禁になる可能性があることをウェストに伝え、どう思うかと聞いてみた。彼は即答だった。

「真っ先に狩猟許可証を手に入れるよ[66]」

二〇一七年になると、イエローストーンのグリズリーはふたたび連邦政府の保護対象から除外された。[67] 米国内務省のライアン・ジンキ長官は、種の保存法の対象種からの除外について、「米国の環境保全における偉大なる成功の一例であり、過去数十年の努力のたまものである」と述べた。[68] それから一年も経たないうちに、ワイオミング州とアイダホ州がトロフィーハントの開始を発表した。[69] 両州は、二三の狩猟許可証を抽選で付与することとした。当選すれば、ひとつの許可証につき、一頭のクマを仕留めることが許される。抽選の参加費は二〇ドルもしなかった。[70]

趣味で狩猟をする人たちは、イエローストーン国立公園でとくに愛されていたグリズリー399番[71]というクマを仕留められるかもしれないと、大いに興奮した。この雌グマは、よく二～三頭の子グマを連れて道沿いに歩いているところを撮影されているクマだった。世界的に有名な野生生物写真家のトーマス・マンゲルセンが抽選に参加したのは、自分が許可証に当選すれば、銃で仕留める代わりに、カメラで仕留めることになり、少しでもクマの命が長らえると思ったからだ。[72] 抽選には、七〇〇〇人以上が参加した。[73] そして最終的には、二二の許可証がワイオミング州の猟師に割り当てられ、残りのひとつがアイダホ州の猟師に与えられた。奇跡的に、マンゲルセンはそのうちのひとりだった[74]（スティーブ・ウェストは当選しなかった）。ただし、それはまもなく、どうでもいいことになる。

グリズリーが対象種から除外されたという発表を受けて、環境団体とアメリカ先住民の部族が、ふたたび連邦政府に対して訴訟を起こしたのだ。一件の訴訟は、西部全域の個体群を一体化させることを優先せずに、孤立しているイエローストーンのグリズリー個体群を保護対象から除外するというＵＳＦＷＳの決定に対して異議を唱えるものだ[75]。そしてもう一件は、連邦政府がこの決定について、先住民部族の意見を聞くという法的要件を怠ったと主張するものだった[76]。ショショーニ族、ブラックフット族、東ショショーニ族、北アラパホ族の各部族は、少し前にジャクソンホール近郊の湖のほとりにあるロッジに集合し、保護対象からの除外に反対する会合を開いていた。そして会合の場で、カナダと米国から集まった代表者たちが大きな木のテーブルを囲み、グリズリー条約に署名した[77]。この種のものとしては過去一五〇年の間にわずか三例目となる国際条約であり、北アメリカ全体で絶滅のおそれのあるグリズリーの回復・復興を約束するものだった。この条約にはその後、一〇〇を超える部族が署名していた。当時クロウ・クリーク・スー族の長だったブランドン・サズーは、私への手紙に、「われわれは、居留地での生活を強いられて以来、グリズリーと引き離されてしまったが、グリズリーのことを忘れてはいない」と記している。「われわれの創世物語では、人間に癒やしの力と治癒の方法を教えたのは偉大なるグリズリーだ。だから、グリズリーは〝原始の呪医〟だと見なされている……この大陸の先住民族の精神的な復活が、一九七〇年代以降のグリズリーの穏やかな回復と時を同じくするのは、決して偶然ではない。しかしその回復も、対象種からの除外と、一八七〇年代のフロンティア精神の再来を告げるトロフィーハントとともに、終焉を迎えることになってしまう」

そうしてトロフィーハントがまさに始まろうとしていたとき、イエローストーンの事例を担当する裁判長が小槌を振り下ろした。その判決は、イエローストーンのグリズリーを保護対象から除外するという連邦政府の決定は「専断的かつ気まぐれ」[78]であり、根本的に自らの法的権限を越える[79]、というものだった。裁判長はその判決書に、イエローストーン以外の五つの個体群を考慮に入れないのは、「よく見てもあまりに安易であり、悪く見れば不誠実である」[80]と書いた。グリズリーの個体群間の距離が近づき、いまにもつながりそうな状況にあって、保護対象から除外することは、この亜種にとって大きな打撃になるだろうと思われる。USFWSがこの魅力あふれるクマを対象種から除外するならば、グリズリーが末永く繁栄するように、これらの「島」のような個体群をふたたび一体化させ、遺伝的なつながりを築く必要がある。[81]よって、トロフィーハントは実施されないことになり、グリズリーはふたたび保護対象になった。

この判決は、この高潔な動物を永遠に守り続けようと必死に闘った環境団体と先住民部族の勝利である。ただし、それ以外の、増え続けるグリズリーの近くに住む人々にとっては、まったく逆の意味を持つものだった。

トリーナ・ジョー・ブラッドリーにとって、まわりをうろついていても気にならないクマは、ブラック・バートだけだ。(82) この漆黒の毛を持つグリズリーは、四〇〇キログラム近い巨体の持ち主で、バーチ・クリークにあるブラッドリーの牧場で六年近くも暮らしている。行儀がよく、まったく問題を起こさない。そのうえ、ほかのならず者のクマたちを寄せつけないのだ。「以前は、三月ごろになると、かなり多くのクマが山から平原に向かってこのあたりを横切っていたのよ。でもブラック・バートがいるようになってからは、クマの数がだいぶ減ったの」

牧場の仕事は親譲りである。ブラッドリーは、二十数キロメートル南の、モンタナ州のデュプイエ川にほど近いウシ牧場で育った。父親は、その土地の地主に雇われた牧場主だったので、ブラッドリーとその兄弟は小さいころから牧場で働いていた。ウマに乗り、ウシの番をして、休憩時間にはあたりをぶらぶらするのだ――ただし、必ず家から声の届く範囲で、番犬を連れて。一九八〇年代、一九九〇年代にも、デュプイエの周辺にはクマがいたという。グレーシャー国立公園から遠くない地域でもあり、時折、大陸分水嶺北部の個体群からグリズリーがやってきては牧場のウシを殺して食べていた。

ブラッドリーは、アグリビジネスを学ぶためにワイオミング州キャスパーの大学に進んだ。しかし、二二歳のときに大きな交通事故に遭い、「しばらくの間、まったく動けない」状況になってしまった。そのため、モンタナ州に戻らざるをえなかったのだが、療養中に夫となる人物に出会う。もともとは、けがが治ったら大学に戻る予定だったのだが、そうせずに結婚し、家族経営の牧場で暮らすことになった。それから一八年が経ち、いまはその牧場でアンガス牛とクォーターホース〔米国で改良された馬の一品種〕、そして女の子を育てている。一九五六年に義理の父親がバーチ・クリークの牧場を購入したとき、この地域にグリズリーはいなかったそうだ。クマがこの地に再来したのは一九九〇年代である。そのクマは子ウシを殺したが、州政府当局が罠を仕掛けて捕獲し、排除したという。「その後はずっといなくて、私がここに住むようになったらまた現れるようになったの。デュプイエから私を追いかけてきたに違いないわ」とブラッドリーが言った。

モンタナ州のクマの数が増え、生息域が広がるに連れて、ブラッドリーのような牧場主のいら立ちはますます深まっている。クマが私有地に入り込むことが多くなり、人や家畜に出くわすことも増えた。ブラッドリーの灰緑色の居宅は、約一四平方キロメートルの畑と私有の牧場に囲まれている。そして畑では乾燥用の青草を育て、牧場には二五〇頭ほどのウシを放している。もっとも、ウシの数を聞いたときには、私は彼女に諭されてしまった。「それって、人の収入を面と向かって聞いてるようなものよ。あんたには関係ないわ」。そんなふうに、冗談交じりに叱られたのだ。家のリビングの窓から、なだらかに起伏する畑が見え、その先には雪の帽子をかぶったロッキー山脈が連なる。ブラッドリーはこの絶景が見える場所から、時々クマが通り過ぎるのを見るのだという。「グリズリーは、めちゃくちゃかっこいいわ。見るのは大好きなの」と彼女は言った。「でも、うちの敷地のなかや、うちのウシたちにまぎれているところを見るのは、好きじゃない」

牧場の朝は、家畜の餌やりから始まる――干し草と、「ケーキ」と呼ばれるミネラルとビタミンの補給剤だ。私が彼女と話をしたのは春の出産が終わった時期で、ほとんどのウシは家の裏の牧草地に集められていた。「いちばん最近、ブラック・バートを見たのはそこよ。ただぶらぶらしている感じだった」とブラッドリーは言う。午後になると、彼女はウシの群れのなかを歩き、病気のウシや、けがをしているウシ、いまにも死にそうなウシがいないかを確認する。常に銃を携えての作業だ。グリズリーはほぼ毎月、このあたりにやってくる。それでも、彼女の牧場は深刻な略奪には遭っていない（「略奪」は、家畜がクマに殺害された場合に用いられる用語である）。「単に運がいいだけだと思うわ。そうじゃなければ、うちのウシが、すごくたちが悪いのかも」。ここから二キロメートルも離れていない隣人の牧場では、毎年一五～二〇頭の子ウシがクマにやられるという。

ブラッドリーは数年前に、モンタナ州のグリズリー諮問委員会[83]の委員に任命された。

「モンタナ州民の声を聞き」、「州民の利益を追及しながらクマを保全する」ことを目的とする、州主導の取り組みである。モンタナ州の農業の振興と保護に情熱を持つブラッドリーは、自分と同じように、将来の世代も大地の上で育つことができるようにと願っていた。しかし、グリズリーの存在がそれを困難にしている。そんな思いもあって、彼女は委員会に参加するようになった。そして、ほかの牧場主と意見交換し、州のグリズリー担当者全員と知り合いになった。生活のただなかにいるグリズリーに対処するための支援が行き渡るようにしたい、というのが彼女の願いだ。「この地域の人たちは、とにかくみんな疲れてるのよ。クマはもうたくさん。衝突もたくさん。子どもたちを外で遊ばせることができないのも、世間の人が守りたい野生生物のために、自分の収入を犠牲にするのも、もうたくさんなの」。それは、私が家畜生産者からもっともよく耳にする主張のひとつだった。捕食動物であるグリズリーを自然環境のなかで回復させたいと願うのは進歩的な都市居住者だが、裏庭に出没するグリズリーの被害をこうむるのは彼らではない。「キャンプや山登りに行くのとは、わけが違うのよ」とブラッドリーは言う。「私たちには、選択肢がない。外に出ないわけにはいかないし、ウシの世話もしなくちゃいけない。そして、たぶんそこにはクマがいる」

グリズリーが種の保存法の保護のもとにあるかぎり、州の野生生物管理官は、ウシを殺すクマをどうすることもできない。まず連邦政府に相談しなければ、ほかの場所に移送することも、安楽死させることもできないのだ。それが、問題を起こすクマを排除するうえでの制約になっていると、牧場主たちは考えている（ただし、環境団体や科学者たちは、州政府が主張するほど多くの家畜がグリズリーの犠牲になっているのかという点を、ずっと疑問視している）。[84] 諮問委員会の場では、大陸分水嶺北部のグリズリーを保護対象から除外することについても議論があった。[85] だが、おそらくはイエローストーンでの失敗がブレーキになり、USFWSは二〇二一年、米国本土四八州のグリズリーを種の保存法のもとで、絶滅のおそれのある種として留め置くことを提案した。

ブラッドリーは、この判断に賛成しない。「もうグリズリーを守る必要はないわ。幻の一角獣じゃあるまいし」

私は彼女に聞いてみた。「クマが何頭くらいなのが理想だと思う？」

「グリズリーが種の保存法の対象になったころには、州全体で［三〇〇頭から］四〇〇頭くらいしかいなかったのよね。それくらいで十分」

多くの牧場主が、侵入してくるグリズリーに対してもっと厳しい罰を求めている。家畜を攻撃したあと、名誉挽回のチャンスを何度も与えずに、すぐに個体群から排除してほしいのだ。衝突を防ぐ措置を施すための資金も、もっと必要だ。そしてなによりも、グリズリーを保護対象から除外してほしいと願っている。だが、グリズリーの個体数が米国全土で確実に回復していると科学的に証明されないかぎり、できることはあまりない。ブラッドリーは、ニワトリとヤギの囲いに通電柵を設置したが、牧場の周囲全体に通電柵を設けるのは現実的に不可能だ。だからいまは、ほかのクマが寄りつかないように、ブラック・バートに頼るしかない。

「ブラック・バートは、最高の見張り番（ガードベア）よ」

クリス・サービーンが初めてグリズリーを目にしたのは、モンタナ州ヘレナ近郊のスケープゴート原生自然保護区だった。[86] 二十代前半の若き日に、大学の友人数名と山登りをしていて、草地に分け入ると、クマが大きな切り株の樹皮をむいて昆虫を探しているのが見えた。「ぼくらは数時間、そこにいた。林のなかで、ずっとそのクマを見ていたんだ」と、サービーンは回想する。「グリズリーは、記憶に焼きつくんだよ。グリズリーを見たときのことは、すべて忘れられない記憶になる。信じられないくらい、何年経っても、覚えているものなんだ……グリズリーには、そんな不思議な力がある」

サービーンは、米国随一のグリズリー専門家と言っていいだろう。彼は、二〇一六年に退職するまで三五年の長きにわたり、ＵＳＦＷＳの全国グリズリー回復コーディネーターを務めていた。[87] グリズリーが米国本土四八州から姿を消さないようにする取り組みを担当していた、まさにその人である。そして、かなりいい仕事をしたことは明らかだ。

サービーンは米国東海岸の出だが、野生生物の生物学を学ぶためにモンタナ州にやってきた。野生生物に興味を持ったのは、小さいころ、テレビで〈ナショナルジオグラフィック〉の野生動物特番に魅了されたのがきっかけだ。最初は、ジョン・クレイグヘッドの指導のもとでハクトウワシの研究をしていた[88]（ジョン・クレイグヘッドは、米国におけるハヤブサとグリズリーの保全活動で有名になった双子のうちのひとりである）。クレイグヘッドは自宅で数羽のハクトウワシを飼育していたので、サービーンはそれを対象に研究することが多かった。しかしその後、博士課程に進む際に、彼は研究対象をグリズリーに変える。それはタイミングのいい変更だった。ちょうどその三年前に種の保存法の対象種に加えられたグリズリーは、世間の注目を集める存在になっていた。一九八一年に博士課程を終えると、サービーンは、新設されたグリズリー回復コーディネーターの職に就く。ただしその時点では、クマの未来について楽観的ではなかったという。きっと、数年間グリズリーの絶滅について記録したあと、苦境にある別の種の担当に変わるのだろうと予想していた。グリズリーが対象種になったとき、イエローストーン周辺の個体群には繁殖する雌がもう三〇頭しか残っていなかったからだ[89]。「当時、グリズリーの絶滅は、まさに目の前に迫っていたことを、知っておく必要がある」

三〇年以上にわたり、クマに関する会合には必ずサービーンの姿があった。イエローストーンでも、ノース・カスケードでも、キャビネット・ヤークでも、群れなすカウボーイハットの間から、サービーンの薄毛の頭がひょっこり見えるのだった。上唇の上から口の両脇に、U字を逆さにしたような形に蓄えたフサフサのひげは、年とともに茶色から灰色に変わった。二〇一五年、まだUSFWSに勤務していたころ、彼はイエローストーンのグリズリーを対象種から除外する時期が来たという思いを強くする。[90]この問題は法的論争に大きな影響を受けたが、それでも彼は、イエローストーンの個体群は対象種から除外すべきであり、もしかしたら大陸分水嶺北部の個体群も除外できるかもしれないと考えていた。生態学的な回復の目標は達成されており、対象種から除外したあとも慎重に管理しさえすれば、クマたちが長きにわたりその地域で生息し続けるのは確実だと思われたのだ。

「種の保存法の目的は、特定の種を、もう保護が不要な段階まで持ってくることだ」と、当時、サービーンは私に語っていた。[91]「原生自然法のように、特定の種が永遠に対象であり続けるものではない。問題を解決することが目的なんだ」。そしてイエローストーンのグリズリーに関しては、問題は解決されたと、彼は考えていた。

退職したサービーンは、いまはモンタナ州ミズーラで、家族と山登りをしたり、毛針釣りをしたりして過ごしている。[92]でも、話を聞くと、彼がUSFWSを辞したのは、彼自身にとっては必ずしも円満な退職ではなかったらしい。むしろ、グリズリー回復コーディネーターとしての晩年は、連邦政府がグリズリーのためになることをするよりも、各州の意向に従うようになっていることを懸念していた。USFWSが二回目となるグリズリーの対象除外の準備を進めていたとき、サービーンは、個体群が保護されなくなったあと、グリズリーの死をどう管理すればよいかについて、指針を書いた。[93] 基本的には、将来的な個体数の減少を食い止めるための保護条件を用意することだ。たとえば、あまりにも多数のクマが死んだ場合に、そうした措置があれば、その個体群をふたたび保護対象とすることができる。しかし、彼の手元に戻ってきた文書からは、保護条件の記載が削除されていた。これでは、回復プログラムの信頼性が失われるだけでなく、グリズリーを対象種から除外することは「生物学的に信じがたく、法的に弁護できない」ものになる。それなのに、もし訴訟が起きたら、その計画を弁護する立場にあるのはほかでもない、自分なのだ。そして、訴訟が起こるのは目に見えていた。だから――「ぼくは辞めたんだ」

それは、サービーンの思い描いていたような達成感に満ちた仕事人生の終わり方ではなかった。「グリズリー回復プログラムは、種の保存法の特筆すべき成功例だ。回復させるのは困難な種だったが、ぼくたちはそれをやってのけたんだから」と彼は言う。「でも、最後の最後に、くだらない政治的なたわごとのせいで台無しになった」。しかし、退職した当時、彼はこうしたことを一切口にしなかった。退職の理由を疑う人も、ほとんどいなかった。彼は六五歳で、グリズリーの絶滅を阻止することに成功したのだから。だがいま、彼はただぼんやりと釣りをして過ごすのではなく、ふたたびグリズリーに迫るリスクについて人々に伝えることを自分の使命だと考えている。[94] 前回、彼と話したのは二〇一五年だったのだが、その当時からの状況の変化を念頭に入れたうえで、いまもグリズリーを対象種から除外すべきだと思うか問うてみた。

答えは、はっきりとした「ノー」だった。「ぼくは、ずっと除外すべきだと言ってきたけれど」とサービーンは認める。彼は、USFWSが、イエローストーンのグリズリーを保護不要な段階まで回復させたと考えていた。そしてその責任を、各州が分別と気概を持って引き継ぐことを期待していた。しかし、「最近のモンタナ州議会の行動を見ると、大型肉食動物の管理に関しては、もう州は信用できない」。サービーンは、西部各州の傾向には困惑させられると言い、「反捕食動物ヒステリー症」と呼んだ。[95] 二〇二一年の春、共和党が過半数を占めるモンタナ州議会は、ひとつの狩猟許可証で何頭でもオオカミを捕殺できるようにする法律を成立させた[96]（同州ではオオカミは保護されていない）。その法律のもとでは、スポットライトの照射や、餌を使う罠の使用も認められる。[97] また別の法案では、猟師が足かせ罠や首をくくる罠を使用してオオカミの猟ができる季節も拡大され、クマが冬眠していない季節にもそれらの使用が可能になった。[98] きわめつけは、春の狩猟期に猟犬を使って行なうアメリカクロクマの狩りを議会が承認したことだ。[99] これは、過去一〇〇年にわたり、モンタナ州で禁止されていた猟法である。[100] こうしたヒステリー症はおもにオオカミに関するものだが、グリズリーなどほかの捕食動物も被害をこうむるだろうと、サービーンは考えている。これは、人間の安全を脅かすものはすべて排除するという「明白な天命」〔米国西部への領土拡大は天命だとする一九世紀中ごろからの思想〕の精神状態への、前代未聞の後退である。「こんなことを目にするようになるとは、まったく恐ろしいかぎりだ。［連邦の］保護がなかったらモンタナ州がグリズリーになにをするかは、火を見るよりも明らかだ」

私はサービーンに、米国が対処できるグリズリーの数は、現実的にみて何頭ぐらいだと思うか聞いてみた。この質問は、米国西部でグリズリーに何らかの関わりを持つ人に会えば、ほとんど必ず投げかけてきた問いである。保全活動家は、人間中心的な世界観を非難し、人間がどれほど損害をこうむろうが、クマが何万頭いようとも、平和的に共存できると答えた。彼らは個体数がいまの三倍になることを願い、カリフォルニア州[101]や、グランドキャニオン[102]、ロッキー山脈南部[103]にクマが戻るようにロビー活動をしていた。そうかと思えば、トリーナ・ジョー・ブラッドリーのように、現在うろついているグリズリーの数よりもはるかに少ない数を望む人もいた。そしてほとんどの人は、具体的な数を挙げようとはせず、その代わりに遺伝的健全性と個体群の連結性に重点を置いて回答した。しかしサービーンは科学者らしく、正確に計算された答えを用意していた。その数は、三〇〇〇～三四〇〇頭だという。

彼は、その数の内訳を示してくれた。イエローストーン生態系と大陸分水嶺北部の生息域には、二〇〇〇頭が暮らせるという。ビタールートには三〇〇～四〇〇頭が生息できる。

セルカークとキャビネット・ヤークにはそれぞれ一五〇頭。そしてノース・カスケードにはいまは一頭もいないが、最大四〇〇頭の生息が可能だ。だから、人間の真摯な努力があれば、米国本土四八州のグリズリーの個体数は倍近くになる。だが気がかりなことに、米国人は逆の方向に進んでいるようだ。今後、グリズリーの個体数は増加ではなく、減少に向かうおそれがあると、サービーンは警告する。「グリズリーは特別な動物なんだ。回復力が低い。そして特別な、人里離れた場所に生息している。グリズリーを守ろうと思うなら、人間も特別な方法で行動し、グリズリーを特別な方法で扱わなければならない」

二〇二三年になると、USFWSは、グレーター・イエローストーン生態系と大陸分水嶺北部生態系の両地域のグリズリーについて、連邦政府の保護対象から除外するかどうかを、また再検討すると発表した。米国本土四八州においてグリズリーの個体数が増えるかどうか、そして最終的に両個体群がつながり合うかどうかは、いまや私たちの行動にかかっている。人間は、たとえそれが不都合であっても、肉食である動物と同じ環境を共有できるだろうか。グリズリーがキャビネット・ヤークからビタールートにまで移動してきたことからも明らかなように、自然界の生物は必ずしも人間の許可を得たり、政策に従ったりはしないことも認めなければならない。そして、米国本土四八州で一部のクマたちが南と東へ移動しつつある一方で、もしかしたらそれ以上にはっきりとした動きもあるのだ。グリズリーの別の個体群が、北に向かっているのである。

第 7 章

# 氷上を歩くもの

ホッキョクグマ
*Ursus maritimus*
カナダ

ホワイトアウト現象が起こり、カナダのハドソン湾の岸が雪にかき消された。いまは一一月中旬。海氷が少しずつ形成され、暗い海水域の上に凍ったジグソーパズルのピースができ始めていた。まもなく海氷は岸に達し、陸の世界と海の世界をつなぐだろう。そうなれば、この地域に生息する六〇〇頭ほどのホッキョクグマが、ワモンアザラシを狩るために氷に向かう。[1] そして翌春に岩だらけのツンドラに戻ってくるまで、謎に包まれた存在であり続けるのだ。私は、保全団体ポーラーベア・インターナショナルの公式研究用車両〈ツンドラ・バギー一号〉に乗り、モノトーンの風景に溶け込んでさすらう生物がいないか注意深く観察したが、何も見つけられなかった。ここでは、白い陰の違いを見分ける力が必要とされる。ベージュ、骨白色、帯黄白色、乳白色、真珠色。ホッキョクグマを見つけるには、とくに吹雪のなかでは、特殊な視力が必要だ。バギーは、突風が海岸線を切り裂くように吹くなかを進んでいく。きっとホッキョクグマたちは、沿岸に低くたなびくヤナギの下で、雪がやむのを待っているのだろう。

カナダ楯状地のこのあたりでは、まるで水面に躍り出るクジラのように、ツンドラの草地から灰色の大きな岩が突き出ている。そんな場所を走るこの装甲車みたいな怪物に「バギー」とは、何とも似つかわしくない、かわいらしい名前だ。ホッキョクグマ研究者のB・J・キルショファーが運転するその純白の車両は、ランドクルーザーを引き伸ばして巨大なタイヤをつけたような外観で、車体は永久凍土の地面（と好奇心旺盛なホッキョクグマ）から約二メートルの高さがある。岩に乗り上げ、先に通ったバギーが掘った深いくぼみによろめきながら進むその乗り心地は、トラックというよりもボートのような感じだ。初代〈ツンドラ・バギー〉が製造されたのは一九八〇年。[2] 地元出身のレン・スミスが、砂利を運ぶトラックとスクールバスの部品を半々に使い、不安定なツンドラの上を観光客や撮影クルーを乗せて安全に運べる車をつくった。バギーは、一九五〇年代に軍が整備したトレイル網を走る。風に洗われるフラッグツリー（強風を受けて風上側の枝が折れ、旗のようになったクロトウヒの木）が、この土地の過酷さを物語っている。あまりの強風のため年輪も片側に寄ってしまうことが、円筒形標本を抜き取るとわかるという。オオカモメが上空でクワックワッと鳴いた。バギーのワイパーが左右に動いて、フロントガラスに打ちつける雪を脇へ掃いているのだが、いくら掃いても無駄なようだ。運転席の計器板の上では、クマよけ火薬銃用の色とりどりの薬莢（やっきょう）や弾丸が、タイヤが回転する振動で小刻みに揺れている。バッテリーがやられてしまわないようにパーカの内側のポケットにしまってあったスマートフォンを取り出して、気温を確認した。マイナス二三℃で、寒風が吹いている。ホッキョクグマが出てこないのも当然だ。

ありがたいことにバギーの内部は板張りになっていて、奥側の部屋は暖かく、くつろげる感じだった。暖かいのは、部屋に集まっている私たちが、内緒で朝の一一時からコーヒーにアイリッシュクリーム（クリーム入りのリキュール）を混ぜて飲んでいたからでもある。だが、このバギーは、観光客を乗せて吹雪のなかを突っ走っていく、あの何十台ものクマ観察ツアー用バギーとはちょっと違うのだ。あれはエコノミークラスだが、こちらのバギーは、ホッキョクグマの移動する時期に、研究者のチームがツンドラで何日も、いや何週間でも張り込んで、氷上を歩くクマたちの習性を観察できるように設計されている。バギーの後部には二段ベッドや、暖炉、ウイスキーの収納場所があり（北極で調査をする科学者たちは、いいものを常備していて頼りになる）、外側には四台の監視カメラが設置されていて、ハドソン湾のホッキョクグマの映像を世界中にライブ配信するチャンネルにつながっている。

この北方への旅は、私の長年の夢だった。私は、どのクマが一番好きなのかと問われれば、いつも少しおろおろして、「みんな同じくらい好き」と如才なく答えていた。マレーグマはかわいくて、舌がだらんとしている。グリズリーはアメリカの原生自然の象徴だ。それに、どうしてパンダを挙げずにいられよう。あんなにすてきなクマもいない。でもそれは、すべてうそだ。私の本命は、なんといっても、ホッキョクグマである。その魅力は、他に類を見ない。体全体が白いこのクマは、黒い地肌に透明な毛を持つ。そして、なんとアザラシを食べるのだ！　大きな雄の体重は四五〇キログラムを超える。数十万年前にグリズリーから分岐したことはさておき、[3]氷の世界で暮らすクマは珍しく、そのクマのそばにいるのは幸せなことなのだ。いや、本当にすぐそばにいるはずなのだ、と私は祈る思いでいた。

その前日に、極寒のツンドラのこのあたりを、何十頭ものホッキョクグマが進んでいるところが目撃されていた。何千年も前に氷河が後退したときに形成された、ケトル湖と呼ばれる浅く小さい湖が点在する地域である。ここからそう遠くないマニトバ州チャーチルの町では、高価なパーカを着込んだ観光客が、ホテル〈ツンドラ・イン〉のレストランでホッキョクイワナを食べながら、自分たちの幸運について語り合っていた。チャーチルは、世界でもっとも手軽にホッキョクグマを見ることのできる場所のひとつだ。予想できる日に、それも飛行場や鉄道の駅、食料雑貨店の近くで、ホッキョクグマが何頭も現れるようなところが、ほかにあるだろうか。実際、町へと続く人影まばらな通り沿いには、チャーチルを「ホッキョクグマの都」とうたう看板が立っている。でもこの先どのくらい、その言葉どおりの場所でいられるだろう?

世界には約二万六〇〇〇頭のホッキョクグマが生息すると言われている。[4]この推定値は、ホッキョクグマが八種のクマのなかで四番目に数が多いことを意味する。また、ほかの多くのクマの数がゆっくりと減少しているのに対し、ホッキョクグマはほとんどの個体群が安定しているようである。イヌイット族の間では、むしろその数は増えていて、北極を徘(はい)

回（かい）するホッキョクグマは多すぎるほどだという声が多数を占める。[5] しかし、ホッキョクグマという種は、避けがたい崖に向かいつつある。個体数グラフの赤い線が途切れることなく伸び続け、ある点に達すると、そこから急減してX軸の下に消えてしまう、そんな点に近づいているのだ。そう、まるで氷のない海にホッキョクグマが沈んでいくように。この二〇年の間に、ホッキョクグマの狩場となる海氷は、気候変動によって深刻な打撃を受けた。[6] 氷がなければ、クマたちは餓死してしまう。長時間をかけてチャーチルまでやってくる観光客は、揚子江にダムができる寸前に航行した人や、サンゴの白化が進行するグレート・バリア・リーフで、いま、シュノーケリングをしている人と同じように、ホッキョクグマに会える最後の機会を楽しんでいるのだ。早ければ四〇年以内にも、すべてが終焉を迎えるかもしれない。チャーチルは亜寒帯地方の南部に位置する。つまり、この地域は、研究者や観光客にとってアクセスがいいだけでなく、ここに棲むホッキョクグマたちが気候変動の影響を受けて真っ先に絶滅する可能性も、きわめて高いのである。

　ハドソン湾は、カナダの三つの州とひとつの準州に接する大きな内海だが、その水域は法的にはすべてヌナブト準州に帰属する。干潮のときに砂浜を歩いていたら、知らぬうちに準州にいるかもしれない、と地元の人は冗談を言う。この湾を発見したのは、グリーンランドやスバールバル諸島の周辺への航海で名を挙げた英国の探検家ヘンリー・ハドソン[7]である。一七世紀という時代、伝説の北西航路の発見は、探険好きの大胆な男ならば挑戦すべきことであり、ハドソンもそれをめざして海に出た。そして一六一〇年、その航海途中にこの湾を発見した。しかし、野心的な多くの先人と同じように、彼もまた航路を誤ってしまう。ハドソンは、のちにカナダとなる陸地の真ん中にある、この大きな塩水の水域を発見したとき、これはアジアへの航路に違いないと考えた。しかし、三か月かけて湾岸を調査したにもかかわらず、出口は見つからなかった。やがて一一月になると、船は氷に閉ざされてしまう。ハドソンは、過酷な冬を湾岸の陸地でやり過ごしてからまた西へ進むことを船員に強く要求した（そのときには、ホッキョクグマはすでに海氷上にいた。あまり慰めにもならないが）。ハドソンの命令と寒さに耐えかねた船員たちは、翌春に反乱を起こす。[8] そして、本船からハドソンとその十代の息子を小舟に降ろし、湾に残して船を出した。その後のハドソンの消息は不明である。

ハドソン湾は北西航路にはつながらないが、その名もハドソン海峡という海峡を経て、北大西洋の縁に位置するラブラドル海に通じる。ハドソンとその船員たちが無念にも発見したように、この湾は晩秋になると氷で覆われる。そのためにハドソンの壮大な計画は阻まれ、彼は早すぎる死を迎えたのだが、その氷のおかげで、湾岸にホッキョクグマの珍しい個体群が誕生した。[9] 北極の他地域では、海氷は夏に減ることがあっても一年中なくなることはない。だからホッキョクグマは一生のほとんどを氷上で生活し、陸上にあがることはまれである（少なくとも、気候変動という言葉が日常的に使われるようになる前はそうだった）。だが、ハドソン湾の海氷は、季節によって凍ったり解けたりする。そのため、この地域のホッキョクグマは、できるだけ長く氷上にとどまろうとするが、あるときを境に、氷上から去らなければならない。そして夏から初秋にかけては陸上にいて、氷の再来を待つのである。チャーチル周辺のツンドラには、とくにたくさんのクマが集まる。このあたりの海氷が、春は遅くまで残り、秋は一番に戻るのがその一因だ。[10] ハドソン湾西部から移動してくるクマは、このあたりで海氷と陸を行き来するのだが、そのときにはよく町のなかを通り抜けていく。

毎年一回、数か月の間、陸上で過ごさなければならないクマたちは、まわりの様子を知ること以外にあまりすることがない。晩秋には、若い雄グマがぬかるんだ岸辺で退屈しのぎに小競り合いをする。波に打ち寄せられたケルプを食べるクマもいる。妊娠している雌グマは、ワプスク国立公園の柔らかな泥炭の土手に巣穴をつくってこもる。ここは、マッケンジー川のデルタ地域以外では、北アメリカで唯一、アメリカクロクマ、ホッキョクグマ、ヒグマの三種のクマがすべて生息している場所である。[11] グリズリーはマニトバ州から姿を消したと思われていたが、一九九〇年代にワプスクでふたたび見られるようになった。バレングラウンドグリズリー〔カナダ北西部のツンドラ地帯に棲むグリズリー〕が、ヌナブト準州から南に生息域を広げてきているのだと、科学者たちは考えている。[12] ワプスク国立公園では、二〇〇八年以来、毎年、グリズリーが目撃されている。ところで、氷がなくなる時期があるということは、ホッキョクグマは、太ったワモンアザラシの狩りができる冬と春の間に、できるだけ体重を増やしておかなければならない。その胃には、体重の二〇パーセントにも及ぶ量の食料が収まる。[13] 陸に上がると、ホッキョクグマはアザラシをほとんど目にすることなく、四か月以上（妊娠中の雌グマは八か月）の間、絶食することになる。[14] 驚くべきことに、食料の乏しい数か月は、氷が戻るまで、毎日約一キログラムずつ体重が減っていくという。

そして今日こそが、その「氷が戻る日」のようだった。私が観光客の会話を立ち聞きしてから、ホッキョクグマを探しに出発するまでの一二時間の間に、厚い氷の先端と沿岸がつながったのだ。前日に陸上で目撃されたほとんどのクマが、冬季を氷上で過ごすために陸地を後にしていた。ようやく、氷が自分の重い体重を支えられる状態になったと満足したのだろう。私にとっては残念な知らせだが、クマたちにとっては朗報である。近年は、ハドソン湾が凍る時期が遅れており、クマたちがやせ細る絶食期間が長くなっている。だが、その週は急に気候が変化し、驚くほど早く氷が張ったのだ。だからクマたちが脂肪を蓄えることのできる期間は、思っていたより長くなりそうだ。

ホッキョクグマに出会えるチャンスは減ってしまったが、それでも平静を装いつつ、私はアンドリュー・デロシェールの横に座った。彼は、白髪交じりのあごひげを蓄えた、背の高いカナダ人だ。パーカで着ぶくれているせいで、体がさらに大きく見える。とにかく、みんながジャンパーやスカーフ、チューク（毛糸の帽子）で完全防備しているので、体の特徴が本当にわかりづらい。私は、ホッキョクグマに会いたいのと同じくらい、デロシェールにも会いたいと思っていた。彼は、気候変動が研究課題の主流になる前からホッキョクグマの研究をしていた、数少ない科学者のひとりである。一九八〇年代中ごろ、デロシェールが理学修士の学生だったころは、カナダのホッキョクグマの状況に大きな問題はなかった。カナダ政府が、ホッキョクグマの捕獲可能数と、先住民族や、先住民族ガイドを伴って狩猟をする人への狩猟許可証の発行数を制限し始めてから、すでに一〇年以上が過ぎていた（カナダは、ホッキョクグマの皮革の海外輸出をいまだに認めている唯一の国であり、娯楽としてのホッキョクグマの狩猟を認めている唯一の国でもある）[15]。こうした制限のおかげで、多くの個体群は回復しつつあった。「当時、研究の焦点は基礎的な生態学だったんだ。ぼくたちが知りたかったのは、狩猟の長期的な影響と、クマの生息数だった」。凍土の上をガタガタと音を立てて走る車のなかで、デロシェールはそう振り返った。

デロシェールは、一九九〇年代半ばに拠点をノルウェーに移す。スバールバル諸島に棲む狩猟対象ではないホッキョクグマ個体群の体内に、汚染物質が高濃度に蓄積するという脅威が発生したため、その研究をするのが目的だった。しかし、まもなく気温上昇の問題が深刻化する。「ぼくは、動物がどうやってこんな場所で暮らしているのかを知りたいと思う。でも、もうそんなことは重要ではない時代になった。いま、ホッキョクグマの自然史など研究しようとしたら、それは身勝手だろう。ホッキョクグマがどれだけ混乱した状態にあるのかを確認するのは……あまり楽しい仕事ではない」。デロシェールはいら立ちながらも寂しそうだ。いま、彼はエドモントンにあるアルバータ大学のホッキョクグマ科学研究室を主導する傍ら、ボランティアでポーラーベア・インターナショナルの科学アドバイザーを務めている。そして、春の現地調査の時期は、ほとんどの時間をハドソン湾西部で過ごし、バギーよりはずっと乗り心地のいいヘリコプターで、ツンドラ地帯の上空からクマの個体数を数える。

デロシェールが初めてチャーチルに来たのは一九八四年の夏だ。雨の多いバンクーバーの大学を出たばかりで、亜寒帯の地には一度も足を踏み入れたことがなかった。彼にとって、雪とはスキーで滑るためのものだった。それくらい未経験だったのにもかかわらず、ヘリコプターでの初飛行時に麻酔銃を渡された。その科学調査の目的は、麻酔で雌グマを眠らせて、無線つきの首輪を取りつけることだった（雄グマの首は頭骨よりも太いので、首輪を取りつけられない）。デロシェールはすぐに妊娠している雌グマを見つけた。銃の引き金を引くと、うまく当たった。成功だ！　大きなクマが揺らぐ。だが、クマは倒れずに、よろめきながら浅い湖に向かっていった。デロシェールが恐怖に震えながら見守っていると、クマは水のなかに崩れるように倒れ込み、ほとんど意識不明の状態で体の一部が水面下に沈んだ。ヘリコプターのパイロットが彼のほうを向き、厳しい口調で外に出ろと言う。「次の瞬間、ぼくはヘリコプターの着陸装置(スキッド)に降りて、そこから湖に飛び込んだんだ」。デロシェールはものすごく冷たい水に腰までつかりながら、クマの鼻が水中に潜ってしまわないように、必死で支えた。「とにかく重かったよ。まだぐらぐら動いていたし」。パイロットがヘリを飛ばして助けを呼びにいく間じゅう、デロシェールはクマと一緒に水のなかで待っていた。ヘリが戻ると、いまや眠っているずぶぬれのクマを、みなで陸に引き上げた。「そのクマは大丈夫だったよ」。デロシェールはそういって肩をすくめた。「麻酔が切れると、去っていった。お腹の子も、無事に生まれたんだ」。その後も時々、その雌グマと子グマたちを見かけたという。そのたびに、自分のことを覚えているだろうか、と思ったそうだ。

さて、ついに昼過ぎに、私たちは一頭のホッキョクグマを見つけた。場所は、ちょうどノーパンツ湖を過ぎたあたりである（その昔、この湖にはまったツンドラ・バギーを押し出さなくてはならなくなり、その作業の途中でズボンが脱げてしまった男性がいたのが、湖の名前の由来だ）。その雌グマは、石灰岩のような色をしていた。ホッキョクグマは、海氷から下りたばかりのころはきれいな海水で洗われて白く見えるが、やがて、泥や、泥炭のタンニンの色がうっすらついて、クリーム色っぽい黄色になる[16]。雌グマは、湾から陸に戻ってくるようだ。きっと、氷の厚さがまだ十分ではないと判断したのだろう。さあ、無駄話はおしまいだ。私はバギーの反対側の窓際に割って入り、窓ガラスに顔を押しつけた。吹きすさぶ雪の向こうに目を凝らし、私の思い描く、威風堂々とした北極の動物の姿を探した。一方、デロシェールはほとんど動かない。これまでの人生をホッキョクグマのすぐそばで過ごしてきた彼にとっては、バギーからクマを見るのは、動物行動学者のジェーン・グドールがディズニーランドのジャングルクルーズでゴリラのロボットを見るようなものなのだろう。デロシェールは落ち着いたふうに、少しの間、双眼鏡でそのクマを観察していた。そして、健康状態は良さそうだと言い、その後に、それは北極全体の状況を表すものではないが、と付け加えた。その週の前半に彼が目撃した一年子は、例年の同じ時期に比べると少し小柄に見えたそうだ。それに、ハドソン湾西部のホッキョクグマの体は、一九八〇年代以降、小型化しているという[17]。凍原を歩いているホッキョクグマに、バギーがゆっくりと近づいていく。私は息を凝らした。クマの黒い目と鼻が、真っ白な世界のなかに黒い三角形を描いている。このあと、あのクマは何をするだろう？　雪の上で転がるだろうか？　それともいきなり走りだす？　私はカメラを持ち上げて、次なる魅力的な行動を捉えようと待ち構えた。すると、クマは約一〇メートル先で、小さなヤナギの木の後ろで縮こまり、まわりを見まわしてから、糞をした。

地球上には、五つの国に一九のホッキョクグマ個体群が存在し、極寒の氷の世界であるスバールバル諸島から、シベリア沖のチュクチ海、グリーンランド、そして巨大な油田で有名なアラスカのノース・スロープ郡などに分布している。だが、その大多数――約一万六〇〇〇頭――は、カナダ北極圏に生息する[18]。亜北極帯に位置するハドソン湾西部、デービス海峡、ハドソン湾南部は、ホッキョクグマの生息域の南限になる。

ホッキョクグマ（*Ursus maritimus*）は、数十万年前にヒグマの系統から分岐し、氷と海に育てられた。地球が凍った状態と凍っていない状態の間で絶えず変化していた時代に、海に依存するクマ――ありえないような存在――がどのようにして出現したかについて、科学者たちはいくつかの仮説を立てている。ヒグマの仲間の多くは、氷期の厳しい寒さと食料不足のために絶滅した[19]。北方の地域が氷に支配されるなかで、一部のクマは暮らしやすい場所を求めて南方へ移動する。海の近くへ避難し、沿岸の温かな大気のおかげで何とか命をつないだものもいた。アラスカ南東部のアドミラルティー島、バラノフ島、チチャゴフ島（島の頭文字からABC諸島と呼ばれる）には、*Ursus arctos sitkensis* という亜種が誕生する[20]。このクマのミトコンドリアDNAは、ホッキョクグマとの一致度が高い。一方、北方の沿岸部には、ほかの仲間とは隔離されたヒグマのグループがいたと考えられている。そのクマたちは、食料を海に求めた。そして海が、彼らを永遠に変えてしまった。「［ホッキョクグマは］茶色から白色へ、陸から海へ、雑食性から肉食性へと変わっただけではない。クマの一年間の過ごし方を、完全に逆転させてしまったのだ。冬は活動の時期、夏は絶食し、エネルギーをなるべく使わずに休む時期になった」[21]。地質学者のチャールズ・T・フィーゼルは、ホッキョクグマとの忘れがたい出会いを記録した著書、『ホワイト・ベア』(*White Bear*)にそう書いている。この根本的な変化にもかかわらず、じっくりと観察すれば、ホッキョクグマの祖先の手がかりはいまも残っている。肩はわずかに盛り上がり、鉤爪は長く鋭い。

偉大なる白いクマは、極地環境をドーセットの人々とともに歩き回ることになる。ドーセットとは、イヌイット族に先駆けて紀元前五〇〇年から紀元一〇〇〇年まで栄えた、パレオ・エスキモー〔カナダ北極圏の初期の居住者〕の文化である。ドーセットの狩りはほぼすべて海氷上で行なわれた[22]。アザラシが氷につくった空気穴から顔を出すのを待って仕留め、クジラやセイウチを銛(もり)で射る。ドーセットは弓矢を持たなかったので、ホッキョクグマなどの陸生動物を狩るのはあまり好まなかった。彼らの生存は、クマと同じように、完全に海氷に依存していた。ドーセットの消滅後に興隆したのは、現在のアラスカにあたる地域を起源とするテューレの人々だ。彼らは一一世紀には北極地方の東部で勢力を振るい、なかには遠くハドソン湾まで移動する者もいた。イヌイット族はこのテューレの子孫であり[23]、ホッキョクグマはイヌイットの文化のなかでより強く認知されるようになる。たとえば、イヌイット族はアザラシを狩ることをホッキョクグマから学んだという伝承がある[24]。ワタリガラス[25]とホッキョクグマの二種の動物は、イヌイット族とイスマ(考え方)を共有すると信じられている。[26] イヌイット族は、ホッキョクグマ（ナヌーク）のことを「偉大なる白き者」[27]、「放浪し続ける者」[28]など、さまざまな名前で呼んできた。ドーセットとは異なり、イヌイット族はホッキョクグマの狩りをするが、クマを殺すのは、アザラシやクジラ、カリブー、セイウチを狩るのとはまったく異なる出来事だと見なされている。それは、単なる計画的で組織的な狩りではなく、思いがけない幸運の瞬間を意味するのだ。

テューレの人々が北アメリカの北極圏を広く移動し始めたころ、古代スカンジナビア人も北欧の地でクマに出会い、伝説に書き記していた。[29] とくに有名なのは、一二五二年、ノルウェー王ホーコンが、イングランド王ヘンリー三世にホッキョクグマを贈ったとされる逸話である。[30] ホーコンは領土拡大主義の統治者で、グリーンランドとアイスランドをノルウェーの領土に加えている。一方、ヘンリー三世は、ロンドン塔にさまざまな野獣を閉じ込めていたことで有名だ。ホッキョクグマには、当初は州長官が一日四スー〔古い貨幣単位〕というわずかな予算で食べ物を買い与えるように指示されていた。[31] しかしその後、王は大胆にも（そしておそらくもっと倹約しようという思いもあって）、クマは自分で食べ物を捕れるだろうと考えた。そしてクマの世話係に、文書で以下の指示を与えた。

最近ノルウェーから到着したシロクマの世話について、汝の仕事を褒め称えるものである（中略）汝は、陸ではひとつの口輪と一本の鎖を使い、テムズ川では一本の長いひもでつないで、クマに魚を捕らせ、体を洗わせよ。[32]

廷臣はただちにクマ用の口輪と鎖をこしらえて、クマをイヌのように河岸まで歩かせることができるようにした。川に着くと、長いひもで杭につながれたホッキョクグマは、川を泳いで自分で魚を捕らえた。[33] ホッキョクグマは、三年にわたり、ヘンリー王の王冠に輝く氷の宝石だった。しかし悲しいかな、一二五四年になると、フランス王がホーコンよりも一歩優位に立つ。フランス王は、ヘンリー三世にアフリカゾウを贈ったのだ。[34]

ホッキョクグマは、ヨーロッパの小氷期の時代にあたる一四～一九世紀に、北極の氷原を頻繁に移動し、ノルウェー本土とアイスランドに個体群を形成していた可能性が高い。[35] だが、やがてこれらの個体群は、生きた子グマや毛皮の需要のために絶滅に追い込まれてしまう。その後、鯨油やセイウチの牙を求めてスバールバル諸島やグリーンランドの近海への航海が始まると、人間がホッキョクグマと遭遇する機会は、それまでよりもはるかに多くなった。船員は、クマと言えば本国に生息するヒグマしか知らなかったので、しばしば白い子グマに足かせをつけて連れ帰った。だがおとなのホッキョクグマは、まったく別物である。一五九五年には、オランダの海洋探険家ウィレム・バレンツの北極探検で、船員がホッキョクグマに遭遇して死亡している。ロシアのヴァイガチ島付近の小島でダイヤモンドを探していたとき、二人の船員が風をよけてくぼ地で休んでいたところ、「やせた大きなクマが忍び寄ってきて突然飛び出し、あっという間に船員の一人の首に噛みついた」[36]。ふたりは必死にクマを追い払おうとしたが、クマは彼らを殺し、その肉をむさぼり食った。オランダ人航海士ゲリット・デ・ヴィールが日記に書いたこの事故は、歴史上の記録として初めて、ホッキョクグマが人間を襲った事例である[37]（船員たちは、その後にそのクマの眉間を撃って殺した）。こうした襲撃は、ルネサンス時代の地図制作者たちの心に強い影響を与えていたのだろう。当時の地図には、ホッキョクグマがまるで神話の怪物のように描かれている。ある古い北極地図には、ラテン語で *hic sunt ursi albi*（ここには白いクマがいる）という記載がある[38]。ヨーロッパ人にとって、ホッキョクグマは、ただでさえ厳しく謎めいた北方の地に登場する、さらにもうひとつの克服すべき障害だった。

ホッキョクグマは、長きにわたりおもに想像上の文化的象徴であり続けた。ホッキョクグマは、アメリカクロクマや、ヒグマ、ナマケグマと違って、自分から探しにいかない限り、ほとんどの人は一生出会うことがないだろう。さらに、この珍しい動物は、コカコーラをごくごく飲むシロクマのように、コマーシャルのマスコットとしても利用されている。私たちが知るホッキョクグマの姿は、多分にこうした描写がもとになっているのである。人間とホッキョクグマとの関係性が抽象的なのは、そうした概念にとどまらない。人間がホッキョクグマを絶滅に追い込む関わり方も、抽象的だ。人間は、熊胆を得るためにホッキョクグマを檻に閉じ込めているのではない。生息地に侵入し、ブルドーザーで木々をなぎ倒しているわけでもない。ホッキョクグマが危険にさらされているのは、私たち自身の地理的な先入観のせいなのだ。地球の大気中に際限なく温室効果ガスを排出する人間にとって、北極の氷が解けているというのは、あとから思いつくはるか遠くの出来事にすぎず、氷上に棲まう生物のことなど、ほとんどだれも気にしていない。

ホッキョクグマは、間違いなく、人新世の犠牲者のなかでもっとも魅力的な動物のひとつである。人間活動により排出される温室効果ガスは、大気に熱を閉じ込める。この熱が、光沢のある北極の白い海氷を解かす[39]。海氷は太陽光を反射するが、海氷に覆われていなければ、太陽光線は暗い海に吸収されてしまう。すると海水温が上昇し、全体として北極の温暖化が速まる。そして気温が上昇すれば、海氷は海面下と海上の両方から融解していく。

北極は、半世紀前には科学者たちがだれも想像できなかったほどの速さで解けつつある。地球上のほかの地域のおよそ三倍の速度で温暖化が進んでいるのだ。衛星データを見ると、一九七九年に比べて、夏の海氷面積がおよそ三分の一減少していることがわかる[40]。さらに、最近の海氷は昔よりも薄く、ひび割れている。現存する海氷のうち、多年にわたり厚く頑丈なのは、わずか一パーセントに過ぎない。そして、ハドソン湾周辺の季節的に凍結する地域では、氷のない期間が、年を追うごとに長くなっている。早ければ二〇三五年にも、北極圏の全域で、夏の海氷が完全に消失する可能性がある[41]。

北極にとっての海氷は、森にとっての土のようなものだ。北方で暮らす海洋生物のリズムは、氷に支配されている。海氷の下面には、森のコケ類や地衣類のように、動物プランクトンや藻類が盛んに育つ。これを食べに、無数のホッキョクダラが集まってくる。魚にとっては、ごちそうの乗った食卓が逆さになっているようなものである。そして、腹をすかせたアザラシが魚を食べる。さらに、冬と春の間は、ホッキョクグマがアザラシの空気穴を寝ずの番で見張り、脂ののった獲物が空気を吸いに上がってくるのを何時間も待つのだ。ついにアザラシが現れると、クマはがぶりと噛みつき、もう逃げられないアザラシの体を氷の上に引き上げてバラバラにする。ホッキョクグマは脂肪層しか食べないので、白い風景のなかに血まみれの解剖死体が展示されることになる。ワモンアザラシの重さは、おとな一頭で約七〇キログラム。ホッキョクグマが次の獲物を必要とするまで、八日間は何も食べなくてもいいだけのエネルギーが得られる。

しかし、ホッキョクグマは海氷がない場所ではうまく狩りができない[42]。カナダ北部の北極圏地域では、かつては一生を海氷の上で過ごしていたクマたちが、夏に海氷が解けるため、陸上で過ごさなければならないことが増えている。陸地で探し回って食べる物は、ハクガンであれ、ケワタガモであれ、海鳥の卵[43]、ベリー、ケルプであれ、クマが生き続けるために十分な量にはほど遠い。いくらホッキョクグマは絶食が得意だとはいえ、いずれは生存率が低下する限界に達する。ハドソン湾西部では、その限界は、絶食する雄グマの場合は約二一〇日[44]（約七か月）だと科学者たちは考えている（雌グマはもう少し長く絶食できる）。四〇年前は、この地域のクマたちが陸上で過ごす期間は一二〇日だった。その当時、おとなの雄グマのうちで餓死する個体の割合は三パーセント未満であり、死亡するのはほとんどが老齢の個体だった。最近の研究によると、氷のない期間が二一〇日間まで延びた場合、おとなの雄グマの三分の一から二分の一近くが餓死する可能性がある。[45]

これは、とっぴなシナリオではない。ハドソン湾西部では、すでに以前に比べて、冬季の海氷が解け出す時期は約一週間早く、形成される時期は二週間遅くなっている。[46]つまり、おとなのクマたちは以前よりも三～四週間長く、陸上にとどまっていることになる。二〇一五年には、絶食期間は約一七七日だった。[47]そしてこの厳しい食事制限は、個体数に大きな打撃を与えている。個体数は、一九八七年以降に約五〇パーセント、[48]二〇一六年以降だけでおよそ二七パーセント減少しているのだ。ハドソン湾南部でも、わずか五年の間に九四三頭から七八〇頭に減っている。[49]南寄りの地域では、ハドソン湾の西部や南部以外でも状況は深刻だ。米国魚類野生生物局（ＵＳＦＷＳ）が二〇二一年に発表したところによれば、アラスカのボーフォート海南部の個体群は、二〇一〇年の一五二六頭からわずか七八〇頭まで、ほぼ半減している。[50]

最近、トロント大学スカボロ校の生態学者ペーター・モルナールは、ポーラーベア・インターナショナルの科学者たちとともに、ホッキョクグマの個体群がそれぞれどの時点で重大な生理的限界に達するかを示すタイムラインを構築した。[51] その結果、一部の個体群では、早ければ二〇四〇年にも繁殖がうまくいかない状況に陥る確率が「非常に高く」、局所的な絶滅につながることが示された。二〇八〇年には、アラスカとロシアに棲むホッキョクグマの大部分が深刻な状況になると思われる。さらに、何の対策もなしに現状のまま温室効果ガスが排出され続ければ、今世紀末以降もホッキョクグマが生息できる場所は、クイーンエリザベス諸島（カナダの北極海諸島の最北の諸島）だけになる可能性がある。たとえ排出量が削減されたとしても、一部の個体群は今世紀末を待たずに絶滅すると予想される。「この予測が、おそらくは控えめなものであることを強調しなければならない」と、ポーラーベア・インターナショナルのチーフ・サイエンティストであるスティーブン・アムストラップは言う。彼らが開発したモデルは、絶食期に入る前のクマの体の状態を、実際よりも良好な状態に仮定している可能性があるためだ。「ぼくたちが予測するような影響は、おそらくもっと急激に生じるだろう」

チャーチルの町では、誰も家に鍵をかけない。くすんだ灰色と青のペンキで塗られたプレハブの家々は、徘徊するホッキョクグマに遭遇した不運な人がいつでも逃げ込めるように、鍵を開けっぱなしにしてある。明らかに、泥棒よりもクマのほうが怖いということだ。錆の目立つ小型トラックや自動車も、すべて鍵が開いている。「とにかく、いつでも注意が必要なのよ」。長年この地に住み、ヘリコプターの運航管理をしているジョアン・ブラウナーが言った。「外出するときは、必ずピストルを持っていくの。家のベランダの上までクマが来たこともあるわ」。レストランには、建物を出る前に左右を見るように促すサインが貼ってある。車ではなく、クマがいないかを確認するためである。

チャーチルの町の周囲には先カンブリア時代の巨岩がたくさんあり、岩の表面には、観光客や高校卒業を控えた生徒たちが書いた落書きが目立つ。町外れには、それらの巨岩のほかに、青と白の長方形の標識が立っている。歩行者に、その場を離れるよう促すサインである。チャーチルでは、ホッキョクグマの移動がピークを迎える時期に、雪の積もる道路を歩こうとする人はほとんどいない。住民は、何をするにも自動車を使う。ツンドラの地に朝日が昇ると、武器を携えた警官が車に乗って町をパトロールする。大人が仕事に、子どもたちが学校に向かう前に、裏通りにクマが隠れていないか確認するためだ。そして毎晩一〇時には空襲警報が鳴る(52)――戦時の名残である。いまは、ホッキョクグマ対策のための自主的な門限を知らせるサイレンとして活用されている。

人間は、クマの攻撃性をさまざまな官能的な表現で表してきた。たいていは科学上の目的からではなく、不気味な魅力を楽しむためである。世界でもっとも恐ろしいクマはナマケグマだと言えるだろう。なぜなら、一年あたりの犠牲者数がもっとも多いからだ。ヒグマは、人口の少ないカナダやロシアの北部森林地帯にもっとも多く生息していることもあり、犠牲者数は毎年六人ほどである。だから直感的な恐怖を払拭しさえすれば、おびえる気持ちは少し和らぐというものだ。ホッキョクグマはどうかと言えば、犠牲者数はさらに少なく、死亡事故は過去一五〇年間に数えるほどしかない。ただし、ギザギザのある四二本の歯と、幅が三〇センチメートルもある大皿のような手を持つホッキョクグマに襲われたら、生き延びてその体験を語ることのできる人はあまりいない。ヒグマの被害を受けて死に至る人の割合は一四パーセントだが、ホッキョクグマの場合はその倍近くになる[53]。

二〇世紀に北アメリカで発生したホッキョクグマ襲撃のうちいくつかは、動物園での事例である。これらの悲劇的な事故は、精神を病んでいる人[54]や麻薬を使用している人が、クマの檻に飛び込んだ際に起きている。たとえば一九七六年には、ボルチモア動物園でラフィエット・ハーバートという精神病歴のある四三歳の男性[55]が柵を乗り越え、三頭のホッキョクグマ[56](モウ、モリー、ティリー)に襲われた。動物園の職員が、催涙ガス弾でクマたちをその場から引き離し、引っかけ鉤を使って遺体の断片をかき集めるのに三時間を要した。こうした動物園の事例以外では、ヌナブト準州のランキン・インレットという集落の付近で起きた事故がある。ハッティ・アミットナクという女性が、ハドソン湾のキャンプですでに別のふたりを負傷させていたホッキョクグマの気をそらそうとした末に殺された。[57]このほかにも、マニトバ州のチャーチルで二件の死亡事故が発生している。

一九六八年、パウロジー・ミーコという一九歳のイヌイット族の男性が、チャーチルにほど近い凍原でホッキョクグマに出くわした。[58]クマは飛び上がってミーコにつかみかかり、喉を切り裂いた。そのクマは、その後に駆けつけた警官に銃殺されている。それから一五年後の一九八三年一一月には、トミー・ムタネンという四六歳の男性がクマに殺される事故があった。[59]彼は、火事のあったチャーチル・モーテルの焼け跡から物をあさろうとこっそりなかに入り込み、焼け残った肉貯蔵庫から生肉を取り出して、パーカのポケットに詰め込もうとした。[60]その後に何が起こったのかは、地元の人たちにもくわしいことはわからない。とにかく、ホテルの厨房か路上でホッキョクグマがムタネンを襲い、頭部に嚙みついて、積もる雪の上を近くの店の入口まで引きずっていった。集まった人たちは、クマにがぶりとやられているムタネンを何とか救おうと、あたりにある物をなりふりかまわずクマに投げつけた。[61]最後には、だれかが銃でクマを撃ち殺し、クマはムタネンの上に覆いかぶさるように倒れたが、時すでに遅しだった。地元メディアの報道によると、町の人々はすぐに「よろい戸を閉め、さらなるホッキョクグマの襲撃に備えて家にこもった[62]」という。いずれの事例も、当局はハドソン湾の海氷不足が原因だとしている。

なんとも不運なことに、チャーチルは、何百頭もの腹をすかせたホッキョクグマが海氷の縁をめざして移動するルートの真上に位置している。淡水の流れるチャーチル川と塩水をたたえる湾が出合う地点からほど近いこの場所に、一七世紀に最初に目をつけたのは、毛皮貿易を手がける北米大企業、ハドソン湾会社だ。大西洋とつながるその場所は、北方の森で採取された動物の毛皮をヨーロッパに輸送するのに理想的だったのだ。その有利は、ホッキョクグマに襲われやすい土地柄であるという不利を上回ったらしい。ホッキョクグマの毛皮も、一六八二年から一九〇〇年にかけて、チャーチルと近隣のヨーク・ファクトリーから四〇九三枚が輸出された(63)。

毛皮貿易は乱獲のため一八〇〇年代後半に破綻（はたん）するが、チャーチルは時代遅れの町として廃れることなく持ちこたえた。まず、第二次世界大戦中は米国空軍基地の町となり、その後は観光拠点として生まれ変わる。呼び物は、この地域にいる恐ろしい大型動物、ホッキョクグマだ。ホオジロザメのいる海に、檻に入って潜るケージダイビングに似て、危険なこと自体がたまらない魅力になる。今日では、約九〇〇人の住民が一年をとおしてチャーチルで暮らし、そのほとんどがホテルの支配人や、料理人、バギーのガイド、犬ぞりの操縦者、オーロラのガイド、土産店のレジ係などの観光関連の仕事をしている。

エリン・グリーンはヨガのインストラクターだが、クラスがない時間は〈北緯五八度（フィフティ・エイト・ノース）ギフトショップ〉のレジ係をしている。町の大通りケルシー・ブールバードの外れにあり、ツンドラ・バギーの観光客を相手にさまざまなクマグッズを売る店だ。ある晩、私はこのギフトショップで彼女に会った。店内では、観光客がシロクマ柄のTシャツや「クマの糞」と銘打ったチョコレートを眺めている。グリーンは、明るい茶色の髪を芥子色のトーク帽のなかに入れ、くつろいだ雰囲気を出しているが、大きな茶色の瞳には用心深さが感じられた。モントリオール出身の彼女がチャーチルにやってきたのは、二〇一三年の夏のことである。友人のおじ夫婦が経営する〈ジプシーズ〉というパン屋でアルバイトをするためだった。[64]この亜寒帯の町にどれくらい滞在するかはとくに決めていなかったのだが、夏が過ぎ、秋になっても、まだチャーチルに残っていた。そしてその決断が、のちの彼女の人生を決めることになる。

二〇一三年一一月一日の早朝、グリーンは友人ふたりと深夜のハロウィーン・パーティーから歩いて帰るところだった。[65]チャーチルのハロウィーンは、ちょっと面倒な行事である。[66]困ったことに、この休日は、毎年恒例のホッキョクグマの移動の季節のただなかにあるのだ。だから、日が暮れる前、子どもたちが「トリック・オア・トリート」と唱えながら家々をまわり始める前に、ヘリコプターが町を上空から調査して、クマが隠れていないか、町は安全かを確認する。その後は、小さなオバケや小鬼が家から家へ、チョコレートやキャンディーをもらい歩いている間、王立カナダ騎馬警察や消防局、地元の水力発電会社などのボランティアが車で町を巡回するのだ（まるで、チャーチルの街路に妖怪が出没するのを恐れているかのようである)。グリーンがパーティー会場を出たときには、もう翌朝の五時近かった。門限のサイレンが鳴ってから相当に時間が経っている。パトロール隊も帰宅していた。カボチャの灯はすでに消えていて、夜明け前の道は薄暗い。三人が静かに雪道を歩いていると、ぼんやりとした白い影が、路地をこちらに向かって走ってくるのが見えた。三人は駆けだしたが、スピードが遅すぎた。ホッキョクグマが全速力で走れば、時速四〇キロメートルものスピードが出る。三〇歳のグリーンは、あっという間に追いつかれ、クマに頭を噛みつかれた。

もしホッキョクグマに襲われたらどうすればいいか、時々考えてはいた[67]。チャーチルの町のあちこちで、注意の標識も目にしていた。怖い夢を見たこともある[68]。でも、いまそれが現実に起きていた。あの黒い瞳で凝視されたとき、クマは自分を狙っていると、グリーンは本能的にわかった[69]。チャーチルの道路の真ん中で、グリーンは世界最強クラスの捕食動物に噛まれて身動きが取れなくなっていた。手をバタバタさせてクマを殴ることくらいしかできない。クマがあごを緩めた一瞬のすきに、彼女は腕で顔を覆った[70]。そうすればクマは、頭ではなく手足を狙うかもしれないと思ったのだ。クマはすぐにまた噛みついてきた。今度は肩にかぶりつき、ぬいぐるみの人形を扱うように激しく揺らす。温かい血が彼女の頬を伝う。大声で友人を呼んだが、聞こえるのはクマが自分の体を噛む音だけだ。

すぐそばの家では、退職した浄水場技師ビル・アヨットが、テレビの前の肘掛け椅子に腰を下ろそうとしていたところだった。[71] この早起きの六九歳の男性が外の騒ぎに気づき、下はパジャマ、上はセーター、足にはスリッパという姿で飛び出すと、[72] ホッキョクグマが女性をくわえて「振り回していた」。[73] 彼はとっさに玄関ポーチにあった雪かき用シャベルをひっつかみ、女性が死にかけていると思って必死にクマの頭を叩き、自分のほうに注意を向けさせようとした。するとクマは、グリーンの血だらけの体を離し、アヨットの左足に後ろから噛みついてきた。歯がものすごい力でパジャマを突き抜け、膝の後ろから肉に刺さる。[74] その間に、グリーンはよろめきながら近くの家に飛び込んで助けを求めた。一方、クマのほうは、今度は怒りの矛先をアヨットに向け、耳の軟骨をかじりとろうとする。通りの住民が、音に驚いて飛び出してきた。下着に靴下という姿で駆けつけた人たちが、大声で叫びながらクマに靴を投げつける[75]――とにかく、この残虐な襲撃を止めようとするのだが、何の効果もない。隣人のひとりがはっと思いついてトラックに飛び乗り、クマに向かって走りながらクラクションを鳴らして、黒い瞳にヘッドライトの光を当てると、クマはようやくアヨットから離れ、林のほうへ逃げていった。[76]

グリーンには、クマの攻撃は永遠に続いているように感じられたが、実際にはほんの数分の出来事だった。[77] クマがやっと攻撃をやめたときには、頭皮の一部が噛み切られ、膝は切り裂かれ、三本の動脈が切断されていた。アヨットのほうは、片耳を引きちぎられていた。のちに、当局はそのクマを銃殺したのだが、そのクマを撃つ前に、誤って別のクマを撃ってしまった[78]。その事実からも、いかに多くのホッキョクグマが常にチャーチルの周辺を徘徊しているかがわかるだろう。被害者のふたりは、マニトバ州の州都ウィニペグの病院に救急輸送機で運ばれ、グリーンは頭部をステープラーで二八針止め[79]、数回の輸血を受けた。アヨットは形成外科の手術を受けて耳を再付着した。そしてグリーンとアヨットは、ホッキョクグマの攻撃を受けた経験があり、かつ生きながらえることのできた数少ない人々の仲間入りをしたのである。

「あの襲撃事件の前から、私には、クマを恐れ敬う気持ちがあったの」と、グリーンは〈北緯五八度ギフトショップ〉（フィフティ・エイト・ノース）で私に話した。「でもいまでは、その気持ちはもっと強くなった。獲物として食べられるのが、どういうことかわかったの。本当に、命がけで闘わなければならないのよ」。事件のあと、グリーンはチャーチルを出てモントリオールに戻った。でも、大都市にいると、あの経験が非現実的なものに思えてきて、気持ちを整理するのがよけいに難しいことに気づく。体の傷は治ったものの、心の傷は癒えなかった。「［モントリオールに］戻っていたとき、疎外感を感じたの。だれも、私の体験を理解できなかったから」。彼女は孤独感に打ちのめされた。そしてついに、北の地へ戻る決心をしたのだ。事件のあとに自分を支えてくれた人たち、自分のトラウマを理解して寄り添ってくれる人たちがいる地へ。「ここに戻ることは、私の癒やしの一部だったのよ」

ちょっと皮肉にも思えるし、不快でさえあるかもしれないのだが、グリーンは、自分を襲った動物に似せた物に囲まれて仕事をしている。ぬいぐるみに、マグネット、アクセサリー、チョコレート。あの真っ黒な目が、棚から私たちをじっと見ている。しかし、それは気にならないとグリーンは言う。「最初は、とにかく何もかも怖かったけど。でも、クマに恨みはないのよ。だって、クマはクマらしいことをしただけだから」。とはいえ、なぜ彼女がチャーチルに残りたいと思ったのかを理解できる人は少ない。被害に遭う前に、たった数か月ここに住んでいただけなのだから、なおさらだ。「性格にもよるんだと思う」。カウンターに両肘をつきながら、彼女はつぶやいた。「おかしいかもしれないけど、私は人間に襲われるくらいなら、クマに襲われたほうがいい」。私は、レジの横にある小さな厚紙の箱に気づいた。なかには、ニードルフェルト〔フェルトを専用の針で刺しながらつくる手芸品〕のホッキョクグマがたくさん入っている。ペルーのケチュア族の女性たちがつくったもので、グリーンが提案して店に置いているのだという。売り上げは、アンデスのメガネグマの研究資金に充てられる。グリーンにとって、それは不幸のなかで見つけた明るい希望だった。「ホッキョクグマに襲われるまで、私はメガネグマの存在さえ知らなかった。でも、ホッキョクグマのおかげで、ペルーにいるクマのことを知ったの」

北極の氷が解けるにつれて、グリーンの身に起きたような襲撃が以前より頻繁に起こるようになってきた。何がクマをこうした衝突に向かわせているのかを理解するため、過去一四五年ぶんのホッキョクグマによる人間襲撃の事例を整理した論文が、二〇一七年に発表されている。[80] それによると、襲撃をするのは、ほとんどが腹をすかせたおとなの雄グマであり、野外キャンプや町なかで問題を起こしていた。北極周辺の地域では、一九六〇年から二〇〇九年の間に四七件の襲撃が発生している[81]（先述のように、ほとんどが死亡事故ではない）。そして、最近一〇年間の記録を見ると、気がかりな状況が浮かび上がる。二〇一〇年から二〇一四年にかけて、北極圏の多くの地域で海氷が記録的に少なかった時期に、ホッキョクグマが襲撃した人数は一五人に上った。これは、四年間という期間で見ると、過去最多である。さらに、二〇〇〇年以降に発生した襲撃は、ほとんどすべてが七月から一二月の間に発生しており、これは海氷がほとんどないか、もしくは薄くなっている時期と一致する。「とにかく、クマの報告件数が増えている。これまでクマが見られなかった場所でも目撃されている」と、この研究に携わった専門家のひとりが教えてくれた。[82]「それと同時に、これも海氷が減少したために、海運業や、観光、研究、産業活動で人間が北極地方に行く機会も増えた。人間とクマの衝突が発生する可能性という意味では、まさに最悪の状況がつくり出されている」。一九八〇年代に比べると、チャーチルのホッキョクグマが陸上で氷の再来を待つ時間は、約一か月、長くなった。つまり、食料がない期間が一か月増え、面倒に巻き込まれる期間も一か月延びたことになる。グリーンやアヨットのような人たちは、単にホッキョクグマの犠牲者なのではないと、私は気づいた。彼らは、気候変動の犠牲者なのだ。

ハドソン湾の岩だらけの海岸で、ヘリコプターが水面からわずか三〇センチメートルくらいの高さでホバリングをしていた。あごひげを生やした男性が蛍光オレンジのスノースーツを着て、パイロットに次々と手信号を送っている。暗号のような手信号を読み取るのに十分な近さのようだ。次の瞬間、ヘリコプターは、まるでスズメバチの攻撃のように勢いよく地上に向かった。岩陰から、白い毛で覆われた生き物が驚いて飛び出してくる。そして湾の外縁の、薄い氷のほうに向かって飛び跳ねるようにして逃げていき、海に飛び込んだ。上空で、ヘリコプターが威嚇するようにブンブン音を立てている。

ウィニペグからのチャーター便でチャーチルに着いてから、まだ一時間も経っていないのに、私はもうホッキョクグマを目にしていた。前回、この地を訪れたときには、あの排便している雌グマ一頭しか見ることができなかったので、いつかこのツンドラの町を再訪しなければと思っていたのだ。今回は失敗をしないように、前回よりも三週間早く、ハロウィーンよりも前に北をめざした。ホッキョクグマが湾に向かう前に、その姿を見るためだ。私は、国の史跡であるメリー岬へ向かった。岬のすぐ近くでは、新しい海洋気象台の建設が始まっていた。車を運転していると、たまたま道ばたに保全担当官のトラックが止まっているのを見つけた。そして、ヘリコプターの音が聞こえてきた、というわけである。

こうしよう、と決めて動いているホッキョクグマを抑止するのは、容易ではない。グリズリーは訓練したイヌを使えば何とか追い払えるかもしれないし、アメリカクロクマは鍋や釜でガラガラ音を立てれば木から下りてこないかもしれない。だがホッキョクグマの場合には、たいていは大型の銃器が必要になる――ヘリコプター、ゴム弾を装塡（そうてん）したライフル、スノーモービル、照明弾などが要る。その朝、沿岸をパトロールしていた六名の保全担当官は、二歳の雄グマに対処していた。その年に母親のもとを離れたばかりのクマである。なわばりや雌をめぐる攻撃をいとわない、体の大きなおとなの雄を避け、クマの世界で自分の居場所を見つけようとしている最中だ。

しかし、この若いクマは場所の選び方が下手だった。ここは町からあまりにも近すぎる。野生動物管理当局が、都市計画地域に次ぐ対処優先地域に指定しているエリアだ。チャーチルの大通りまでは三キロメートルもない。若いホッキョクグマなら、わずか五分で着いてしまう距離である。そのうえ、海洋気象台の建設作業員が、すでに現場に入っていた。彼らに雇われたクマ対策の警備員（ベア・ガード）――ライフルを担いでヘリコプターを誘導していた、あごひげの男性――がシロクマを目撃し、町の年中無休ホッキョクグマホットライン[83]に連絡したというわけだった（保全担当官のもとには、町周辺のクマに関して、毎年、最大三〇〇件もの連絡が入るという）。

私は、ヘリコプターがふたたび降下するのを双眼鏡で見ていた。その頑固なクマは、また姿を現わし、湾に戻ろうか近接するチャーチル川にまっしぐらに進もうか、迷っているようだった。川には厚い氷が張っている。クマが逡巡（しゅんじゅん）している間に、カンジキウサギが岩間から飛び出した。警備員（ベア・ガード）がクマに向けて照明弾を何発か発砲した。クマが川に向かってくれれば、チャーチルの町から遠ざかる。もしかしたら、クマは逃げ去るだけでなく、この嫌な体験を人間と関連づけてずっと覚えているかもしれない。ヘリコプターがまた向きを変えて、クマのほうに向かっていく。意図的に混乱状態をつくり出しているのだ。チャーチルの人口とホッキョクグマの数がほとんど同じという状況にあって、これは共存のために必要な手段なのである。

チャーチルの「ホッキョクグマ警戒プログラム」の本部は、少し角張った薄緑色の建物にある。町で唯一の銀行と郵便局も入っている建物だ。ここの郵便局に行けば、観光客はパスポートに「ホッキョクグマの都」というスタンプを押してもらえるので、今後の入出国審査のときに審査官に自慢ができる。私は、ホッキョクグマの管理について話を聞くために、前日にメリー岬にいた保全担当官のひとりと会う約束をしていた。まだ昼間だし、その建物は宿泊しているホテルからほんの数ブロックの場所にある。だから、歩いていっても大丈夫だろうと考えた。

降り積もったばかりの雪をブーツで踏みしめるたびに、キシキシと音がする。私は一歩一歩、ゆっくり歩いて、食料雑貨店〈ノーザン・ストア〉の前を通った。この店では、スイカが一個二〇ドル以上もする。それから〈シーポート・ホテル〉、二〇一八年に焼失したパン屋〈ジプシーズ〉[84]の黒こげの跡地、金物屋の前を過ぎて、住宅の建ち並ぶ通りに入った。一九七〇年代の公的集合住宅を思わせるアパートの壁には、高さ約八メートルにもなる奇妙な幾何学模様のホッキョクグマが描かれている。永久凍土層に触れないよう高床式に建てられた小屋の軒下では、毛がふさふさのギンギツネが休んでいた。私は不安にかられながら、遠く向こうの暗い海を見た。コバルトブルーの空が、泥炭の湿地の秘密を隠している。白く動いて見えるのは、クマかもしれないし、雪の吹きだまりに突風が吹いて雪が舞っているだけかもしれない。帽子の縁まわりの毛のせいで視界がさえぎられ、音も聞こえにくい。不安と緊張で体が硬くなる。通りには、ほかにだれもいない。町に入り込んでいるクマがいたら、格好の餌食だ。私は歩を早めた。

クマに襲われることなく事務所に到着すると、ちょうどアンドリュー・スクラルクが小型トラックを停めているところだった。色白の肌をした中年の男性で、赤毛の髪が少し薄くなっている。スクラルクに案内されて玄関を抜け、休憩室でコーヒーを飲んで体を温めている職員たちの横を通って、小会議室に入った。壁際にガラスの陳列棚があり、足くくり罠や、銃、鎮静剤など、昔の管理活動に使われた品々が並んでいる。ホッキョクグマ警戒プログラムは、チャーチルのホッキョクグマに対処することを任務とする政府機関だ。通常は六名の職員でチームを構成するのだが、今年は人手が足りず、マニトバ州北部の別の地域からスクラルクが派遣されて指揮を執っている。「昨日のクマはどうなりました？刑務所行き？」と、私は彼に尋ねた。この場合、刑務所とは、政府が運営するホッキョクグマ専用の拘置設備D－20のことだ。その昔、軍用航空機の格納庫として使われていた、凍原に建つ建物である。一九八〇年代の初めに開設されたこの施設[85]には二〇の檻があり、問題を起こしたクマは、海氷が形成されるまでの間、ここに収容される。「いいや、昨日は一頭も拘束しませんでしたよ。それでも、本当に忙しい一日でした」と、スクラルクは答えた。「今年一番の忙しさでしたね。前の晩に五回も電話が鳴ったんです。町内に三頭もクマが出没して、全部追い出すのに、真夜中から朝の八時までかかりました。あのクマは戻ってきてしまったので、ヘリコプターを使わざるを得ませんでした」。クマがようやく立ち去るまでに、三時間以上かかったそうだ。

ホッキョクグマ警戒プログラムの前身は、一九六〇年代に創設されたホッキョクグマ管理プログラム[86]である。当初は、チャーチルのごみ捨て場に引き寄せられて町に入ってくるクマをほぼすべて銃殺していた[87]（ホッキョクグマも、南方に棲む仲間と同じで、質の良いごみ捨て場が大好きである）。しかし、このやり方の評判が悪くなると、プログラムはクマを殺さない方法を用いるようになった。ホッキョクグマを刑務所行きにするのだ。「二年に一度は、檻が全部埋まるという感じですね」。スクラルクが会議用の大型机の上で統計資料をめくりながら言った。彼は椅子をくるくると回転させるのだが、後ろの壁に、かなり大きなホッキョクグマの毛皮が飾ってある。だから話していると、どうしてもその毛皮のクマの頭も目に入ってしまう。刑務所は、開設以来二三〇〇頭のホッキョクグマを収容してきたという[88]。一度に収容できる数を増やすために、檻の数は当初よりも八つ増えた。そのうちの五つには、チャーチルの気温上昇を配慮して空調設備が導入されている[89]。「できるだけ満室にならないようにしています。クマが何頭出没するかわからないので」。収容中のクマには、寝床用の木の削りくずと飲み水を与えるが、食料は与えない[90]。人間と食料の関連づけを避けるためだ。それにどのみち、クマは絶食中なのだから。

ジャーナリストがホッキョクグマ刑務所に入ることは許されない。どんなに頼んでも無駄である――私自身がそのような経験をした。広報窓口に期待できることといえば、この設備に関する政府のビデオ資料と、よくある質問とその回答を集めたパンフレットくらいのものだ。「檻は何でできていますか[91]」という質問に対して「壁は鉄筋コンクリートブロック、ドアと天井は鉄柵です。床はコンクリートで、排水管が設けられています[92]」という回答が書いてある、という程度のものである。ビデオ資料を見る限り――そして恨めしく思いながら、かまぼこ形の航空機格納庫（壁には白いペンキで、巨大なホッキョクグマが眠っている絵が描かれている）を道ばたから凝視して想像するに――刑務所のなかはだだっ広い馬小屋のようになっているのだろう。捕獲された時期によって、収容期間は数日のこともあれば、数週間に及ぶこともある。湾が凍る数日前、ホッキョクグマ警戒プログラムの隊員たちはクマに鎮静剤を打ち、チャーチルから北に約八〇キロメートルの地点までヘリコプターで運び、湾に向かって伸長しつつある氷の端にクマを放す[93]。収容後に解放されるクマは、肩のこぶのところに緑色の家畜用マーカーで印がつけられる。クマが移送される日には、地元の人たちが出てきて、ホットココアを飲みながら、冬に向けて旅立つクマたちを見送ることも多い。「だいたい毎年、三〇～五〇頭のクマに対処します」とスクラルクは言う（対処するというのは、隊員の誰かがクマに触れる機会があるという意味だ）。だが、数十年前とは異なり、クマを殺処分することはほとんどない。一九七〇年と二〇〇四年を比較すれば、人間とクマとの軋轢は増加しているが、一九九九年以降は、明らかな増加傾向は見られないという[94]。要因はいくつか考えられる。まず、町内にクマを引き寄せていたごみ捨て場が、二〇〇六年に閉鎖された[95]。次に、ホッキョクグマの個体数が著しく減少した。そして最後に、野生生物管理当局の管理手法が改善されたのだ。ヘリコプターなどを使って早期に介入することで、チャーチルの町はほとんどのクマに先手を打てるようになった。近年は腹をすかせたクマが町の近郊をうろつく期間が長くなっているうえ、今後数十年のうちに、やせ衰えたクマたちが難を逃れてハドソン湾のツンドラ地帯に集まってくることも予想される。そうした状況を考えれば、早期介入は必須である。

〈ツンドラ・バギー一号〉の後部で、ジェフ・ヨークは横長レンズのメガネ越しに目を細め、コンピュータの大型モニタをにらんでいた。画面にはこの地域の衛星画像が映し出されている。ヨークはポーラーベア・インターナショナルの保全部門のシニア・ディレクターだ。すらっとしたスポーツマン体形の人で、バギーが何の前触れもなく急に前に傾いてもバランスを保つことができる。寒さであかぎれのできた指が、制御装置の上で止まっている。地図上を、色のついたいくつかの四角がゆっくりと動く。観光客を乗せて付近を走る六台ほどのバギーを表すマークだ。「もとは軍事用の機械だったんですよ」とヨークが説明してくれた。「ぼくらは〝ベアダー〟と呼んでいます[96]」

ヨークは、ほぼアラスカのホッキョクグマの研究一筋だが、毎年、ホッキョクグマが移動をする時期にはチャーチルにやってくる。最近の研究テーマは、人間とホッキョクグマとの軋轢についてである。先に述べた、過去一四五年ぶんのホッキョクグマと人間の衝突について整理した論文の共著者であり、そうした衝突を減らす国際的な取り組みであるホッキョクグマ生息国衝突作業部会の議長を務めた経験もある。彼は常に新しい解決策を求めていた。そうして見つけたのが、軍が脅威を特定するために開発した新しいレーダーシステムだった。ヨークはこれをベアダーと改称し、ホッキョクグマを発見するように、システムに教え直しているのだ。そのうちに、ベアダーがホッキョクグマを検出・追跡し、その位置を野生生物管理官に教えるようになるはずだ。そうすれば、管理官は即座に行動を開始し、クマがチャーチルにそれ以上近づかないうちに追い払うことができる。ベアダーは、凍原の上にある観光客向けの高級ホテル〈ツンドラ・バギー・ロッジ〉の屋根に、カメラとともに設置されており、レーダーが何かを検知したら、すぐにカメラがねらいを定めるようになっている。

ヨークは、ベアダーのシステムに、ツンドラによく現れる物体――キツネ、クマ、観光客を乗せたバギー――を区別するように教えている。まだ、カリブーや小型動物を識別するのは難しいが、「まあでも、カリブーをクマと誤認して警報が鳴ることがあっても、大した問題ではない」と言う。ベアダーは、〈ツンドラ・バギー・ロッジ〉の屋根に設置される前はチャーチルのコミュニティセンターに設置され、そこでは人間やスノーモービル、イヌの識別について機械に覚えさせていた。レーダーの重要な利点は、探知距離が約四〇〇メートルに及ぶことだ。「裸眼で一〇〇メートルくらいしか見えないなら、クマを発見できません」と、ヨークは説明する。雪、暗闇、風――レーダーシステムは、これらをすべて通過する。レーダーシステムに手を加えれば、光の点滅や大きな音によって、好奇心旺盛なクマをびっくりさせることもできるかもしれない。ヨークたちは面白半分に、そんなことも考えている。そうすれば、近くにいる歩行者にもクマがいることがわかるだろう。グリーンがハロウィーン・パーティーから帰るとき、そのようなシステムが機能していたら、彼女は被害を受けずに家に戻れていたかもしれない。殺処分された二頭のクマも、死なずにすんだはずだ。

ヨークは、長期的には、ベアダーもしくは類似の技術を、北極圏のほかの地域に導入したいと考えている。チャーチルで試行を始めたのは、単にホッキョクグマがたくさん通るからで、襲撃数がもっとも多いからではないのだ。隣のヌナブト準州では、二〇一八年にふたりの男性が、それぞれ別の事件で、ホッキョクグマに襲われて死亡している。[97] その後数週間のうちに、ヌナブト準州アルビアト近郊の、ひとりめの男性が殺された場所の近くで、五頭のホッキョクグマが殺され、その場に放置された。[98] 地元の猟師たちは、政府がその年にキヴァリク地域に割り当てた一二の狩猟許可証をすでに使い切っていたから、[99] この五頭は違法に撃たれたことになる。クマによる襲撃は、地域の人々の苦悩と憤りに拍車をかけたのだ。イヌイット族の人々は、狩猟の制限を緩和し、狩猟許可の割り当てを増やすよう、政府に強く迫った。[100] カナダでは、多くのイヌイット族の集落が、ホッキョクグマの個体数は増加していると主張しており、逆の傾向を確認している欧米の科学者たちとの間に緊張が生じている。ベアダーは、この両者の溝を埋めることができるかもしれない。ヨークがこうした技術を役立てたいと思っているのは、アルビアトや、ノルウェーのスバールバル諸島のロングイェールビーンなどの地域だ。[101] ロングイェールビーンでも、二〇一一年以降、クマによる死亡事故が二件、起きている。

しかし、ベアダーは、小さな問題を解決する手段にすぎない。管理目的での殺処分や、復讐のための殺害を減らすことにより、ヨークたちは数十頭のホッキョクグマの命を救うことができるかもしれないが、現場での取り組みによってホッキョクグマを絶滅から守ることはできない。ホッキョクグマの生存に対する真の脅威は、気候変動なのである。「彼らの生息地である氷の世界が、永遠に消えようとしている」と、ヨークがため息まじりにつぶやいた。バギーの外では風がうなっている。「私たちは、大惨事がスローモーションで進むのを見ているのです」。ホッキョクグマを救うためには、人間はこの一〇年のうちにすばやく方向転換をしなければならない。そうしなければ、間に合わなくなるだろう。たとえば、明日、温室効果ガスの排出を完全に止めたとしても、すでに大気中にある温室効果ガスが減少し、氷が過去と同レベルにまで回復するには何十年もかかる。熊胆の流通は、いつかは食い止めることができるだろう。森林の保全や再生も可能だ。鉱山も封鎖することができる。だが、氷を守り、そうしてホッキョクグマを守るには、途方もない努力が必要になる。

ならば、ホッキョクグマはどうなってしまうのだろう？

氷と雪から生まれた動物の存在が、北極を特徴づける。これは寓話の上ではなく、語源の上での事実だ。英語で北極を意味するArcticの語源は、ギリシャ語のarktos、つまりクマである。クマの存在が、生命のリズムを定める。魚やアザラシ、セイウチの盛衰を決めるのだ。シロクマがいなければ、食物連鎖はとがった頂点を失って平坦になり、やがては崩壊してしまうだろう。捕食動物がいなくなっても、その獲物が繁栄することはない。なぜなら、その獲物も氷と寒冷な気候に依存しているからだ。

ホッキョクグマが、今世紀末を越えて長く生き延びる可能性は低い。いま、ホッキョクグマは白鳥の歌〔伝説で白鳥が死ぬ間際に歌うという美しい歌〕の高音の調べを歌っている――この世界から永遠に姿を消す前の、最後の叫びを上げている。まもなく、カナダ北部の北極圏地域を闊歩する偉大なる白いクマは「あり得ない存在」に戻ってしまうだろう。

もちろん、解けてしまった故郷から遠く離れ、動物園で暮らすホッキョクグマは残ると思われる。だが、動物園の檻のなかで首を単調に左右に揺らすシロクマを見る人たちが、かつて北極がどんな場所だったかを理解することはない。地球上の生物のなかでもとくに気高く、特別な適応をした動物が安全に暮らしていた氷の世界を知ることはないのだ。未来の北極は、高速航路が通り巨大鉱山が存在する場所になる運命のようである。それらが発するまぶしい光が北極の夜を切りさき、北の地らしさの最後の痕跡を——光と闇が織りなす永遠の踊りを——なきものにしようとしている。そしてホッキョクグマは、まるで氷に堅く閉ざされてしまったかのように、人類共通の記憶として刻まれることになる。

これは、北極にクマがいなくなるという意味ではない。世界が温暖化するにつれ、ツンドラに生えるコケ類や地衣類は低木に取って代わられるだろう。抑制するものがなくなれば、亜寒帯林は一気に北に広がって範囲を拡大し、融解した凍土に入り組んだ根を伸ばしていくと思われる。カラマツやトウヒの木々が、消えゆくツンドラをわが物にするかもしれない。それも、焼失するまでの間だけだが。そして緑に覆われた大地を、ヒグマたちが北に向かって歩きだすのだ。そう、何十万年も前に、その祖先が初めて海のそばに避難したときのように。ただし、その海には、もう氷もなければアザラシもいない。だから、海がヒグマを別種に変容させることはない。

このクマの移動は、すでに始まっている。「グリズリーは数百年の間、生息域が縮小していたが、いまはあらゆる方角に生息域が拡大しつつある」。〈ツンドラ・バギー〉でアンドリュー・デロシェールと話をしたとき、私はそう教わった。グリズリーがモンタナ州の平原に生息域を広げ、イエローストーンと大陸分水嶺北部の個体群の間の距離が狭まりつつあるのと同じように、グリズリーは極地ツンドラにも進出しつつある。デロシェールは最近、チャーチル東部の、町からさほど離れていない場所での調査中に、海氷の縁にいるグリズリーを目撃したと言っていた。「あの地域でグリズリーを見たのは初めてだった」。カナダ北西準州の北極諸島西部では、二〇一〇〜二〇一四年に一六頭のグリズリーが捕獲または目撃され、そのうちの一頭は約二四キロメートル沖合の海氷上にいた。[102] ロシアのウランゲリ島（北極海に浮かぶ北緯七一度の島）でも、二〇一九年七月に、島を歩くヒグマが初めて自動撮影カメラで撮影されている。[103] 昔の探検家の報告を見ても、この極寒の地域にあるへんぴな島でヒグマを見たという話はまったく出てこない。

二〇一二年四月には、さらに奇妙な目撃情報がもたらされている。政府機関の科学者ふたりが、ホッキョクグマに衛星発信機つきの首輪をつけるプロジェクトの一環で、カナダのビクトリア島付近、北極圏の限界線からかなり内側に入った地域を飛行していたときのことだ。窓の外を見ると、グリズリーが、ホッキョクグマのようなクマと一緒に海氷上を歩いていた。[104] だが、それはホッキョクグマではなかったのだ。

グリズリーの生息域拡大は、興味深い新現象をもたらした。二〇〇六年、米国アイダホ州に住む六六歳の猟師ジム・マーテルが、カナダ北西準州のバンクス島南端でガイドを伴ってホッキョクグマの狩りに出かけ、世にも珍しいクマに遭遇した。[105] そのクマのクリーム色の毛にはところどころにうっすらと茶色い部分があり、蹴爪は長く、背にはこぶがあって、顔は少しくぼんだ皿のような形をしていた。マーテルは引き金を引いた。そのとき、そこから一三〇キロメートルほど南の研究基地にいたデロシェールは、イヌク族の猟師が無線でマーテルのガイドと話をしているのを耳にした。[106] ガイドは、マーテルが何を撃ったのか瞬時にわかったという。[107]「ピズリー」だ。

　ヒグマとホッキョクグマが分岐したのはそれほど昔ではないため、この二種は異種交配し、雑種を生ずることができる[108]（polar bear と grizzly の雑種なので、pizzly（ピズリー）と呼んだり、grolar（グロラー）と呼んだりする）。ライオンとトラから「ライガー」が、ウマとロバから「ラバ」が生まれるのと同じである。だが、ホッキョクグマとグリズリーから生まれた雑種の雌には繁殖力がある。ピズリー同士が交配し、さらにピズリーを増やしていくことができるのだ。マーテルが仕留めた個体——世界初となる野生の雑種の証拠[109]——は人々の想像力を刺激した。気温上昇に後押しされてグリズリーが北方へ移動することにより、近い将来、広範にわたり雑種が見られるようになるかもしれない、という仮説も登場した。二〇〇六年に最初のピズリーが報告されたあと、極地ツンドラを徘徊する複数のピズリーが目撃されている。[110] 政府機関の科学者が見た、あのグリズリーにぴったりついて歩く「ホッキョクグマ」も、そうしたピズリーの子孫ではないかと推測された。だが、のちにこれらの雑種についての研究が進むと、北極に広がっていた雑種の波は、なんと雌のホッキョクグマただ一頭の、グリズリーに対する風変わりな性的嗜好[111]に起因することが判明する。四頭のピズリーがこの雌の子であり、それ以外は孫だったのだ。明らかに、その雌グマはグリズリーがお好みだったようだ。

未来の北極では雑種のクマが優位を占めるようになるかといえば、それは疑わしいとデロシェールは考えている。生息域を拡大している種において先陣を切るのは、ほぼ必ず雄である。グリズリーの場合にも、科学者たちが確認しているのは、基本的には雄グマが北極に進出し、雌のホッキョクグマと交配しているということだ。だが、ホッキョクグマは、そうした異種交配よりもはるかに速いペースで姿を消す可能性が高い。そのうえ、ホッキョクグマはヒグマから進化した種であるため、ピズリーとグリズリーの交配が続けば、やがてはヒグマの遺伝子が優位になるだろうとデロシェールは言う。つまり、雑種はグリズリーに戻ると予想される。この現象は、かつてアラスカのABC諸島に生息していたホッキョクグマの間ですでに起きている。「気候の温暖化に伴って、ほとんどのホッキョクグマはABC諸島を去るか死んでしまい、残った個体の遺伝子はヒグマの遺伝子に圧倒された」のだと、デロシェールは説明する。

結局は、「グリズリーの生息域が拡大するよりも速く、ホッキョクグマの生息域が縮小するかどうかという、競争のようなものだ」とデロシェールは言い、こう続けた。「でもぼくは、この勝負はホッキョクグマが大敗を喫すると思う。代わりに、グリズリーがカナダ北部の北極圏地域を支配することになるだろう」

# 終章

［熊に追われて退場］
——シェイクスピア『冬物語』（松岡和子 訳、筑摩書房）

大昔のある時点に、人類とクマは分かれ道の前に立った。そして人類は一方の道を、クマはもう一方の道を選んだ。地球上に残された足跡から、両者の選んだ道を見分けるのは難しい。だが、その分岐点以降、両者の物語は異なる展開を見せる。人口は爆発的に増えた。クマの個体数は伸び悩み、坂を転げ落ちるように減っていった。その分岐点以降、人類とクマが出会う場所で苦しむのは、もっぱらクマだった。

クマは何千年にもわたり、私たちとともに歩んできたが、これから先もそうであるという保証はない。二一〇〇年には、世界人口は一一〇億人近くになると予測されている〔国連による二〇二四年版の推計では一〇二億人とのこと〕。人口がひとり増えれば、そのぶんだけ自然界の危機は悪化する。農業の拡大のために、より多くの森林が切り開かれる。大気中に放出される二酸化炭素やメタンなどの温室効果ガスも増える。そして新しい世代の人々が、昔と同じように、大型捕食動物を絶滅に追いやりたいと思うほど恐れることもありうる。

人間は、そうしたいと思えば、野生生物に対してとても哀れみ深く、愛他的になれることも確かである。人間は、グリズリーが安全に渡れるように、幹線道路上に樹木の育つ「歩道橋」を整備し[1]、アメリカクロクマが厄介事に巻き込まれないように、何十種類ものクマ対策ごみ箱を設計してきた。そして、ナマケグマが必要とする環境に近づけるために、人工的な水源や、アリ塚、巣穴をつくっている。私はクマの保護に取り組んでいる人たちを探して世界中を回り、そして出会った。張和民は、パンダの繁殖と野生復帰の方法を見いだすために一生を捧げてきた。将来、気候変動の影響で竹林が枯渇するようなことがあれば、それらの方法はきわめて重要になる。ニシト・ダライヤとアーズー・マリックは、インドのグジャラート州に生息するナマケグマが必要とする水についての調査を、強い意志を持って進めている。ボルダーのベアシッターズは、週末を返上して腹をすかせたアメリカクロクマを見守っていた。アニマル・アジアのタムダオ・クマ保護センターにいるベトナム人スタッフの数は、私がフントゥオン村で会ったクマ農場主の数よりもはるかに多かった。そして、ジェフ・ヨークは、軍のレーダーシステムを調整して、救えるだけのクマを救おうと、諦めずに取り組んでいる。

だが、気候変動や人口増加、生息域の消失に対処するのは、そうした取り組みよりも難しい。一度失われた氷や雲は、簡単には戻ってこない。それに、熊胆の流通はいつか止めることができるかもしれないが、ヒンドゥークシュ・ヒマラヤ山脈に広がるツキノワグマの生息域は、温暖化の影響により、今世紀末までに大部分が失われる可能性が高いと、科学者たちは指摘している。[2] 同様に、マレーグマも、野生生物取引から逃れることは可能かもしれないが、アブラヤシのプランテーションの拡大とともに生息地の森は消えていく。私たちが消費のあり方を変えないかぎり、グローバルサプライチェーンの需要を満たすために、森林は破壊され続けるのだ。

雲霧林から海氷に至る「クマをめぐる旅」を終えたとき、私は思った。今世紀末を越えて繁栄し続けることが約束されているのは、アメリカクロクマ、ヒグマ、そしてパンダの三種だけのようだ。未来は、まさにおとぎ話のように、『三びきのくま』の世界になるかもしれない。

クマが生きられる場所を確保できなければ、未来の世界では、多くのクマがガラスの向こうにしかいなくなる。クマを失うということは、常に人類の歴史とともにあった、美しくも複雑な関係性も消えてしまうということだ。祖父であり、おじであり、母親であり、呪医であり、教師であったものを失うことになる。そして、ある意味においては、私たち自身の野性の一部も失われるのだ。クマがいなければ、森も、物語も、空しく虚ろなものになってしまうだろう。

# 謝辞

クマは八種しかいないが、そのクマたちを守ろうと奮闘している人は何百人もいる。そして私は、本書を書くにあたり、そうした多くの人たちと出会う幸運に恵まれた。

私は、専門家の諸氏が研究や知識を共有してくれたこと、そしてクマを追う彼らの後を、私がついて歩くのを許してくれたことに、深く感謝する。サンティアゴ・モリナ・プロアーニョ、ベッキー・ズッグ、ロドリゴ・シスネロス、ロドリゴ・タピア・カストロ、マヌエル・アントニオ・モラレス・マイト、フランシスコ・サンチェス・カルステは、エクアドルのアンデス山脈でメガネグマを探して歩く際に案内をしてくれた。ペルーでは、ラス・ヴァン・ホーン、デニセ・マテオ・チェロ、カリーナ・ヴァルガスというすばらしい科学者たちが、一緒に雲霧林を歩いてくれた。また、ニシト・ダライヤ、ハレンドラ・バルガリ、ジーナル・ヴァジリンカール、アーズー・マリック、タヒール・アリ・ラザー、そしてインドの動物保護団体ワイルドライフSOSのスタッフには、念入りな原稿の事実確認だけでなく、幾度となくチャイを囲んで親切に接してくれたことに感謝する。私が子どものころに感化を受けた人物のひとりでもある、動物保護団体アニマル・アジアの創設者ジル・ロビンソン、そしてベトナムのアニマル・アジアのチュアン・ベンディクセンとそのほかのスタッフ、動物福祉団体フォーポーズ・インターナショナルのジョハナ・ペイナー、クレア・ラフランス、そのほかのスタッフ、クマ農場の廃止に取り組むフリー・ザ・ベアーズのロッド・マビン、ズン・グエン・ヴァン、ネブ・ブローディス、ブライアン・クラッジ、ガー・ルンには、本書に関する支援だけでなく、世界中のクマ農場にいるマレーグマとツキノワグマを保護区に送り届けたいという揺るぎない思いと不屈の努力に感謝したい。張和民、王大軍、マーク・ブロディ、ロン・スウェイスグッド、グレッチェン・デイリーは、パンダと中国の保全活動についての知識を共有してくれた。ジェフ・ヨーク、アンドリュー・デロシェール、スティーブン・アムストラップ、アニー・エドワーズは、北極の現場の最前線で活躍している。クマについてさまざまな議論を交わした人たち、クリス・サービーン、ピーター・アラゴナ、ジェフ・ミラー、ノア・グリーンウォルド、ジャック・オルフカ、ジャスミン・ミシュバニアン、トリーナ・ジョー・ブラッドリー、ファビアン・ロダス、マシュー・クラーク、ルイーザ・ウィルコックス、デイビッド・マットソン、スザンナ・ペイズリー、マイケル・モーエン、ピーター・モルナー、スティーブ・ウェスト、カール・ラッキー、ジョン・ベックマン、スティーブ・ミッチェル、ビル・ハント、ジェニファー・ボンク、ヘザー・ジョンソンにも感謝の意を表する。

コロラドでは、ボルダー・ベア・コーリションの創設者ブレンダ・リーが、ボルダーの界隈にいるクマについて教えてくれた。彼女のおかげで、ボルダー・ベアシッターズのメンバーとともにクマの見張りをする機会をたくさん持てたのも、懐かしい思い出である。コロラド州南西部のデュランゴでは、ブライアン・ピーターソンが、コロラド大学ボルダー校で修士研究を進めていた私に、アメリカクロクマに対するごみの影響について早期にアドバイスをくれた。

マイケル・コダスは、私の人生と職業に大きな影響を与えた人である。コロラド大学ボルダー校で私の修士研究のアドバイザーであっただけでなく、自らのアリゾナへの取材旅行に私を同行させてくれ、ジャーナリストのあり方を教えてくれた。いまも続く彼の支援と友情は、私にとってかけがえのないものである。

このほかにも、私が本書の着想を得た早い段階から、多くの人がそれを実行するように熱心に勧めてくれた。ジェームズ・バロッグは、私の友人であり、模範であり、仕事を始めたばかりのころのよき相談相手で、本書を書くよう励ましてくれた。優れた編集者であるサラ・マスグレーブは、八種のクマ(エイト・ベアーズ)は「十分に扱える数だ」と言って、あふれんばかりの熱意を示しただけでなく、パンダの調査のために私を中国に派遣してくれた。トム・ユルスマンとケビン・モロニーは、コロラド大学ボルダー校で、私の修士研究の指導に手を貸してくれた。そしてスーザン・J・トゥエイトは、二〇一六年に、コロラド州サライダで、私にとって初めてのライティング・レジデンシー〔作家が一定期間、ある場所に滞在して創作活動に励むこと〕の機会を与えてくれた。その滞在地は、私にとって「テラフィリア」〔地球に対する愛情とつながり〕が感じられる場所であった。私はそこで、本書のアイデアを深める作業を始めたのだった。

　本書の取材と執筆に要した数年の間、多くの友人が私を支え、助けてくれた。中国四川省の文化のなかをさまよい、現地で道を歩く私を元気づけてくれたのは、アルギルダス・バカスとカイル・オバーマンだ。カイルは中国語が堪能で、「パンダの父」張和民と話す際に重要な役割を担ってくれただけでなく、本書を書く際に中国語の翻訳もしてくれた。ほかにも多くの友人たち――ビクトリアの事務所の友人エリカ・ギースとピーター・フェアリー（とマオ社長）、シアトルのジェス・チェンバレン、レイキャビクのスヴァヴァル・ヨナタンソン、サンフランシスコのアリシャ・ソムジとアニッシュ・ビデ――が、空き部屋を貸してくれたり、温かい言葉をかけてくれたりして、本書の執筆に伴う移動を支えてくれた。

　ほかにも、レイランド・チェッコ、ジャンマルク・ペレルミューター、アレックス・カルモナ、ケスリー・シンプキンス、ショーン・スイングラーが、査読者として協力してくれた。ベン・ゴールドファーブ、リンジー・ボーガン、デイビッド・バロン、スコット・カーニーは、自分が本を書いたときの経験を話してくれた。シャロン・ガイナップ、レイチェル・ヌワー、クマール・サンバフ、ケイティー・ダイグルは、旅行や編集に関する助言をくれた。そしてナオミ・フリスとマイシャ・ムーンは、私が執筆に行き詰まると、一緒にワインを（数本）飲み、パブクイズ〔パブやバーで行われるクイズイベント〕や夜の映画鑑賞に誘ってくれた。

本書を形にしていくうえでもっとも強い影響を受けた出来事は、二〇一九年一一月、カナダのバンフ芸術創造センターのマウンテン・アンド・ワイルダネス・ライティング・レジデンシーへの参加だった。私のメンター（指導役）だったハーレイ・ラスタッドは、自然世界に対する愛を語り、思慮深く説得力のあるフィードバックをくれたので、スムーズに方向性を決めることができた。彼は、本書の執筆過程をとおして、信頼できる親しい友人かつ応援団であり続けてくれただけでなく、カナダのポート・レンフルー・ライターズ・リトリートに滞在して執筆に取り組む時間を確保してくれた。バンフ・センターでのライター仲間の面々、トニー・ホイットム、マンリ・ジャクソン、マリア・コフィー、ブライアン・ホール、ルイーズ・ブライト、マイケル・ケネディー、ケイト・ラウルズ、リアノン・ラッセル、マルティーナ・ハリック、キャサリン・レオナルドへの感謝も一生忘れない。私たちの友情と創造的協力は、レジデンシーの期間で終わることなく、新型コロナウイルス感染症の世界的大流行に伴い外出が制限された時期においても継続した。私たちは毎月ズームミーティングを行ない、自分たちの本について議論した。この友人たちのおかげで私は作業を続けることができ、世界中が閉鎖しているように感じられる状況でも頑張る勇気をもらうことができた。

私のクマについての文章を掲載し、支援してくれた、『ワルラス』、『ナショナルジオグラフィック』、〈イエール・エンバイロメント360〉、〈バイオグラフィック〉、『アドベンチャー・ジャーナル』、『アン・ルート』、『ハイ・カントリー・ニュース』の各誌に感謝する。

エイミー・バン・デン・バーグへ、大西洋を越えて行動をともにしてくれた、その多大な労力と友情に感謝する。

本書の価値を当初から認め、出版社に売り込んでくれた私のエージェント、ウェンディ・ストロスマンに心からの謝意を表する。

編集を担当してくれたマット・ウェイランドへの感謝の思いは尽きない。彼は、この「クマをめぐる旅」に命を吹き込むうえで、完璧なパートナーだった。会ってすぐに、彼が本書について同じビジョンを持つ人であることがわかった。優しく、説得力のある文章を書き、八種のクマを愛する彼のおかげで、執筆と修正に楽しく取り組むことができた。ありがとう。

私が山と、そこに棲むすべての野生生物が好きになったのは、祖父母がきっかけを与え、その気持ちを伸ばしてくれたからである。

私は、バーンスタイン・ベアーズから、ヨギ・ベア〔アメリカのクマのキャラクター〕、くまのプーさんまで、クマのおとぎ話や物語に囲まれて育った。最後になるが、そんな環境を与えてくれた両親に感謝の気持ちを伝えたい。そして、ロッキー山脈でキャンプをしているときに、人を襲うグリズリーの話をして、私が怖がるのを楽しんでいた兄にも感謝する。そうした人殺しグマの話や絵が、クマに対する生涯をとおしての強い関心につながり、本書が生まれたのだ。私の「クマをめぐる旅」は、最初から最後まで、家族の愛、支援、そして熱意に支えられていた。

# 解説

山﨑晃司（東京農業大学教授）

本書は、現生のクマ八種について、著者であるグロリア・ディッキー氏が実際にその生息地に足を運び、現地のクマ関係者に丹念な取材を行なったうえで執筆されたものである。読了して強く感じたことは、軽妙でユーモアに富んだ文章で書かれた親しみやすい普及啓発書でありながら、たくさんの文献や書籍を読破したうえで丁寧に書かれた、しっかりした科学書ということである。読者が、より詳細な情報を確認したいと思った場合は、巻末の引用文献を孫引きすることで容易にそれが可能である。

本書に記述されている国際クマ会議は、International Association for Bear Research and Management（https://www.bearbiology.org/about/）が主催する定期学会と想像できる。同組織では三年に一回の割合で国際学会を北米とユーラシア大陸で交互に開催しており、二〇二四年九月にはコロナ禍以来久しぶりに対面での学会が、カナダのエドモントンで開催された。日本でも二〇〇六年に長野県で開催されている。本書に登場するそれぞれのクマ生息地のキーパーソンたち、たとえばペルー、エクアドル、インドネシア、インド、ベトナム、カナダ、アメリカなどのクマ研究者や保全関係者は、この学会の常連であり、私自身も交友がある人々が多い。本書を読み進めながら、彼ら彼女らのクマに関する熱意ある取り組みが思い浮んだ。ちなみに、国際クマ学会では中国のパンダに関する発表はほぼ皆無なことをずっと不思議に思っていたが、その疑問は本書を読んで解決した。理由は、ぜひ本書に書かれたパンダに対する中国政府の基本的スタンスから想像していただきたい。

国際クマ学会では、これまでクマ類の飼育個体やその福祉についてはあまり触れない雰囲気があった。それは、飼育されているクマのレスキューや飼育環境改善に限られた予算を使うよりは、急速に姿を消しつつある目の前の野生個体やその生息環境の保全に投資を優先すべきという考え方があったからである。そのため学会での発表は、クマ類の生理や生態に関するテーマが主流を占めた。たまに、飼育個体（たとえば熊胆採取目的の狭いケージでの飼育グマや紐でつながれた踊るクマなど）の福祉に関するＮＧＯによる発表は、目を覆うような傷害や疾病を負ったクマの写真が多く提示され、科学というより感情に訴える印象が強かったこともある。しかし、本書に散りばめられて提示されたそれらの課題は、ことさら感情を煽（あお）るものではなく、起こっている問題を体系的に理解することに役立つ構成であることに気づかされる。最初にも述べたように、示された豊富な引用文献にあたりながら、改めて紐解いていきたいと私自身も感じさせられた。

さて、ディッキー氏は本書の終章で、今世紀末にも生き残るクマ類として、ヒグマ、アメリカクロクマ、パンダの三種だけを挙げている。しかし本書のツキノワグマについての取材は、時間的制約から南アジアや中国の一部状況のみを限られた文章量で紹介しており、その結論には再考の余地がある。将来も生き残るクマ類としてもう一種、つまり東アジアのツキノワグマを加えるべきであろう。

そこで、本書ではあまりくわしくは触れられなかった、ツキノワグマのアジア全体での様子を概説したのちに、日本のツキノワグマの状況を、同じく日本に生息するヒグマとともに触れることとする。

ツキノワグマは、本書でも紹介されているように英名はAsian black bear、すなわちアジアクロクマと呼ばれる。しかし、国際自然保護連合（ＩＵＣＮ）のクマ専門家委員会のなかで、世界でもっとも個体数の多い近縁のアメリカクロクマとの混同が起こってしまい、保護の緊急性が誤認識されてしまう懸念が議論された。そこで、最近はムーンベア（moon bear）と呼ぶことが提唱されている。胸部斑紋が三日月形で特徴的なためで、日本や韓国ではもともとこのように呼んでいる。

ツキノワグマの化石骨は、鮮新世前期から更新世後期には、ドイツやフランスなど、ヨーロッパ各地域でも産出しているが、現在の本種の分布はアジアに限られる。西からアフガニスタン、イラン、東では極東ロシア、朝鮮半島、台湾、そして日本までの範囲に分布する。国数は一九か国（アフガニスタン、イラン、パキスタン、インド、ブータン、ネパール、ラオス、ミャンマー、カンボジア、ベトナム、マレーシア、インドネシア、タイ、中国、台湾、ロシア、韓国、北朝鮮、日本）に生息し、その多くの国で、生息環境の減少と断片化、体の部位（熊胆や熊掌など）の商取引目当ての密猟、あるいは錯誤捕獲などが原因で分布域と生息数を減らしているとＩＵＣＮのレッドリストで報告されている。報告のなかでは、生息数を増加させているきわめてまれな例外として日本と韓国を挙げている。ただし韓国については、二〇一〇年代に国のプロジェクトとして開始された、智異山国立公園でのツキノワグマ個体群の復元プロジェクトにより〇頭から約八〇頭（二〇二四年時点）に増加したためであり、増加と言っても意味合いが少し異なる。ツキノワグマについて、生息数と分布域を確実に大きなスケールで増やしているのは、日本だけであろう。

　日本には、現在二種類のクマ類が分布する。北海道にヒグマ（*Ursus arctos*）、本州および四国にツキノワグマ（*Ursus thibetanus*：九州では一九四〇年代に地域絶滅）がその二種で、両種ともに分布域および個体数ともに増加傾向にある。ツキノワグマ増加の大きな背景として、本州以南では中世あるいは近世から数百年にわたって続いた、人間による森林の強度の利用が終焉を迎えたことがある。たとえば、薪炭林、鉱山の坑木や燃料木、たたら製鉄の燃料木、建築材としての広範な利用や、焼き畑や屋根材生産場としての茅原維持のための森林の伐採などが、一九五〇〜六〇年代まで全国の森林で行なわれた。多くの山が禿山や荒れ地となっていたことは、当時の絵図や写真に見ることができる。その結果、ツキノワグマに限らず森林性の動物は数と分布域を減らしていたことが想像できる。興味がある方は、地元の博物館や郷土資料館で、近世に描かれた絵図をぜひ見ていただきたい。山には限られた場所（社寺林や尾根筋の針葉樹など）にわずかな森林が残るだけであることが、絵師によるデフォルメではなく正確な写実として示されている。さらに、第二次世界大戦後は復興のための建築材需要から、国が音頭を取ってのスギやヒノキの拡大造林が推進されたが、そうした施策も一九七〇年代には終わりを迎える。それ以降、ツキノワグマなどの森林性動物にとって好適な生息環境が数百年の時を経て復元されてきた。パラダイスの始まりである。現在、いわゆる中山間地域と言われる場所では、森林が民家の軒下まで復活している。さらに、そのような地域では過疎と高齢化が急速に進行しており、これはツキノワグマとヒグマに共通の課題となっている点であるが、地域住民の自力による野生動物の管理はきわめて困難な状況に陥っている。

当然の結果として、二〇〇〇年代に入るとクマ類の出没が顕在化し、とくに本州のツキノワグマについては〝大量出没〟と言われる現象が起こりはじめ、二〇一〇年代後半には常態化するようになった。毎年数千頭のクマ類が管理のための許可捕獲をされ、年間一〇〇人以上が人身事故に遭っている。クマたちは、人間の生活空間のすぐ隣、ある場合は重複して生活するようになったのだ。

二〇二三年度はツキノワグマの人里への出没が全国的に加速し、許可捕獲頭数は七八五一頭に達した。一方、人身事故数も一九二件（二一〇人、内四人死亡）と過去最高を記録した。とくに北東北地方で大きく増加し、秋田県（許可捕獲数二三〇八頭、人身事故数六二件七〇名）、岩手県（八二九頭、四六件四九名）、青森県（六〇〇頭、一〇件一一名）でこれまでにない捕獲数と人身事故数となった。その結果、許可捕獲数では本州全体の四八パーセント、人身事故者数では本州全体の六二パーセントを東北三県だけで占めた。二〇二三年度は、北海道のヒグマについても一四二二頭が許可捕獲され、六件（九人、内二人死亡）の人身事故が発生した。北海道、本州ともに人間の生活空間周辺での捕獲数や人身事故数が増加していることが特徴で、二〇二三年度の流行語大賞には「アーバンベア」が選ばれている。クマ研究者にとっては嬉しくない受賞となり、もはや看過できない状況と言える。

ツキノワグマによる人身事故の際の死亡者数割合は、ヒグマに比べると低い。これはおもに種としての体格の差に招来すると考えられる。そのため、ニュースなどでは〝命に別状はない〟と報道される場合が多い。しかし、頭部に重傷を負うことが多く、命に別状はなくてもその後の被害者の方の生活の質は大きく低下してしまう。

日本にどの程度の数のツキノワグマとヒグマが生息するかは、推定値によって示されている。ツキノワグマについては、古い推定値では日本野生生物研究センターが一九九一年に推定した八四〇〇～一万二六〇〇頭、また環境省自然環境局生物多様性センターは二〇一〇年におよそ一万二〇〇〇～一万九〇〇〇頭という推定値を公表しているが、推定の幅がたいへん広い。ツキノワグマは複数の都府県にまたがって生息しているため、その後の本州全域を俯瞰した推定値は発表されていないが、ツキノワグマが生息する自治体の多くが、独自の方法で推定した個体数を足しあげていくと、現在は少なくとも四万頭程度のツキノワグマの生息が、大雑把ながら見込まれる。ただし、前述のように九州では地域絶滅を起こし、四国では二〇頭程度が剣山系に細々と暮らすのみであることは追記しておきたい。一方のヒグマについては、北海道というひとつの自治体のみに生息するため、二〇二二年時点の推定値で約一万二〇〇〇頭（推定の中央値）と、一九九〇年と比較して約二・三倍に増えたことが北海道庁により発表された。

このような状況を受けて、今後のクマ類の管理の方向性を整理する過程で、環境省は二〇二四年四月に「鳥獣の保護及び管理並びに狩猟の適正化に関する法律（通称、鳥獣保護管理法）」の省令を改正して、クマ類（四国の個体群を除くツキノワグマとヒグマ）を「指定管理鳥獣」に新たに追加した。「指定管理鳥獣」とは、環境大臣が定めた集中的かつ広域的に管理を図る必要がある鳥獣を指す。この指定により、自治体が策定するクマ類の管理計画推進のために、捕獲事業、出没防止対策事業、出没時の体制構築事業、クマ類の保護・管理に係る専門人材の育成事業などに国の交付金が活用できる道筋がつけられた。つまり、捕獲事業による分布や個体数管理が注力すべきポイントとして強調されたのだ。

具体的な管理のイメージでは、ツキノワグマでは大量出没が顕在化した二〇〇四年時点での分布域を意識して最前線を押し戻す努力や、そのための個体数の抑制が考えられる。ただし、ツキノワグマは本州の各地域集団が複数の都府県を跨いで分布しているため、集団ごとに関係する都府県が連携しての広域管理施策が必須となる。ヒグマについては、人里近くで生活するクマの総数を減らすため、許可捕獲数の目標設定についての議論が開始された。間違ってはいけないのは、捕獲事業だけでは永続的な管理は難しく、対症療法的な対応になる恐れが高いことである。出没防止のための対策事業や、そうした事業を担保するための人材育成が併せて必要となる。計画を柔軟に見直して修正していく、順応性の確保も忘れてはいけない。

本書でディッキー氏は、米国・ヨセミテ国立公園での対策を例にあげ、クマ対策にようやく目途がついたのは二〇一〇年だったという、ベアチームリーダのコメントを紹介している。現在は、それぞれのキャンプ場にクマ対策ための食料保管ロッカーが三〇〇個以上整備され、公園全体ではクマ対策を施したゴミ箱と併せて数千個が設置されているとも書かれていて感心した。ただし、このような対策が徹底されるようになるまでに半世紀を費やし、その過程でおびただしい数のクマが捕殺されことにも言及している。

翻って日本はどうであろうか。大量出没は二〇〇〇年代はじめに始まっており、ついに二〇一九年には登山者で賑わう上高地の小梨平キャンプ場で、テント内で就寝中の女性がテントごとツキノワグマに引きずられて負傷する事故が発生している。この事故を受け、現在小梨平キャンプ場には頑丈なスチール製の食料保管庫が設置されている。日本では、かつてのヨセミテ国立公園のように、ゴミ捨て場にクマを故意に呼び寄せて見世物にするような前例はほぼないながら(長野県軽井沢のあるホテルでは昔これに近いことがされていた)、それでも現状の問題解決のためにはそれ相応の時間がかかると考えるのが妥当である。そのため、諦めず、工夫をしながらクマ類との棲み分けを実現するための方策を探る日々は、これからも続いていく。本書のヨセミテのクマ問題に言及する項で紹介されている、「ヨセミテのクマ問題の核心は、一番頭のいいクマと、キャンプ場にいる一番頭の悪い人間の知性が、同程度だということである」という一文はまことに示唆に富んでいる。

島嶼(とうしょ)のような限られた面積のなかで、人と軋轢を起こす動物であるクマ類の管理や保全は難しい。歴史的にはイギリスのブリテン島にもヒグマが生息したが、森林の消失や過剰な捕獲などにより約一〇〇〇年前に絶滅したことが知られる。台湾には現在もツキノワグマが分布するが絶滅の危機は去っていない。島国である日本にまだクマ類が多く残っていることは誇ってよいことではないだろうか。クマのような大型動物が棲む森を歩く緊張感は決して悪くない。一〇〇年先、二〇〇年先も日本にクマたちを残せるように、人間の側が知恵を絞る時である。

# 原　注

まえがき

(1) Brittany Annas, "Bear Tranquilized after Climbing Tree at CU-Boulder's Williams Village Dorms," *Daily Camera*, April 26, 2012.
(2) Kieran Nicholson, "Boulder Mountain Lion, House Cat Face Off," *Daily Camera*, October 18, 2011.
(3) Mitchell Byars, "Neighborhood Bobcat Has (So Far) Charmed West Boulder," *Daily Camera*, November 16, 2015.
(4) Jonathan Lewis et al., "Summarizing Colorado's Black Bear Two-Strike Directive 30 Years after Inception," *Wildlife Society Bulletin* 43, no. 4 (2019): 599-607.
(5) Charlie Brennan and Joe Rubino, "Wildlife Officers Kill Boulder Bear Near Columbia Cemetery," *Daily Camera*, September 6, 2013.
(6) Erika Strutzman, "The Bears' Problem," *Daily Camera*, September 10, 2013.
(7) Associated Press, "2nd Bear Euthanized Near Boulder Elementary School." (*The Denver Post*, September 9, 2013 に掲載)
(8) Strutzman, "The Bears' Problem."
(9) https://bearsandpeople.com/ordinance/
(10) ボルダー・ベア・コーリションの創設者ブレンダ・リーと，ボルダー市の都市野生生物シニアコーディネーターのヴァレリー・マシスンとの，数回にわたる議論に基づく見解．コロラド州のスノーマスやアスペンのような山あいの小さな町や，タホ湖周辺の町では条例が可決されているが，どこもボルダー市よりも人口が少ない．
(11) Mitchell Byars, "Bear Necessities: Sitters Help Keep an Eye on Boulder's Furry Visitors," *Daily Camera*, October 28, 2016; Gloria Dickie, "Out of the Wild." (2015 年，コロラド大学ボルダー校修士論文)
(12) 著者によるインタビュー．アスペン警察のクマ担当官ダン・グリッデン，2014 年 10 月．
(13) Associated Press, "Bear Swipes at, Injures Woman in Aspen Alley." (*The Denver Post*, July 28, 2014 に掲載)
(14) "Bear kills New Jersey Student in Nature Preserve," BBC, September 22, 2014.
(15) Ruby Gonzales, "Bear Bites Woman Sleeping in Her Backyard; She Hits It with a Laptop," *Mercury News*, June 17, 2020.
(16) Gaby Krevat, "Big Sky Man in Stable Condition after Grizzly Bear Attack Last Week," 7KBZK Bozeman, June 1, 2020.
(17) Eric Grossarth, "Grizzly Bear Attacks Woman at Yellowstone," *East Idaho News*, June 24, 2020.
(18) Mike Koshmrl, "Grizzly Attacks in 2020 Run at Record High," *Jackson Hole Daily*, July 23, 2020.
(19) 著者によるインタビュー．ピーター・モルナー，2020 年 7 月；著者によるインタビュー．スティーブン・アムストラップ，2020 年 7 月．

（20）ドイツでクマが絶滅したのは19世紀半ばであり，1835年にバイエリッシュ・アルペン山脈で最後のクマが撮影されている．グリム兄弟が生きた時代は1780年代から1863年．『グリム童話』が出版されたのは1812年である．

序　章

（1）Michel Pastoureau, *The Bear: History of a Fallen King* (Cambridge, MA: Harvard University Press, 2011)〔ミシェル・パストゥロー『熊の歴史』（平野隆文 訳）筑摩書房（2014年）〕; A. Irving Hallowell, "Bear Ceremonialism in the Northern Hemisphere," *American Anthropologist* 28, no. 1 (1926).
（2）Lauren Henson et al., "Convergent Geographic Patterns between Grizzly Bear Population Genetic Structure and Indigenous Language Groups in Coastal British Columbia, Canada," *Ecology & Society* 26, no. 3 (2021).
（3）ヘイルツク族の長老たちとの対話；"Skunkcabbage Is a Bear's BFF," *Pique Newsmagazine*.
（4）Bernd Brunner, *Bears: A Brief History* (New Haven, CT: Yale University Press, 2007), 4.〔ベルント・ブルンナー『熊―人類との「共存」の歴史』（伊達淳 訳）白水社（2010年），p. 7〕
（5）Edward B. Tylor, *Primitive Cultures: Researches into the Development of Mythology, Philosophy, Religion, Art, and Custom, Vol. II* (London: John Murray, 1871), 231.
（6）R. M. Alexander, "Bipedal Animals, and Their Differences from Humans," *Journal of Anatomy* 204, no. 5 (2004): 321-30.
（7）Ian Wei, *Thinking about Animals in Thirteenth Century Paris* (Cambridge, UK: Cambridge University Press, 2020).
（8）Remy Marion, *On Being a Bear* (Vancouver, BC: Greystone Books, 2021), 16.
（9）John Muir, in Linnie Marsh Wolfe, *John of the Mountains: the Unpublished Journals of John Muir* (University of Wisconsin Press, 1938).
（10）Aristotle, *History of Animals, Volume I: Books 1-3* (Cambridge, MA: Harvard University Press, 1965).〔内山勝利ほか編『新版 アリストテレス全集8，9 動物誌（上）（下）』岩波書店（2015年）〕
（11）Pastoureau, *The Bear*.
（12）Pastoureau, *The Bear*.
（13）Bruce McLellan and David Reiner, "A Review of Bear Evolution," International Association for Bear Research and Management, 1994.
（14）大型のショートフェイスベアが姿を消し始めたのは1万〜1万1000年前である．それに比べると，ホラアナグマが絶滅した時期は不明な点が多いものの，確実な放射性炭素年代としてもっとも新しいのは約2万4200年前のものである（テュービンゲン大学の純古生物学研究者エルヴェ・ボヘレンスとの通信）; Borcherens et al., "Chronological and Isotopic Data Support a Revision for the Timing of Cave Bear Extinction in Mediterranean Europe," *Historical Biology* 31, no. 4 (2019): 474-84.
（15）Joscha Gretzinger et al., "Large-Scale Mitogenomic Analysis of the Phylogeography of the Late Pleistocene Cave Bear," *Scientific Reports* 9, article no. 10700 (2019).

(16) Gretziner et al., "Large-Scale Mitogenomic Analysis"；テュービンゲン大学の純古生物学研究者エルヴェ・ボヘレンスとの通信；Rhys Blakely, "Cave Bear Was First Species Made Extinct by Humans, Study Suggests," *The Times*, August 16, 2019.
(17) Donald Grayson and David Meltzer, "Clovis Hunting and Large Mammal Extinction: A Critical Review of the Evidence," *Journal of World Prehistory* 16, no. 4 (2002): 313–59.
(18) McLellan and Reiner, "A Review of Bear Evolution."
(19) "Pandas' Lineage Traced Back Millions of Years," *New York Times*, June 19, 2007.
(20) Yibo Hu et al., "Genomic Evidence for Two Phylogenetic Species and Long-Term Population Bottlenecks in Red Pandas," *Science Advances* 6, no. 9 (2020).
(21) Lydia T. Black, "Bear in Human Imagination and in Ritual," *Ursus* 10, no. 43 (1998): 343–47.
(22) "Bear Ceremonialism," Exchange for Local Observations and Knowledge of the Arctic. https://eloka-arctic.org/bears/bear-ceremonialism
(23) Andrew Chamings, "Behold the Wrath of Mei Mei and Squirt. Two Tiny Terriers Chase a Very Large Bear Out of California Home," *SFGate*, April 15, 2021.
(24) Kris Millgate, "What Happens When You Plant a Pile of Bear Scat?" *Nature* blog, May 10, 2017.
(25) IUCN, "Seventy-Five Percent of Bear Species Threatened with Extinction," November 12, 2007.
(26) Arwen van Zanten, "Going Berserk: In Old Norse, Old Irish, and Anglo-Saxon Literature," *Amsterdamer Beiträge zur älteren Germanistik* 63 (2007): 43–64; Ruarigh Dale, "The Viking Berserker," University of Nottingham blog, March 11, 2014. https://blogs.nottingham.ac.uk/wordsonwords/2014/03/11/the-viking-berserker/
(27) Von Pelin Tünaydın, "Pawing through the History of Dancing Bears in Europe," Frühneuzeit-Info blog, the Research Institute for Early Modern Studies in Vienna, 2013; George Soulis, "The Gypsies in the Byzantine Empire and the Balkans in the Late Middle Ages," *Dumbarton Oaks Papers*, 1961.
(28) Imogen Tilden, "Romania's New Year Bear Dancers — Alecsandra Raluca Drăgoi's Best Photograph," *The Guardian*, January 8, 2020.
(29) Joint Secretariat, "Inuvialuit and Nanuq: A Polar Bear Traditional Knowledge Study. Inuvialuit Settlement Region," 2015；著者によるインタビュー．カナダ・マニトバ州チャーチルのイッサニタック博物館の学芸員ロレイン・ブランドソン，2018年11月．
(30) "Bear Mother," Bill Reid Centre at Simon Fraser University. https://www.sfu.ca/brc/our-work/imesh-mobile-app/indigenous-art-walk/bear-mother.html
(31) Douglas Clark et al., "Grizzly and Polar Bears as Nonconsumptive Cultural Keystone Species," *Facets* 6 (2021): 379–93.
(32) Richard Hamilton, "Alkman and the Athenian Arkteia," Bryn Mawr College; Jessica Ward, "The Cult of Artemis at Brauron," Women in Antiquity blog, March 20, 2017. https://womeninantiquity.wordpress.com/2017/03/20/the-cult-of-artemis-at-brauron/
(33) "*Bestiarius*," University of Chicago. https://penelope.uchicago.edu/~grout/encyclopaedia_

romana/gladiators/bestiarii.html
(34) Symmachus Epistulae（シンマクスの書簡集）2:46; Jillian Mitchell, "The Case of the Strangled Saxons."（エクセター大学 古典協会会議で発表された論文，2012年）
(35) K. M. Coleman, "Fatal Charades: Roman Executions Staged as Mythological Enactments," *Journal of Roman Studies* 80 (1990): 59.
(36) Caroline Wazer, "The Exotic Animal Traffickers of Ancient Rome," *The Atlantic*, March 30, 2016.
(37) Sean Nee, "The Great Chain of Being," *Nature* 435 (2005): 429; Tylor, 1871; Marion, *On Being a Bear*.
(38) Pelin Tünaydın, "Pawing through the History."
(39) Pelin Tünaydın, "Pawing through the History."
(40) The Langham Letter. http://www.oxford-shakespeare.com/Langham/Langham_Letter.pdf
(41) Journals of the Lewis and Clark Expedition, University of Nebraska. https://lewisandclarkjournals.unl.edu/item/lc.jrn.1805-05-05
(42) US Fish and Wildlife Service, "Grizzly Bear in the Lower-48 States: Five-Year Status Review," March 2021, 3.
(43) FAO, "State of the World's Forests 2012," 14.
(44) Stephanie Simek et al., "History and Status of The American Black Bear in Mississippi," *Ursus* 23, no. 2 (2012): 159-67.
(45) Florida black bear abundance study, Florida Fish and Wildlife Conservation Commission, 2017.
(46) FAO, "State of the World's Forests 2012," 12.
(47) Aldo Leopold, *A Sand County Almanac* (Oxford, UK: Oxford University Press, 2020).〔アルド・レオポルド『野生のうたが聞こえる』（新島義昭 訳）講談社（1997年）．邦訳書には，引用箇所は含まれていない〕
(48) Leopold, *A Sand County Almanac*.
(49) National Park Service, "The Story of the Teddy Bear." https://www.nps.gov/thrb/learn/historyculture/storyofteddybear.htm
(50) Clifford Berryman, "Drawing the Line in Mississippi," *Washington Post*, November 16, 1902.（米国議会図書館のデジタル・アーカイブで確認）
(51) Jon Mooallem, *Wild Ones* (New York: Penguin Books, 2013), 69.
(52) "The Teddy Bear's Birthday," *Washington Post*, November 12, 2002.
(53) USFWS 5-year grizzly status review, 2021.
(54) Paul Owen, "Hungry Bear's Three-Day Trashcan Picnic Ends 12 Miles from Manhattan," *The Guardian*, May 20, 2015.
(55) Global Forest Watch, "Forest Loss Remained Stubbornly High in 2021," April 28, 2022.

### 第1章　雲に棲まうもの

(1) Michael Bond, *A Bear Called Paddington* (New York: Dell, 1958).〔マイケル・ボンド『くまのパディントン』（松岡享子 訳）福音館書店（1967年）〕.
(2) Harper Childrens社によるマイケル・ボンドのインタビュー，2002年1月. https://web.

archive.org/web/20020129134454/http://www.harperchildrens.com/hch/author/author/bond/interview2.asp
(3) 一部の資料によると，1870年にモロッコ北部テトゥワン山地でアトラスヒグマの最後の一頭が殺されている．一方，下記資料によると，アトラスヒグマは「19世紀半ばに絶滅したと考えられているが，最近発見されたもっとも新しい時代の骨の化石の放射性炭素年代はBP1600だった」．Sebastien Calvignac et al., "Ancient DNA Evidence for the Loss of a Highly Divergent Brown Bear Clade during Historical Times," *Molecular Ecology* 17, no. 8 (2008): 196-70.
(4) Calvignac et al., "Ancient DNA Evidence."
(5) Harper Childrens社によるマイケル・ボンドのインタビュー．
(6) E. H. Helmer et al., "Neotropical Cloud Forests and Páramo to Contract and Dry from Declines in Cloud Immersion and Frost," *PLoS ONE* 14, no. 4 (2019).
(7) Leticia M. Ochoa-Ochoa et al., "The Demise of the Golden Toad and the Creation of a Climate Change Icon Species," *Conservation & Society* 11, no. 3 (2013): 291-319；気候変動に関する政府間パネル（IPCC）第2作業部会第6次評価報告書，p. 2-29.
(8) Helmer et al., "Neotropical Cloud Forests and Páramo."
(9) Nature and Culture International, "Andean Cloud Forests."
(10) IUCN Red List of Threatened Species Assessment, Andean Bear, assessed by I. Goldstein, X. Velez-Liendo, S. Paisley, and D. Garshelis (Bear Specialist Group).
(11) C. Tovar et al., "Diverging Responses of Tropical Andean Biomes under Future Climate Conditions," *PloS ONE* 8, no. 5 (2013).
(12) Susanna Paisley and Nicholas Saunders, "A God Forsaken: The Sacred Bear in Andean Iconography and Cosmology," *World Archaeology* 42, no. 2 (2010): 245-60.
(13) Paisley and Saunders, "A God Forsaken."
(14) James B. Richardson III, *People of the Andes* (Montreal: St. Remy Press, 1994).
(15) Paisley and Saunders, "A God Forsaken."
(16) Lydia T. Black, "Bear in Human Imagination and in Ritual," *Ursus* 10, no. 43 (1998): 343-47.
(17) Paisley and Saunders, "A God Forsaken."
(18) Paisley and Saunders, "A God Forsaken."
(19) Paisley and Saunders, "A God Forsaken."
(20) Paisley and Saunders, "A God Forsaken"; Alan Taylor, "Peru's Snow Star Festival," *The Atlantic*, June 7, 2016.
(21) Danielle Villasana, "Witnessing Peru's Enduring, If Altered, Snow Star Festival," *New York Times*, October 26, 2020；著者によるインタビュー．ラス・ヴァン・ホーン，2019年7月.
(22) Jean Chemnick, "When a Melting Glacier Is Seen as the Apocalypse," *E&E News*, November 1, 2011.
(23) Vibeke Johannessen, "Where to See Ecuadorian Orchids," The Culture Trip, October 19, 2017.
(24) "Ecuador's Moves against Foreign Investors," Reuters, June 18, 2009.
(25) Roo Vandegrift et al., "The Extent of Recent Mining Concessions in Ecuador," report

prepared for the Rainforest Information Centre, January 17, 2018.
(26) Bitty Roy et al., "New Mining Concessions Could Severely Decrease Biodiversity and Ecosystem Services in Ecuador," *Tropical Conservation Science* 11, no. 2 (2018).
(27) Vandegrift et al., "The Extent of Recent Mining," Table 1.
(28) Stephanie Roker, "Ecuador to Grow Mining Industry to 4% GDP by 2021," *Global Mining Review*, November 2, 2018; Matthew DuPee, "Ecuador Has Big Plans for Its Mining Industry. But at What Cost?" *World Politics Review*, August 12, 2019.
(29) "Ecuador: Cuenca Says 'No' to Mines in El Cajas National Park," *Telesure*, July 21, 2018.
(30) フランシスコ・サンチェス・カルステとの通信，2021年6月.
(31) Eduardo Franco Berton, "Poaching Threatens South America's Only Bear Species," *National Geographic*, May 31, 2019.
(32) 著者によるインタビュー．フランシスコ・サンチェス・カルステ，2019年7月.
(33) Vandegrift et al., "The Extent of Recent Mining," Table 1; Ana Cristina Basantes, "Mining Company Pressing to Enter Ecuador's Los Cedros Protected Forest," *Mongabay*, May 22, 2020.
(34) Michelle Pauli, "Michael Bond: 'Paddington Stands Up for Things, He's Not Afraid of Going to the Top and Giving Them a Hard Stare,'" *The Guardian*, November 28, 2014.

第2章　死と踊る

(1) Gloria Dickie, "How to Make Peace with the World's Deadliest Bear," *National Geographic*, May 12, 2020.
(2) IUCN Red List of Threatened Species Assessment, "*Melursus ursinus*, Sloth Bear," 2016.
(3) ナマケグマの襲撃に関する全国レベルの調査はない．だが，Thomas Sharp et al., "Sloth Bear Attack Behavior and a Behavioral Approach to Safety" (2017) によると，マディヤ・プラデシュ州だけでも，1989～1994年の間に735人がナマケグマに襲われ，そのうち48人が死亡している．だから，襲撃数を毎年約100人と推定しても低めの数字になる.
(4) G. Bombieri et al., "Brown Bear Attacks on Humans: A Worldwide Perspective," *Scientific Reports* 9, no. 1 (2019) によると，ヒグマによる襲撃は世界全体で年平均39.6人である．2000～2015年の襲撃による死者数は95人，年平均にすると6.3人になる.
(5) インドには，マレーグマ，ツキノワグマ，ナマケグマ，ヒグマの4種のクマが生息する.
(6) Kenneth Anderson, *Man-Eaters and Jungle Killers* (London: Allen and Unwin, 1957).
(7) Sumeet Gulati et al., "Human Casualties Are the Dominant Cost of Human-Wildlife Conflict in India," *Proceedings of the National Academy of Sciences* 118, no. 8 (2021).
(8) Gulati et al., "Human Casualties Are the Dominant Cost," 3.
(9) Aniruddha Dhamorikar et al., "Dynamics of Human-Sloth Bear Conflict in the Kanha-Pench Corridor, Madhya Pradesh, India: Technical Report," 2017.
(10) Ritesh Mishra, "Man Climbs Tree to Escape Bear Attack, Waits for 5 Hours for Help," *Hindustan Times*, December 7, 2020.
(11) Mishra, "Man Climbs Tree to Escape Bear Attack."
(12) World Wildlife Fund, "Assessment of Fuelwood Consumption in Kanha-Pench Corridor, Madhya Pradesh, Factsheet," 2014.

(13) Sharp et al., "Sloth Bear Attack Behavior."
(14) ナマケグマは時速約 30 km で走ることができる．比較のために書くと，陸上男子 100 m 世界記録保持者のウサイン・ボルトは時速約 45 km で走ることができる．
(15) Global Biodiversity Information Facility, "*Melursus ursinus*, Shaw, 1971." https://www.gbif.org/species/144098885
(16) Andrew Laurie and John Seidensticker, "Behavioural Ecology of the Sloth Bear (*Melursus ursinus*)," *Journal of Zoology* 182 (1977): 198.
(17) Gulati et al., "Human Casualties Are the Dominant Cost," 7.
(18) 著者によるインタビュー．ハレンドラ・バルガリ，ニシト・ダライヤ，2019 年 2 月．
(19) "Six Arrested in Killing of Two Sloth Bear Cubs in Akot," *The Hitavada*, June 16, 2020.
(20) Shivakumar Malagi, "Gudekote Pleads: We Can No Longer Grin and Bear It," *Deccan Chronicle*, September 16, 2018.
(21) Mayukh Chatterjee and Rudra Prasanna Mahapatra, "'Bear'ing the Brunt," *Down to Earth*, March 25, 2019.
(22) 著者によるインタビュー．ファウンデーション・フォー・エコロジカル・ソサエティのプログラム・ディレクター（前職はインド・ワイルドライフ・インスティテュート），ラヴィ・チェラム，2019 年 2 月．
(23) Nishith Dharaiya, Harendra Bargali, and Thomas Sharp, "*Melursus ursinus*," IUCN Red List of Threatened Species Assessment 2016, 2.
(24) Rudyard Kipling, *The Jungle Book* (New York: Century Company, 1920), 19.〔ラドヤード・キップリング『ジャングル・ブック』（西本かおる・西田佳子 訳）小学館（電子書籍版，2023 年）〕
(25) Rudyard Kipling, *Something of Myself* (London: Macmillan, 1937).
(26) Victoria Villeneuve, "Rudyard Kipling Wrote 'The Jungle Book' in this Snowy Vermont House," *National Trust for Historic Preservation*, September 26, 2017.
(27) "Rudyard Kipling; An Anglo-Indian Icon or an Agent of Empire?" *Newstalk*, February 8, 2016.
(28) Aniruddha Dhamorikar et al., "Characteristics of Human-Sloth Bear (*Melursus ursinus*) Encounters and the Resulting Human Casualties in the Kanha-Pench Corridor, Madhya Pradesh, India," *PLoS One* 12, no. 4 (2017).
(29) Dharmendra Kumar, *Rethinking State Politics in India* (London: Routledge India, 2011).
(30) Tana Mewada, "How Sloth Bears Were Trained to Dance to the Beat of a Drum," *International Bear News* 21, no. 3 (2012): 24–25.
(31) Abishek Madan and Shreya Dasgupta, "The Swan Song of India's Dancing Bears," *Mongabay*, November 20, 2013.
(32) "India's 'Dancing Bears' Retire in Animal Rights Victory," *Bangkok Post*, December 2, 2012.
(33) Geeta Seshamani and Kartick Satyanarayan, "The Dancing Bears of India," World Society for the Protection of Animals report, 1997, 28.
(34) Seshamani and Satyanarayan, "The Dancing Bears of India," 24–25.
(35) Seshamani and Satyanarayan, "The Dancing Bears of India," 27.
(36) Bosky Khanna, "India's Last Dancing Bear Celebrates 9 Years Of Freedom," *Deccan*

*Herald*, December 18, 2018; Wildlife SOS, “Drawing a Curtain on the Age-Long Practice of Dancing Bears,” December 18, 2018.
(37) “Dancing Bears Given Sanctuary,” *Economic Times*, September 12, 2007.
(38) Rachel Bale, “Nepal's Last Known Dancing Bears Rescued,” *National Geographic*, December 22, 2017.
(39) Himanshu Kaushik, “It's a Jungle Out There as Animal Attacks Rise,” *Times of India*, June 9, 2019 によると，「1987〜1988 年の干ばつのあと，125 件の襲撃があった」.
(40) ニシト・ダライヤとの通信，2022 年 7 月.

## 第 3 章　ソフトパワー

(1) Maggie Koerth, “The Complicated Legacy of a Panda Who Was Really Good at Sex,” *FiveThirtyEight*, November 28, 2017.
(2) “World's Captive Panda Population Hits 633,” *Xinhua*, January 3, 2021. 世界で飼育されているパンダの数が 633 頭．そのうちの 130 頭なので，約 5 分の 1．
(3) Rachel Kaufman, “How Do Giant Pandas Survive on a Diet of Bamboo?” *National Geographic*, October 17, 2011.
(4) Stephen O'Brien and John Knight, “The Future of the Giant Panda,” *Nature* 325 (1987): 758-59.
(5) O'Brien and Knight, “The Future of the Giant Panda.”
(6) Henry Nicholls, “Yes, We Have More Pandas,” *The Guardian*, February 28, 2015.
(7) Associated Press, “Panda Killed in China Earthquake Mourned.” (CBS News のサイトに 2008 年 6 月 10 日付で掲載)
(8) Kang Yi, “Tourist's Affection Enrages Panda,” *China Daily*, September 20, 2006.
(9) Fuwen Wei et al., “The Value of Ecosystem Services from Giant Panda Reserves,” *Current Biology* 28, no. 13 (2018): 2174-2180.e7.
(10) “WWF's History.” https://wwf.panda.org/discover/knowledge_hub/history/
(11) Jianguo Liu et al., eds., *Pandas and People: Coupling Human and Natural Systems for Sustainability* (Oxford, UK: Oxford University Press, 2016).
(12) George B. Schaller, *The Last Panda* (Chicago, IL: University of Chicago Press, 1994), 135.〔ジョージ・B・シャラー『ラスト・パンダ—中国の竹林に消えゆく野性動物』(武者圭子 訳) 早川書房 (1996 年)，p. 218〕
(13) Hallett Abend, “Rare 4-Pound ‘Giant’ Panda to Arrive in New York Soon,” *New York Times*, December 20, 1936.
(14) Vicki Constantine Croke, *The Lady and the Panda* (New York: Random House, 2005), 27.
(15) Croke, *The Lady and the Panda*, 57.
(16) Croke, *The Lady and the Panda*, 126.
(17) Croke, *The Lady and the Panda*, 133.〔英語の記載は “a little bit of something very cute”〕
(18) Croke, *The Lady and the Panda*, 149.
(19) Croke, *The Lady and the Panda*, 155.
(20) Croke, *The Lady and the Panda*, 165.
(21) Croke, *The Lady and the Panda*, 176.

(22) David Owen, "Bears Do It," *New Yorker*, August 26, 2013.
(23) Croke, *The Lady and the Panda*, 177.
(24) Croke, *The Lady and the Panda*, 254.
(25) Field#: FMNH 47432. https://collections-zoology.fieldmuseum.org/catalogue/2546658
(26) Jemimah Steinfeld, "China's Deadly Science Lesson: How an Ill-Conceived Campaign against Sparrows Contributed to One of the Worst Famines in History," *Index on Censorship* 47, no. 3 (2018).
(27) World Wildlife Fund, "History of the Giant Panda." https://wwf.panda.org/?13588/History-of-the-Giant-Panda
(28) Associated Press, "Two Chinese Peasants Get Death Sentence for Selling Panda Skins," May 31, 1993.
(29) Associated Press, "Chinese Man Gets 20 Years in Prison for Poaching Giant Pandas," November 26, 1998.
(30) Criminal Law of China (2017), China Laws Portal-CJO (chinajusticeobserver.com).
(31) Lifeng Zhu et al., "Genetic Consequences of Historical Anthropogenic and Ecological Events on Giant Pandas," *Ecology* 94, no. 10 (2013): 2346-57.
(32) John MacKinnon and Robert De Wulf, "Designing Protected Areas for Giant Pandas in China," in *Mapping the Diversity of Nature*, ed. Ronald I. Miller (Dordrecht, Netherlands: Springer, 1994), 128.
(33) 著者によるインタビュー．張和民，2021年7月．
(34) Zhi Lu, Wenshi Pan, and Jim Harkness, "Mother-Cub Relationships in Giant Pandas in the Qinling Mountains, China, with Comment on Rescuing Abandoned Cubs," *Zoo Biology* 13, no. 6 (1994): 567-8.
(35) Lu, Pan, and Harkness, "Mother-Cub Relationships in Giant Pandas," 567-8.
(36) Lu, Pan, and Harkness, "Mother-Cub Relationships in Giant Pandas," 567-8.
(37) Stephen O'Brien et al., "A Molecular Solution to the Riddle of the Giant Panda's Phylogeny," *Nature* 317 (1985): 140-144.
(38) Schaller, *The Last Panda*, 11.〔『ラスト・パンダ』，p. 48〕
(39) Schaller, *The Last Panda*, xvi.〔『ラスト・パンダ』，p. 30. 邦訳書にない記載は，今回新たに訳出した〕
(40) John Ramsay Mackinnon, "National Conservation Management Plan for the Giant Panda and Its Habitat: Sichuan, Shaanxi and Gansu Provinces, the People's Republic of China: Joint Report," WWF & China's Ministry of Forests, 1989.
(41) Chris Buckley and Steven Lee Myers, "China's Legislature Blesses Xi's Indefinite Rule. It Was 2,958 to 2," *New York Times*, March 11, 2018.
(42) Benjamin Haas, "China Bans Winnie the Pooh Film after Comparisons to President Xi," *The Guardian*, August 7, 2018.
(43) 著者によるインタビュー．張和民，2021年7月（カイル・オバーマンの通訳を介して）．
(44) Jennifer Holland, "Pandas: Get to Know Their Wild Side," *National Geographic*, August 2016.
(45) Holland, "Pandas: Get to Know Their Wild Side."

(46) 著者によるインタビュー．張和民，2021年.
(47) 著者によるインタビュー．張和民，2021年.
(48) Sam Howe Verhovek, "So Why Are Pandas So Cute?" *New York Times*, May 11, 1987.
(49) Peishu Li and Kathleen Smith, "Comparative Skeletal Anatomy of Neonatal Ursids and the Extreme Altriciality of the Giant Panda," *Journal of Anatomy* 236, no. 4 (2020): 724-36.
(50) 著者によるインタビュー．張和民，2021年；Alfie Shaw, "The Panda Who Didn't Know She Had Twins," BBC.
(51) "Brief Introduction to Chengdu Research Base of Giant Panda Breeding." http://www.panda.org.cn/english/about/about/2013-09-11/2416.html〔上記のサイトは2024年11月時点ではアクセスできなくなっているが，下記サイトに「244頭以上」という記載がある．https://www.panda.org.cn/en/about/introduction/〕
(52) Holland, "Pandas: Get to Know Their Wild Side."
(53) この数字には，はっきりしない面がある．張和民によると，飼育下のパンダ11頭が放され，そのうちの9頭が生き残った．一方，Mingsheng Hong et al., "Creative Conservation in China: Releasing Captive Giant Pandas into the Wild," *Environmental Science and Pollution Research* 26 (2019): 31548-9によると，野生に放されたのは12頭である.
(54) Associated Press, "Chinese Pandas Get Zoo Enclosure Fit for a Queen's Reception," April 10, 2019.
(55) Lisa Abend, "'Panda Diplomacy': A $24 million Zoo Enclosure Angers Some," *New York Times*, April 12, 2019.
(56) Kathleen Buckingham et al., "Diplomats and Refugees: Panda Diplomacy, Soft 'Cuddly' Power, and the New Trajectory in Panda Conservation," *Environmental Practice* 15, no. 3 (2013): 1-9.
(57) Zhang Yunbi, "Pandas 'Envoys of Friendship,'" *China Daily*, July 5, 2012.
(58) Giant Panda Global, "Zoos and Breeding Centers." https://www.giantpandaglobal.com/zoos/
(59) Alexander Burns, "When Ling-Ling and Hsing Hsing Arrived in the U.S.," *New York Times*, February 4, 2016.
(60) Buckingham et al., "Diplomats and Refugees."
(61) UPI, "Panda Imports Suspended While Policy Reviewed," December 20, 1993.
(62) Buckingham et al., "Diplomats and Refugees," 1.
(63) Buckingham et al., "Diplomats and Refugees," 5.
(64) Schaller, *The Last Panda*, 156.〔『ラスト・パンダ』，p. 245（原書に登場するZang Heminという人物（訳書では張鶴鳴）が，本書のZhang Hemin（張和民）だと思われる）〕
(65) Schaller, *The Last Panda*, 156.〔『ラスト・パンダ』，p. 246〕
(66) Schaller, *The Last Panda*, 156.〔『ラスト・パンダ』，p. 246〕
(67) Christine Dell'Amore, "Is Breeding Pandas in Captivity Worth It?" *National Geographic*, August 28, 2013.
(68) Meng Qingsheng, "Two Captive-Bred Pandas Released into Wild," CGTN, December 30, 2018.
(69) Meng, "Two Captive-Bred Pandas Released into Wild."

(70) James Owen, "First Panda Freed into Wild Found Dead," *National Geographic*, May 31, 2007.
(71) Hong et al., "Creative Conservation in China," Table 1.
(72) Christine Dell'Amore, "Giant Pandas, Symbol of Conservation, Are No Longer Endangered," *National Geographic*, September 4, 2016.
(73) Jane Qiu, "Experts Question China's Panda Survey," *Nature*, February 28, 2015.
(74) Zhaoxue Tian et al., "The Next Widespread Bamboo Flowering Poses a Massive Risk to the Giant Panda," *Biological Conservation* 234 (June 2019): 180-87.
(75) Zhaoxue et al., "The Next Widespread Bamboo Flowering."
(76) Gloria Dickie, "Green Glove, Iron Fist," *BioGraphic Magazine*, December 18, 2018.
(77) Zhaoxue et al., "The Next Widespread Bamboo Flowering."

第4章　黄金の液体

(1) Yiben Feng et al., "Bear Bile: Dilemma of a Traditional Medicinal Use and Animal Protection," *Journal of Ethnobiology and Ethnomedicine* 5, article 2 (2009).
(2) Rachel Fobar, "Bear Bile, Explained," *National Geographic*, February 25, 2019.
(3) Feng et al., "Bear Bile."
(4) Cynthia Graber, "Snake Oil Salesmen Were on to Something," *Scientific American*, November 1, 2007.
(5) T. Achufusi et al., "Ursodeoxycholic Acid," National Library of Medicine. https://www.ncbi.nlm.nih.gov/books/NBK545303/(2022年1月更新); URSO Prescribing Information, US Food and Drug Administration, November 2009.
(6) Lee Hagey et al., "Ursodeoxycholic Acid in the Ursidae: Biliary Bile Acids of Bears, Pandas, and Related Carnivores," *Journal of Lipid Research* 34, no. 11 (1993): 1911-17.
(7) Hagey et al., "Ursodeoxycholic Acid," 1912. *Ursus americanus*.
(8) Hagey et al., "Ursodeoxycholic Acid," 1912.
(9) Fabio Tonin and Isabel Arends, "Latest Development in the Synthesis of Ursodeoxycholic Acid (UCDA): A Critical Review," *Beilstein Journal of Organic Chemistry* 20, no. 14 (2018): 470-83.
(10) "Notice on Printing and Distributing the Novel Coronavirus Pneumonia Diagnosis and Treatment Plan," Office of the Chinese Medicine Bureau of the General Office of the Health Commission, March 3, 2020. http://www.gov.cn/zhengce/zhengceku/2020-03/04/5486705/files/ae61004f930d47598711a0d4cbf874a9.pdf
(11) ツキノワグマはおよそ19か国で見られる．これは，生息地が30か国を超えるヒグマに次ぐ数である．
(12) Lalita Gomez and Chris Shepherd, "Trade in Bears in Lao PDR with Observations from Market Surveys and Seizure Data," *Global Ecology and Conservation*, July 2018; Lorraine Scotson, "The Distribution and Status of Asiatic Black Bear *Ursus thibetanus* and Malayan Sun Bear *Helarctos malayanus* in Nam Et Phou Louey National Protected Area, Lao PDR," 2010, 28; Kaitlyn-Elizabeth Foley et al., "Pills, Powders, Vials, and Flakes: The Bear Bile Trade in Asia," TRAFFIC Southeast Asia report, 2011, vi, 7.

(13) Sir Thomas Stamford Raffles, *Transactions of the Linnean Society, Vol. XIII*, March 1823, in the *Monthly Review*, 232.
(14) T. Raffles, *Transactions of the Linnean Society*, 232.
(15) Lady Sophia Raffles, *Memoir of the Life and Public Serves of Sir Thomas Stamford Raffles, F.R.S.* (London: Gilbert and Rivington Printers, 1830), 446.
(16) S. Raffles, *Memoir of the Life*, 634.
(17) Stephen Herrero, "Aspects of Evolution and Adaptation in American Black Bears (*Ursus americanus Pallas*) and Brown and Grizzly Bears (*U. arctos Linne.*) of North America," Panel 4: Bear Behaviour, in Vol. 2, *A Selection of Papers from the Second International Conference on Bear Research and Management, Calgary, Alberta, Canada, 6-9 November 1970*. IUCN Publications New Series no. 23 (1972), 221-231. Published by the International Association for Bear Research and Management.
(18) Liya Pokrovskaya, "Vocal Repertoire of Asiatic Black Bear (*Ursus thibetanus*) Cubs," *Bioacoustics* 22, no. 3 (2013): 229-45；著者によるインタビュー．ジル・ロビンソン，2021年3月．
(19) IUCN SSC Bear Specialist Group et al., "Sun Bears: Global Status Review & Conservation Action Plan, 2019-2028," 2019, 4.
(20) 著者によるインタビュー．ガブリエラ・フレドリクソン，2021年5月．
(21) 著者によるインタビュー．ガブリエラ・フレドリクソン，2021年．
(22) Derry Taylor et al., "Facial Complexity in Sun Bears: Exact Facial Mimicry and Social Sensitivity," *Scientific Reports* 9, article no. 4961 (2019).
(23) Hagey et al., "Ursodeoxycholic Acid," 1912.
(24) 著者によるインタビュー．2019年3月；Animals Asia, "Convincing Vietnam's Most Notorious Bile Farm Village That Now Is the Time for Change," April 19, 2019.
(25) NGO諸団体による2019年の報告では，まだ約400頭のクマが農場で飼われていると推定されていた．ただしその後，クマの死亡や救助により，この数は減少している．
(26) 著者によるインタビュー．チュアン・ベンディクセン，2019年3月．
(27) これについて，正確な数字を得るのは難しい．アニマル・アジアでは，中国の農場に1万頭以上，それ以外のアジアの国々にも1万頭が飼われていると推定している．一方，"Cruel Cures: The Industry Behind Bear Bile Production and How to End It," World Animal Protection report, 2020, 9によると，中国の合法なクマ農場で2万頭のクマが飼育されているという．この情報の引用元は，C. Jiwen and G. Shenzhen, "Investigation report. Research on the Current Situation of Chinese Bear Bile Industry and Strategies for Transition," Development Reserach Center of the State Council, Beijing, 2016である．なおこの報告書は正式に公表されていないが，著者が動物保護団体ワールド・アニマル・プロテクションに連絡したところ，同団体は中国国務院発展研究センターとの短期的な協力を通してこの数字を得たとのことであった．
(28) "Bear Bile Farming — 2022 Status," Free the Bears report. https://freethebears.org/blogs/news/bear-bile-farming-2022-status〔上記サイトは2024年5月10日に更新され，2024年の現況が掲載されている〕

(29) Peter J. Li, "China's Bear Farming and Long-Term Solutions," *Journal of Applied Animal Welfare Science* 7, no. 1 (2004): 71-80.
(30) Feng et al., "Bear Bile."
(31) Susan Mainka and Judy Mills, "Wildlife and Traditional Chinese Medicine: Supply and Demand for Wildlife Species," *Journal of Zoo and Wildlife Medicine* 26, no. 2 (1995): 193.
(32) Foley et al., "Pills, Powders, Vials, and Flakes," 6.
(33) Peter Li, "China's Bear Farming and Long-Term Solutions," *Journal of Applied Animal Welfare Science* 7, no. 1 (2004): 71-81.
(34) 著者によるインタビュー; Moon Gwang-lip, "Vietnamese Urge Koreans Not to Travel for Bear Bile," *Korea JoongAng Daily*, October 27, 2009.
(35) World Animal Protection, "Cruel Cures," 4.
(36) 著者によるインタビュー. チュアン・ベンディクセン, 2019年3月.「なかにはものすごい金持ちもいて, そういう人からお金と引き替えにクマを引き取るのは, どだい無理なんですけどね……. フックト郡の大農場主は, 大きい家に住んで, 上等な車に乗っていますよ」
(37) Animals Asia, "Five Things You Need to Know about Bear Bile Farming," November 1, 2021.
(38) Animals Asia, "What Is Bear Bile Farming?" 2017.
(39) Animals Asia, "Six Horrific Ways Bear Bile Is Extracted for Traditional Medicine," January 10, 2018.
(40) Animals Asia, "Six Horrific Ways."
(41) Animals Asia, "Why Bear Bile Farming Persists in Vietnam," October 7, 2014.
(42) Animals Asia, "From 4,300 Caged Bears on Bile Farms in Vietnam to a Future with None," July 19, 2017.
(43) Animals Asia, "From 4,300 Caged Bears."
(44) Animals Asia, "Bear Numbers Fall on Vietnam's Bile Farms," January 8, 2015.
(45) Animals Asia, "Bear Numbers Fall."
(46) フリー・ザ・ベアーズのロッド・マビンおよびマシュー・ハントとの通信による. 集約データは存在せず, アジアの他国でも何百頭も救出されているが, ベトナムについては300～500頭が救出されたと彼らは推定する.
(47) World Animal Protection, "End in Sight for Cruel Bear Bile Industry in Vietnam," January 9, 2017.
(48) Shreya Dasgupta, "Vietnam's Bear Bile Farms Are Collapsing — But It May Not Be Good News," *Mongabay*, July 11, 2018.
(49) Brian Crudge et al., "The Challenges and Conservation Implications of Bear Bile Farming in Viet Nam," *Oryx* 54, no. 2 (2018): 256.
(50) Animals Asia, "These Broken Paws Have Become a Symbol of Bile Farm Cruelty," January 20, 2017.
(51) Elizabeth Burgress et al., "Brought to Bear: An Analysis of Seizures across Asia, 2000-2011," TRAFFIC report, 2014, 19.
(52) Daniel Willcox et al., "An Assessment of Trade in Bear Bile and Gall Bladder in Vietnam," TRAFFIC report, 2017, 30.

(53) IUCN Red List of Threatened Species Assessment, *Helarctos malayanus* and *Ursus thibetanus*.
(54) IUCN Red List of Threatened Species Assessment, Asiatic black bear.
(55) IUCN SSC Bear Specialist Group et al., "Sun Bears: Global Status Review & Conservation Action Plan, 2019-2028," 17.
(56) Roshan Guharajan et al., "Does the Vulnerable Sun Bear *Helarctos malayanus* Damage Crops and Threaten People in Oil Palm Plantations?" *Oryx* 53, no. 4 (2019): 1-9; Thye Lim Tee et al., "Anthropogenic Edge Effects in Habitat Selection by Sun Bears in a Protected Area," *Wildlife Biology*, 2021.
(57) Guharajan et al., "Does the Vulnerable Sun Bear *Helarctos malayanus* Damage Crops," 17; G. C. Tan, "Sun Bear Found Caught in Snare Near Oil Palm Plantation in Kedah," *The Star*, July 10, 2021.
(58) IUCN SSC Bear Specialist Group et al., "Sun Bears: Global Status Review," 17.
(59) Brian Crudge et al., "The Status and Distribution of Bears in Vietnam, 2016," Free the Bears and Animals Asia Technical Report, 2016.
(60) Crudge et al., "The Status and Distribution of Bears," 6.
(61) 著者によるインタビュー．ジル・ロビンソン，2021年3月．
(62) 著者によるインタビュー．チュアン・ベンディクセン，2019年3月．
(63) 著者によるインタビュー．チュアン・ベンディクセン，チン・フエン・チャン，2019年，2021年．
(64) Animals Asia, "Poachers Left This Sun Bear Orphaned and Alone — Now Heroes Have Rebuilt Her Life," August 28, 2017.
(65) Bella Peacock, "Malaysian Popstar Thought Pet Bear Was a Dog," 9News Australia, June 13, 2019.
(66) Peacock, "Malaysian Popstar."
(67) Scotson, "The Distribution and Status of Asiatic Black Bear *Ursus thibetanus*," 28も参照．
(68) 下記文献によると，ミャンマーは「世界的に絶滅の危機にある2種のクマが相当数，野生に生息する地であり，中国やその他の東アジアの消費国と経済的にも地政学的にもつながりがある」．Vincent Nijman et al., "Assessing the Illegal Bear Trade in Myanmar through Conversations with Poachers: Topology, Perceptions, and Trade Links to China," *Human Dimensions of Wildlife* 22, no. 2 (2017): 172-82.
(69) Animals Asia, "Vietnam Agrees Plan to Close All Bear Bile Farms," July 19, 2017.
(70) Vietnam News Agency, "Thousands of Hanoians Call for End to Bear Farming," February 13, 2019.
(71) Animals Asia, "Report: 97% of Traditional Medicine Doctors No Longer Prescribe Bear Bile in Vietnam," May 30, 2019.
(72) 著者によるインタビュー．ブライアン・クラッジ，2021年3月．
(73) Simon Denyer, "China's Bear Bile Industry Persists Despite Growing Awareness of the Cruelty Involved," *Washington Post*, June 3, 2018.

## 原 注

### 第5章　野生の世界を飛び出して

(1) Matthew Wright, "Bear Wanders into a California Grocery Store, Grabs a Bag of Tostitos," *Daily Mail Online*, August 21, 2020.
(2) Rachel Sharp, "Hungry Bears Break into California Gas Station and Supermarket and Eat Candy and Crackers," *Daily Mail Online*, September 1, 2020.
(3) Oliver Millman, "No Picnic: Americans Face Encounters with Black Bears as Population Rebounds," *The Guardian*, October 30, 2018.
(4) "Wildlife Officials Tranquilize Black Bear in Yonkers," CBS News, May 20, 2015.
(5) 著者によるインタビュー．カール・ラッキー，2015年3月；Marie Baca, "Near Lake Tahoe, There's a Bear So Tough, Bullets Bounce Off His Head," *Wall Street Journal*, August 16, 2010.
(6) 下記文献によると，タホ湖周辺（インクライン・ビレッジ，ステートライン，サウス・レイクタホ）の調査地域における「都市との境界に棲むクマ」の生息密度は「北米大陸で2番目に高い」. Jon Beckmann and Joel Berger, "Using Black Bears to Test Ideal-Free Distribution Models Experimentally," *Journal of Mammalogy* 84, no. 2 (2003): 597.
(7) 下記文献によると，クマと人間との軋轢が増加し始めたのは1990年代中ごろである．Jon Beckmann and Carl Lackey, "Lessons Learned from a 20-Year Collaborative Study on American Black Bears," *Human-Wildlife Interactions* 12, no. 3 (2018): 172-82.
(8) Jon Beckmann and Joel Berger, "Rapid Ecological and Behavioral Changes in Carnivores: The Responses of Black Bears (*Ursus americanus*) to Altered Food," *Journal of Zoology* 261, no. 2 (2003): 207-212; Kendra Pierre-Louis, "As Winter Warms, Bears Can't Sleep. And They're Getting into Trouble," *New York Times*, May 4, 2018.
(9) Beckmann and Berger, "Rapid Ecological and Behavioral Changes in Carnivores."
(10) Heather Johnson et al., "Human Development and Climate Affect Hibernation in a Large Carnivore with Implications for Human-Carnivore Conflicts," *Journal of Applied Ecology* 55, no. 2 (2018): 663-72.
(11) John Hopewell, "Warning to Visitors, Yellowstone Grizzly Bears Emerge Weeks Early Due to Warm Weather," *Washington Post*, March 10, 2016.
(12) Johnson et al., "Human Development and Climate Affect Hibernation."
(13) Heather Johnson, David L. Lewis, and Stewart W. Breck, "Individual and Population Fitness Consequences Associated with Large Carnivore Use of Residential Development," *Ecosphere* 11, no. 5 (2020): 1.
(14) Beckmann and Berger, "Using Black Bears to Test," 602.
(15) National Park Service, "Denning and Hibernation Behavior."
(16) Beckmann and Berger, "Using Black Bears to Test," 602.
(17) Beckmann and Berger, "Using Black Bears to Test," 602.
(18) "Bear Boxes in the Lake Tahoe Region," Tahoe Regional Planning Agency report, 2017, 4.
(19) Rae-Wynn Grant et al., "Risky Business: Modeling Mortality Risk Near the Urban-Wildland Interface for a Large Carnivore," *Global Ecology and Conservation* 16 (2018).
(20) Beckmann and Lackey, "Lessons Learned."

(21) Andrea Friebe et al., "Factors Affecting Date of Implantation, Parturition, and Den Entry Estimated from Activity and Body Temperature in Free-Ranging Brown Bears," *PLoS One* 9, no. 7 (2014); Zhang Hemin et al., "Delayed Implantation in Giant Pandas: The First Comprehensive Empirical Evidence," *Reproduction* 138, no. 6 (2009): 979-86; Cheryl Frederick et al., "Reproductive Timing and Seasonality in the Sun Bear (*Helarctos malayanus*)," *Journal of Mammalogy* 93, no. 2 (2012): 522-31. デイブ・ガーシェリスとの通信（2022年7月）によると，マレーグマについてはまだ断定できず，仮に着床遅延があったとしてもかなり短いだろうとのことである.
(22) Stephen Herrero et al., "Fatal Attacks by American Black Bear on People, 1900-2009," *Journal of Wildlife Management* 75, no. 3 (2011): 596-603.
(23) Herrero et al., "Fatal Attacks by American Black Bear."
(24) Alexandra Yoon-Hendricks and Ryan Sabalow, "California Man Had a Destructive Bear Killed. Then His Tahoe Neighbors Went on the Attack," *Sacramento Bee*, January 6, 2020; Travis Hall, "Black Bear Walks into California Home and Attacks Woman," *Field & Stream*, June 29, 2022.
(25) Claire Cudahy, "Man Jump Kicks Bear in Chest after It Breaks into Cabin at Fallen Leaf Lake," *Tahoe Daily Tribune*, July 2, 2018.
(26) Arthur Rotstein, "Bear Mauls Camp Counselor," Associated Press, July 26, 1996; UPI, "Bear Killed after Mauling Girl," July 25, 1996.
(27) Tim Vanderpool, "Bruin Trouble," *Tucson Weekly*, February 17, 2000.
(28) Beckmann and Lackey, "Lessons Learned."
(29) Valeria Zamisch and Jennifer Vonk, "Spatial Memory in Captive American Black Bears (*Ursus americanus*)," *Journal of Comparative Psychology* 126, no. 4 (2012): 372-87.
(30) 退職した脳神経外科医で，クマの生理学の専門家でもあるジョージ・スティーブンソン博士が行なった実験によると，グリズリーの鼻にある神経終末の数は猟犬の7倍だった．そして猟犬には，人間の約300倍の神経終末がある.
(31) 著者によるインタビュー．ジェニファー・ボンク，2021年3月.
(32) Wenliang Zhou et al., "Why Wild Giant Pandas Frequently Roll in Horse Manure," *Proceedings of the National Academy of Sciences* 117, no. 51 (2020): 32493-98.
(33) Peter Thomspon et al., "Time-Dependent Memory and Individual Variation in Arctic Brown Bears (*Ursus arctos*)," *Movement Ecology* 10, article no. 18 (2022).
(34) Ian Stirling et al., "Do Wild Polar Bears (*Ursus maritimus*) Use Tools When Hunting Walruses (*Odobenus rosmarus*)?" *Arctic* 74, no. 2 (2020): 175-87.
(35) 以下の研究が含まれる. Jennifer Vonk, Stephanie E. Jett, and Kelly W. Mosteller, "Concept Formation in American Black Bears (*Ursus americanus*)," *Animal Behaviour* 84, no. 4 (2012): 953-64; Zamisch and Vonk, "Spatial Memory in Captive American Black Bears (*Ursus americanus*)"; Jennifer Vonk and Moriah Galvan, "What Do Natural Categorization Studies Tell Us about Apes and Bears?" *Animal Behavior and Cognition* 1, no. 3 (2014): 309-330; Jennifer Vonk and Zoe Johnson-Ulrich, "Social and Non-Social Category Discrimination in a Chimpanzee (*Pan troglodytes*) and American Black Bears

(*Ursus americanus*)," *Learning and Behavior* 42, no. 3 (2014): 231-45; Vonk et al., "Manipulating Spatial and Visual Cues in a Win-Stay Foraging Task in Captive Grizzly Bears (*Ursus arctos horribilis*)," in *Spatial, Long- and Short-Term Memory: Functions, Differences and Effects of Injury*, ed. Edward A. Thayer (New York: Nova Biomedical, 2016), 47-60.
(36) 著者によるインタビュー. ジェニファー・ボンク, 2021年3月.
(37) Jennifer Vonk and Michael Beran, "Bears 'Count' Too: Quantity Estimation and Comparison in Black Bears (*Ursus americanus*)," *Animal Behaviour* 84, no. 1 (2012): 231-38.
(38) Vonk and Beran, "Bears 'Count' Too."
(39) Vonk and Beran, "Bears 'Count' Too."
(40) Vonk and Beran, "Bears 'Count' Too."
(41) 著者によるインタビュー. ケイトリン・リー・ロニー, 2019年9月.
(42) 著者によるインタビュー. ケイトリン・リー・ロニー, 2019年.
(43) 著者によるインタビュー. レイチェル・マズル, 2019年9月.
(44) Paul Rogers, "Conflicts with Yosemite Bears Fall Dramatically as People, Bears Learn New Lessons," *Mercury News*, August 12, 2016.
(45) Rogers, "Conflicts with Yosemite Bears Fall."
(46) Suzanne Charle, "To Bears in Yosemite, Cars Are Like Cookie Jars," *New York Times*, November 30, 1997.
(47) Rogers, "Conflicts with Yosemite Bears Fall."
(48) Kate Nearpass Ogden, *Yosemite* (London: Reaktion Books, 2015), 45.
(49) Ogden, *Yosemite*, 32.
(50) Ogden, *Yosemite*, 32-33.
(51) Ogden, *Yosemite*, 36-42.
(52) Rachel Mazur, *Speaking of Bears: The Bear Crisis and a Tale of Rewilding from Yosemite, Sequoia, and Other National Parks* (Guilford, CT: Falcon Guides, 2015).
(53) John Muir, *Our National Parks* (Boston and New York: Houghton, Mifflin and Company, 1901).
(54) Ogden, Yosemite, 54-58.
(55) Mazur, *Speaking of Bears*, 24.
(56) Mazur, *Speaking of Bears*, 25-26.
(57) Mazur, *Speaking of Bears*, 30-31.
(58) Mazur, *Speaking of Bears*, 29.
(59) Mazur, *Speaking of Bears*, 31.
(60) Mazur, *Speaking of Bears*, 32.
(61) Mazur, *Speaking of Bears*, 33.
(62) Mazur, *Speaking of Bears*, 33.
(63) Mazur, *Speaking of Bears*, 36.
(64) Mazur, *Speaking of Bears*, 36.

(65) Sarah Dettmer, "Night of the Grizzlies: Lessons Learned in 50 Years Since Attacks," *Great Falls Tribune*, August 3, 2017.
(66) Dettmer, "Night of the Grizzlies."
(67) Dettmer, "Night of the Grizzlies."
(68) Dettmer, "Night of the Grizzlies."
(69) Dettmer, "Night of the Grizzlies."
(70) Dettmer, "Night of the Grizzlies."
(71) Stephen Herrero, *Bear Attacks: Their Causes and Avoidance*, 3rd ed. (Guilford, CT: Lyons Press, 1985), 53.
(72) Herrero, *Bear Attacks*, 53.
(73) Herrero, *Bear Attacks*, 54.
(74) Herrero, *Bear Attacks*, 54.
(75) Herrero, *Bear Attacks*, 55.
(76) Margaret Seelie, "Nature Is a Woman's Place: How the Myth That Bears Are a Danger to Menstruating Women Spread," *Jezebel*, May 25, 2017.
(77) *Grizzly, Grizzly, Grizzly*, US National Park Service and US Forest Service brochure. https://archive.org/details/grizzlygrizzlygr239unit/mode/2up
(78) *Grizzly, Grizzly, Grizzly*.
(79) Kerry Gunther, "Bears and Menstruating Women," Yell 707, Information Paper BMO-7, February 2016.
(80) Mazur, *Speaking of Bears*, 73.
(81) Mazur, *Speaking of Bears*, 56.
(82) Bill Van Niekerken, "An Ode to Phil Frank: When 'Travels with Farley' Moved to SF Full Time," *San Francisco Chronicle*, February 25, 2020.
(83) 著者によるインタビュー．ケイトリン・リー・ロニー，2019年9月．
(84) National Park Service, "Human-Bear Incidents Reach Record Low in Yosemite National Park," November 19, 2015.
(85) 著者によるインタビュー．ケイトリン・リー・ロニー，2019年9月．
(86) 著者によるインタビュー．ケイトリン・リー・ロニー，2019年．
(87) 著者によるインタビュー．ケイトリン・リー・ロニー，2019年．「クマの夜間活動は大幅に減った．以前は，私たちが抱える問題の9割は夜間に活動するクマだったのだが，ここ数年はそういう事例がほとんどない」
(88) John B. Hopkins et al., "The Changing Anthropogenic Diets of American Black Bears over the Past Century in Yosemite National Park," *Frontiers in Ecology and the Environment* 12, no. 2 (2014): 107-114.
(89) National Park Service, "Human-Bear Incidents Reach Record Low"; Yosemite National Park Bear Facts, August 25 to August 31, 2019.
(90) 著者によるインタビュー．ケイトリン・リー・ロニー，2019年．

第6章　グリズリーの再来

(1) 著者によるインタビュー．ネイサン・キーン，2021年5月．
(2) 著者によるインタビュー．ネイサン・キーン，2021年．
(3) 著者によるインタビュー．ネイサン・キーン，2021年．
(4) Aaron Bolton, "Pioneering Grizzly Bear Spotted East of Great Falls," Montana Public Radio, June 20, 2020.
(5) 著者によるインタビュー．ネイサン・キーン，2021年．
(6) 著者によるインタビュー．ネイサン・キーン，2021年．
(7) Bolton, "Pioneering Grizzly Bear Spotted"；著者によるインタビュー．ウェズリー・サーメント，2021年
(8) 著者によるインタビュー．ネイサン・キーン，2021年．
(9) Nathan Rott, "As Grizzlies Come Back, Frustration Builds over Continued Protections," NPR Weekend Edition, February 2, 2019; Jim Robbins, "Grizzlies Return, with Strings Attached," *New York Times*, August 15, 2011.
(10) Associated Press, "Grizzly Bear Photographed in Big Snowy Mountains."（*Great Falls Tribune*, May 6, 2021に掲載）
(11) Craig Miller and Lisette Waits, "The History of Effective Population Size and Genetic Diversity in the Yellowstone Grizzly（*Ursus arctos*）: Implications for Conservation," *Proceedings of the National Academy of Sciences* 100, no. 7（2003）: 4334-39; Sylvia Fallon, "No Room to Roam — New Top Ten Report Highlights the Isolation of Yellowstone Grizzly Bears," NRDC blog, November 18, 2015.
(12) "Mexican Grizzly（Extinct）," Bear Conservation.
(13) "Special Status Assessment for the Grizzly Bear（*Ursus arctos horribilis*）in the Lower-48 States: A Biological Report," prepared by the US FWS Grizzly Bear Recovery Office, Missoula, January 2021, 50.
(14) "Grizzly Recovery Program," University of Montana. https://www.cfc.umt.edu/grizzlybearrecovery/about/default.php
(15) "Grizzly Recovery Program."
(16) Jeremy Miller, "Awakening the Grizzly," *Pacific Standard Magazine*, June/July 2018.
(17) Karin Klein, "Orange County's Grizzly Past," *Los Angeles Times*, September 29, 2010.
(18) Miller, "Awakening the Grizzly."
(19) "The Pacific Coast Nimrod Who Gives Chairs to Presidents," *New York Times*, December 9, 1885.
(20) Marshall R. Auspach, "The Lost History of Seth Kinman," in *Now and Then*（Muncy, PA: Muncy Historical Society, 1947）, 180-202; "The 'Pacific Coast Nimrod' Seth Kinman and His Snapping Grizzly Bear Chairs Fit for Presidents," *Flashbak*, April 6, 2014.
(21) "Special Status Assessment," 51.
(22) "Special Status Assessment," 51.
(23) "Special Status Assessment," 4; Amendment listing the grizzly bear of the 48 Conterminous states as a threatened species（*Ursus arctos horribilis*）, US Fish and Wildlife

Service, Vol. 40, No. 145, July 28, 1975, Washington, DC, 31734-36.
(24) "Special Status Assessment," 4.
(25) 小規模な狩猟は，モンタナ州北西部で1990年代初頭まで続いた．Associated Press, "Montana Grizzly Hunt Delayed," September 28, 1991.
(26) "Grizzly Bear Listed as Threatened Species."（米国内務省の報道発表，1975年7月28日）
(27) "Special Status Assessment," 76; "Grizzly Bear Recovery Plan."（クリス・サービーンが作成し，USFWSが1993年9月10日に承認したグリズリー回復計画）
(28) "Special Status Assessment," 8.
(29) "Special Status Assessment," 178-179; Gloria Dickie, "Return of the Grizzly?" *High Country News Magazine*, February 21, 2017.
(30) "Grizzly Detected in Montana's Bitterroots Last Week," *Spokesman-Review*, July 23, 2019; Justin Housman, "Lone Grizzly Makes a Home in Bitterroot Ecosystem — First Time in 80 Years," *Adventure Journal*, July 22, 2019.
(31) Michael Dax, *Grizzly West: A Failed Attempt to Reintroduce Grizzly Bears in the Mountain West* (Lincoln: University of Nebraska Press, 2015); Rob Chaney, "Grizzly Biologists Release Bitterroot Studies," *Missoulian*, June 17, 2021.
(32) "Special Status Assessment," p. 61に，米国本土48州に少なくとも「1913頭」とある．
(33) "Special Status Assessment," p. 4に，1975年には米国本土48州に700～800頭のグリズリーが生息していたと記載されている．
(34) "Grizzly Bear in the Lower-48 States (*Ursus arctos horribilis*) 5-Year Status Review: Summary and Evaluation," US Fish and Wildlife Service, 4.
(35) "Special Status Assessment,", p. 4～p. 5に，元来の生息域の2％から6％に増加したと記載されている．
(36) クリス・サービーンとの通信，2022年7月．
(37) 著者によるインタビュー．クリス・サービーン，2021年5月．「5～10年以内に，しっかりとつながるだろう」
(38) "Grizzly Bear Biology," University of Montana Grizzly Bear Recovery Program.
(39) USFWSのデータによると，ワピチ猟をしていた人が自分の身を守るためにグリズリーを殺した例が2015年以降に6件ある．
(40) Yellowstone National Park, "Identity of Victim in Grizzly Attack Released," August 10, 2015.
(41) Yellowstone National Park, "Hiker's Death Confirmed as Grizzly Attack," August 13, 2015.
(42) "Hiker's Death Confirmed."
(43) Associated Press, "Ohio Zoo Takes Cubs of Bear Euthanized after Yellowstone Hiker Killed and Eaten."（*The Guardian*, August 15, 2015に掲載）
(44) Albert Sommers et al., "Quantifying Economic Impacts of Large-Carnivore Depredation on Bovine Calves," *Journal of Wildlife Management* 74, no. 7 (2010): 1425-34; Gloria Dickie, "Pay for Prey," *High Country News Magazine*, July 23, 2018.
(45) M. A. Haroldson et al., "Documented Known and Probable Grizzly Bear Mortalities in the Greater Yellowstone Ecosystem, 2015-2021," US Geological Survey data release, 2022. https://doi.org/10.5066/P9U1X0KF

(46) 著者によるインタビュー．クリス・サービーン，2021年.
(47) Associated Press, "After Reappearing in Central Montana, Grizzly Killed over Cattle Depredation."（Montana Public Radio で 2021年5月14日に放送）
(48) Gloria Dickie, "Grizzly Face-Off," *High Country News Magazine*, May 16, 2016.
(49) Cornelia Dean, "Wyoming: A Comeback Worthy of a Grizzly Bear," *New York Times*, March 23, 2007.
(50) Matthew Brown, "Feds Sued over Removal of Grizzlies from Threatened List," Associated Press, June 5, 2007.
(51) Greater Yellowstone Coalition Inc. v. Servheen（D-MONT. 9-21-2009）.
(52) USGS et al., "The Greater Yellowstone Climate Assessment," 2021.
(53) Janet Fryer, "*Pinus albicaulis*," US Department of Agriculture, Forest Service, Rocky Mountain Research Station, Fire Sciences Laboratory, 2002.
(54) Frank T. Van Manen et al., "Response of Yellowstone Grizzly Bears to Changes in Food Resources: A Synthesis. Final Report to the Interagency Grizzly Bear Committee and Yellowstone Ecosystem Subcommittee," 2013.
(55) Van Manen et al., "Response of Yellowstone Grizzly Bears to Changes in Food Resources," 3.
(56) Van Manen et al., "Response of Yellowstone Grizzly Bears to Changes in Food Resources," 5.
(57) Van Manen et al., "Response of Yellowstone Grizzly Bears to Changes in Food Resources," 14.
(58) Van Manen et al., "Response of Yellowstone Grizzly Bears to Changes in Food Resources," 4.
(59) Van Manen et al., "Response of Yellowstone Grizzly Bears to Changes in Food Resources," 13.
(60) Van Manen et al., "Response of Yellowstone Grizzly Bears to Changes in Food Resources," 35
(61) Van Manen et al., "Response of Yellowstone Grizzly Bears to Changes in Food Resources," 35.
(62) Kelsey Dayton, "Will the Grizzly Bear Flourish or Falter after Decades under ESA?" *WyoFile*, December 24, 2013.
(63) 著者によるインタビュー．スティーブ・ウェスト，2017年8月；Gloria Dickie, "Bear Market," *Walrus Magazine*, May 2018.
(64) 著者によるインタビュー．スティーブ・ウェスト，2017年；Dickie, "Bear Market."
(65) "Steve West Smashes Long Standing Boone & Crockett Grizzly Record with Muzzleloader," *Outdoor Hub*, August 7, 2012.
(66) 著者によるインタビュー．スティーブ・ウェスト，2017年.
(67) Department of Interior, "Endangered and Threatened Wildlife and Plants; Removing the Greater Yellowstone Ecosystem Population of Grizzly Bears from the Federal List of Endangered and Threatened Wildlife," Federal Register, Vol. 82, No. 125, June 30, 2017.
(68) Colin Dwyer, "After 42 Years, Yellowstone Grizzly Will Be Taken Off Endangered Species List," NPR, June 22, 2017.
(69) Ayla Besemer, "Wyoming Announces Grizzly Hunt Near Yellowstone and Grand Teton," *Backpacker*, May 24, 2018.
(70) Todd Wilkinson, "Jane Goodall Joins Wyoming Protestors in Buying Up Grizzly Hunt Tickets," *National Geographic*, July 16, 2018.
(71) "Into the Wild with Thomas D. Mangelsen," *60 Minutes* with Anderson Cooper, May 6,

2018; Todd Wilkinson, "Famous Grizzly Bear 'Back from the Dead' — with a New Cub," *National Geographic*, May 12, 2016. 〔グリズリー 399 は，2024 年 10 月 22 日に車にはねられて死亡した〕

(72) Karin Brulliard, "A Wildlife Photographer Won a Permit to Shoot Grizzlies. Here's What He's Doing with It," *Washington Post*, August 1, 2018.

(73) Brulliard, "A Wildlife Photographer Won a Permit."

(74) Brulliard, "A Wildlife Photographer Won a Permit."

(75) "Groups Challenge Decision to Remove Yellowstone Grizzly Protections," Earthjustice release, August 30, 2017. https://earthjustice.org/press/2017/groups-challenge-decision-to-remove-yellowstone-grizzly-protections

(76) Melodie Edwards, "Nine Tribes Sue, Saying Feds Didn't Consult Them on Grizzly Delisting," Wyoming Public Media, August 4, 2017. https://www.courthousenews.com/wp-content/uploads/2017/07/Grizzlies.pdf

(77) Gloria Dickie, "Tribal Nations Fight Removal of Grizzly Protections," *High Country News Magazine*, June 20, 2017; "The Grizzly: A Treaty of Cooperation, Cultural Revitalization and Restoration."

(78) United States District Court for the District of Montana, Missoula Division ruling on Crow Indian Tribe et al. v. United States of America et al. and State of Wyoming et al., September 24, 2018, 2.

(79) United States District Court for the District of Montana, 2.

(80) United States District Court for the District of Montana, 25.

(81) United States District Court for the District of Montana, 25.

(82) 著者によるインタビュー．トリーナ・ジョー・ブラッドリー，2021 年 5 月.

(83) Alex Sakariassen, "Grizzly Bear Advisory Council Struggles with 'Herculean' Challenge in Missoula," *Montana Free Press*, December 6, 2019.

(84) Dickie, "Pay for Prey." また下記資料によると，ワイオミング州の鳥獣魚類局（Wyoming Game & Fish Department）は 2019 年に 176 頭の飼牛がグリズリーに殺されたとしている（Angus Thuermer, "Grizzly CSI: Cutting to Facts in a Predator-Livestock Whodunit," *WyoFile*, August 4, 2020）. "Government Data Confirm That Grizzly Bears Have a Negligible Effect on U.S. Cattle and Sheep Industries," Humane Society, March 6, 2019.

(85) Nicky Ouellet, "Northern Continental Divide Grizzlies to Lose Federal Protections, USFWS Says," Montana Public Radio, May 10, 2018.

(86) 著者によるインタビュー．クリス・サービーン，2021 年.

(87) Associated Press, "Only US Grizzly Bear Recovery Coordinator Retiring after 35 Years," April 21, 2016.

(88) 著者によるインタビュー．クリス・サービーン，2021 年.

(89) 著者によるインタビュー．クリス・サービーン，2021 年；"Proceedings — Grizzly Bear Habitat Symposium," IGBC, Missoula, Montana, April 30-May 2, 1985, 3.

(90) Dickie, "Grizzly Face-Off."

(91) Dickie, "Grizzly Face-Off."

(92) Montana Wildlife Federation, "About Us."
(93) 著者によるインタビュー．クリス・サービーン，2021年.
(94) Chris Servheen, "Backward Thinking Targets Bears and Wolves," *Mountain Journal*, March 7, 2021; Chris Servheen, "Scientists Say Gianforte's Anti-Wolf, Anti-Grizzly Policies in Montana Have No Scientific Basis," *Mountain Journal*, October 2, 2021.
(95) Servheen, "Backward Thinking Targets Bears and Wolves."
(96) Montana Bill SB314; Alex Sakariassen, "What Got Signed, and What Got Vetoed," *Montana Free Press*, May 20, 2021.
(97) Sakariassen, "What Got Signed."
(98) Montana HB 224; "Montana Joins Idaho in Passing Extreme Wolf-Killing Legislation," Center for Biological Diversity press release, May 20, 2021.
(99) HB 468; Sakariassen, "What Got Signed."
(100) Servheen, "Backward Thinking Targets Bears and Wolves."
(101) Laura Zuckerman, "Conservation Groups Demand U.S. Restore Grizzly Bears to Native Range," Reuters, June 18, 2014.
(102) Zuckerman, "Conservation Groups Demand."
(103) Zuckerman, "Conservation Groups Demand."

第7章　氷上を歩くもの

(1) Chris Woolston, "Polar Bear Researchers Struggle For Air Time," *Nature* 599 (November 2021): S16-S17；著者によるインタビュー．アンドリュー・デロシェール，2018年11月.
(2) John Volk, "The Bears of Churchill: Magnificence and Beauty in the Canadian Wilderness," *Chicago Tribune*, March 24, 1985.
(3) Shiping Liu et al., "Population Genomics Reveal Recent Speciation and Rapid Evolutionary Adaptation in Polar Bears," *Cell* 157, no. 4 (2014): 785-94; Webb Mill et al., "Polar and Brown Bear Genomes Reveal Ancient Admixture and Demographic Footprints of Past Climate Change," *Proceedings of the National Academy of Sciences* 109, no. 36 (2012): E2382-90.
(4) IUCN Red List of Threatened Species Assessment, *Ursus maritimus*, August 2015.
(5) The Canadian Press, "'So many bears': Draft Plan Says Nunavut Polar Bear Numbers Unsafe."（カナダ放送協会［CBC］のサイトに2018年11月12日付で掲載）
(6) NASA, "Arctic Sea Ice Extent." https://climate.nasa.gov/vital-signs/arctic-sea-ice/
(7) John Edwards Caswell, "Henry Hudson," *Encyclopedia Britannica*; "Henry Hudson," History.com（2018年9月12日更新）; "Henry Hudson North-West Passage Expedition, 1610-11," Royal Museums Greenwich.
(8) Caswell, "Henry Hudson."
(9) アンドリュー・デロシェールとの通信，2021年6月．ハドソン湾の周辺（フォックス湾，ハドソン湾南部，ハドソン湾西部）に棲む三つの個体群が，こうした行動をとる.
(10) 著者によるインタビュー．アンドリュー・デロシェール，2018年11月．また，同氏との2021年の通信によれば，クマはこの地域の泥炭の土手にも引き寄せられるという．雪が降

る前に巣穴をつくることができるためである.

(11) アンドリュー・デロシェールとの通信, 2021年6月.

(12) Parks Canada, "Grizzly Bears — Wapusk National Park"; Douglas Clark, "Recent Reports of Grizzly Bears, *Ursus arctos*, in Northern Manitoba," *Canadian Field Naturalist* 114, no. 4 (2000): 692-4.

(13) World Wildlife Fund, "Polar Bear Diet."

(14) アンドリュー・デロシェールとの通信, 2021年6月.

(15) Ingrid Margaretha Høie, "International Trade in Polar Bears from Canada Could Threaten The Species' Survivability," Norwegian Scientific Committee for Food and Environment risk assessment, June 25, 2020.

(16) アンドリュー・デロシェールとの通信, 2021年6月.

(17) "For Hudson Bay Polar Bears, the End Is Already in Sight." (*Yale Environment 360* によるアンドリュー・デロシェールのインタビュー記事, 2010年7月8日)

(18) "Polar Bear," Environment and Natural Resources, Nunavut. https://www.enr.gov.nt.ca/en/services/polar-bear

(19) Liu et al., "Population Genomics Reveal Recent Speciation."

(20) James Cahill et al., "Genomic Evidence of Geographically Widespread Effect of Gene Flow from Polar Bears into Brown Bears," *Molecular Ecology* 24, no. 6 (2015): 1205-1217.

(21) Charles T. Feazel, *White Bear* (New York: Henry Holt and Company, 1990).

(22) Robert W. Park, "Dorset Culture," University of Waterloo; "Middle Palaeo-Eskimo Culture," Canadian Museum of History; "Disappearance of Dorset Culture," Canadian Museum of History.

(23) "Thule and their Ancestors," Museum of the North, University of Alaska Fairbanks; "Thule Culture," Museum of the North, University of Alaska Fairbanks.

(24) よく耳にする主張だが, 出典はややあいまいである. 英ケンブリッジ大学のスコット極地研究所のブログ記事「Object in focus: carving in ivory of a polar bear hunting a seal」でも, そのように主張している. また, Bernd Brunner, *Bears: A Brief History* (New Haven, CT: Yale University Press, 2007), 161〔『熊—人類との「共存」の歴史』白水社 (2010年), p. 157〕によると, Reverend John George Wood, *Nature's Teachings* (London: Daldy, Isbister, 1877) にこれについての記載があり, その根拠は1871年の北極探検にあるとしている.

(25) Frédéric Laugrand and Jarich Oosten, "The Bringer of Light: The Raven in Inuit Tradition," *Polar Record* 42, no. 3 (2006): 187-204.

(26) Brandon Kerfoot, "Beyond Symbolism: Polar Bear Characters and Inuit Kinship in Markoosie's *Harpoon of the Hunter*," *Canadian Literature* 230 (Fall/Winter 2016): 162-76; Frédéric Laugrand and Jarich Oosten, *Hunters, Predators, and Prey: Inuit Perceptions of Animals* (New York: Berghahn Books, 2015); 著者によるインタビュー. カナダ・マニトバ州チャーチルのイツサニタック博物館の学芸員ロレイン・ブランドソン, 2018年11月.

(27) Rachel Attituq Qitsualik, "What the Inuit 'Want,'" *Indian Country Today*, November 24, 2004.

(28) イヌイットの詩や神話で用いられる *Pihoqahiak* という言葉より. Christina E. Macleod, "It Takes a Village to Save a Polar Bear," IUCN Governance for Sustainability —

Environmental and Policy Paper No. 70, 2008.
(29) Michael Engelhard, *Ice Bear* (Seattle: University of Washington Press, 2016).
(30) Daniel Hahn, *The Tower Menagerie* (London: Penguin, 2004).
(31) Miriam Bibby, "King Henry III's Polar Bear," Historic UK. https://www.historic-uk.com/CultureUK/Henry-III-Polar-Bear/
(32) Hahn, *The Tower Menagerie*.
(33) Hahn, *The Tower Menagerie*.
(34) "The Tower of London Menagerie," Historic Royal Palaces; Hahn, *The Tower Menagerie*.
(35) Engelhard, *Ice Bear*; Michael Engelhard, "Here Be White Bears," *Hakai Magazine*, May 30, 2017.
(36) James Wilder et al., "Polar Bear Attacks on Humans: Implications of a Changing Climate," *Wildlife Society Bulletin* 41, no. 3 (2017): 2.
(37) Wilder et. al., "Polar Bear Attacks on Humans" によれば，北極地方には何千年にもわたり先住民族が暮らしてきたが，記録に残る最初の襲撃は 1595 年のものである［de Veer (1876) より引用］.
(38) Engelhard, *Ice Bear*.
(39) "How Does Sea Ice Affect Global Climate?" National Oceanic and Atmospheric Administration, 2021.
(40) 1979〜1990 年の期間における 9 月の海氷量の平均値は約 700 万 km$^2$ だったのに対し，2011〜2020 年の平均値は約 450 万 km$^2$ だった. CHARCTIC, National Snow & Ice Data Center.
(41) Maria-Vittoria Guarino, "Sea-Ice-Free Arctic during the Last Interglacial Supports Fast Future Loss," *Nature Climate Change* 10 (2020): 928-32.
(42) Thomas Brown et al., "High Contributions of Sea Ice Derived Carbon in Polar Bear (*Ursus maritimus*) Tissue," *PLoS One* 13, no. 1 (2018); Kristin Laidre et al., "Glacial Ice Supports a Distinct and Undocumented Polar Bear Subpopulation Persisting in Late 21st-Century Sea-Ice Conditions," *Science* 376, no. 6599 (2022): 1333-38 (この文献は，海氷がなくても生存できるホッキョクグマの個体群を発見したとしている). ただし，デロシェールによると「グリーンランド南東部のホッキョクグマは，海氷の代わりに氷河を狩りの場に用いているが，ホッキョクグマが獲物とするアザラシは，繁殖と食料を海氷生態系に頼っている. 海氷がなければ，アザラシは生存できず，そうなればホッキョクグマも生存できない」［2022 年 6 月 22 日，ツイッター (現 X) による発信］
(43) Patrick Jagielski et al., "Polar Bears Are Inefficient Predators of Seabird Eggs," *Royal Society Open Science* 8, no. 4 (2021).
(44) Peter Molnar et al., "Fasting Season Length Sets Temporal Limits for Global Polar Bear Persistence," *Nature Climate Change* 10, no. 8 (2020): 732-38.
(45) Molnar et al., "Fasting Season Length."
(46) Andrew Derocher, "Western Hudson Bay Polar Bears," Polar Bears International blog, October 31, 2018.
(47) "Polar Bears Returning to Ice," Polar Bears International blog, November 10, 2017.

(48) Nicholas Lunn et al., "Demography of an Apex Predator at the Edge of Its Range: Impacts of Changing Sea Ice on Polar Bears in Hudson Bay," *Ecological Applications* 26, no. 5 (2016): 1302-1320.
(49) Martyn Obbard et al., "Re-Assessing Abundance of Southern Hudson Bay Polar Bears by Aerial Survey: Effects of Climate Change at the Southern Edge of the Range," *Arctic Science* 4, no. 4 (2018).
(50) "Marine Mammal Protection Act; Stock Assessment Report for Two Stocks of Polar Bears," US Fish and Wildlife Service Federal Register, June 24, 2021.
(51) Molnar et al.,"Fasting Season Length."
(52) Alexis McEwen, "Living on the Edge in the Town of Churchill," Travel Manitoba blog, November 1, 2016；取材メモ.
(53) G. Bombieri et al., "Brown Bear Attacks on Humans: A Worldwide Perspective," *Scientific Reports* 9, no. 1 (2019) によると，2000～2015年に世界で確認されたヒグマの襲撃のうち，14%が致死的な事故だった．一方，Wilder et al., "Polar Bear Attacks on Humans" によると，ホッキョクグマの襲撃のうち24%で死者が出ている．スティーブン・ヘレロの研究によると，1960～1998年の間に発生したアルバータ州でのアメリカクロクマとヒグマによる襲撃に占める死亡事故の割合は上記よりも高く，それぞれ約42%，32%となっているが，標本サイズは小さい．
(54) Bryan Holt, "Man Lived Only Two Blocks from Bears," *Baltimore Afro-American*, August 31, 1976.
(55) Associated Press, "Man's Body Mauled by Bears in Zoo." (*Gettysburg Times*, August 28, 1976に掲載)
(56) メリーランド動物園の記録係との通信.
(57) Sean McKibbon, "Polar Bear Kills One, Injures Two Others," *Nunatsiaq News*, July 16, 1999.
(58) Canadian Press, "Polar Bear Kills Eskimo Student at Churchill." (*Ottawa Citizen*, November, 18, 1968に掲載)
(59) UPI, "Migrating Polar Bear Mauls Canadian," November 30, 1983.
(60) Jon Mooallem, *Wild Ones* (New York: Penguin Books, 2013), 31.
(61) Mooallem, *Wild Ones*, 32.
(62) UPI, "Migrating Polar Bear Mauls Canadian."
(63) 著者によるインタビュー．カナダ・マニトバ州チャーチルのイツサニタック博物館の学芸員ロレイン・ブランドソン，2018年.
(64) Carolyn Turgeon, "Victim of Vicious Polar Bear Attack Stuck with $13,000 Bill for Air Ambulance to Winnipeg," *National Post*, January 25, 2015.
(65) Turgeon, "Victim of Vicious Polar Bear Attack."
(66) "Halloween with the Polar Bears," Frontiers North Adventures blog. https://blog.frontiersnorth.com/halloween
(67) 著者によるインタビュー．エリン・グリーン，2020年10月.
(68) "RAW: Erin Greene on Being Attacked by a Polar Bear," CBC, 2013. https://www.cbc.ca/player/play/2425415449

(69) 著者によるインタビュー．エリン・グリーン，2020年10月.
(70) "RAW: Erin Greene on Being Attacked."
(71) Paul Hunter, "He Saved a Woman from a Polar Bear. 'Then the mauling was on for me,'" *Toronto Star*, May 20, 2017.
(72) Hunter, "He Saved a Woman."
(73) Hunter, "He Saved a Woman."
(74) Hunter, "He Saved a Woman."
(75) Hunter, "He Saved a Woman."
(76) Hunter, "He Saved a Woman."
(77) "RAW: Erin Greene on Being Attacked."
(78) Canadian Press, "Two Polar Bears Shot After Attack in Churchill, Manitoba." (*Toronto Star*, November 1, 2013に掲載)
(79) Hunter, "He Saved a Woman."
(80) Wilder et al., "Polar Bear Attacks on Humans."
(81) Wilder et al., "Polar Bear Attacks on Humans."
(82) 著者によるインタビュー．ジェフ・ヨーク，2018年11月.
(83) ホッキョクグマ警戒プログラム，「よくある質問」に関する報道関係者用資料（2015年10月更新版）
(84) Elisha Dacey, "Gypsy's Bakery in Churchill Burns to the Ground," CBC, May 13, 2018.
(85) ホッキョクグマ警戒プログラム，「よくある質問」に関する報道関係者用資料.
(86) ホッキョクグマ警戒プログラム，「よくある質問」に関する報道関係者用資料.
(87) 著者によるインタビュー．アンドリュー・スクラルク，2020年10月.
(88) ホッキョクグマ警戒プログラムとの通信.
(89) ホッキョクグマ警戒プログラム，「よくある質問」に関する報道関係者用資料.
(90) ホッキョクグマ警戒プログラム，「よくある質問」に関する報道関係者用資料.
(91) ホッキョクグマ警戒プログラム，「よくある質問」に関する報道関係者用資料.
(92) ホッキョクグマ警戒プログラム，「よくある質問」に関する報道関係者用資料.
(93) Ed Yong and Robinson Meyer, "Busy Times at the World's Largest Polar Bear Prison," *The Atlantic*, December 16, 2016; Mooallem, *Wild Ones*.
(94) Sarah Heemskerk et al., "Temporal Dynamics of Human-Polar Bear Conflicts in Churchill, Manitoba," *Global Ecology and Conservation* 24 (2020).
(95) Heemskerk et al., "Temporal Dynamics."
(96) Gloria Dickie, "As Polar Bear Attacks Increase in Warming Arctic, a Search for Solutions," *Yale Environment 360*, December 19, 2018.
(97) Sarah Frizzell, "Inuit Lives Must Be Protected over Polar Bears, Nunavut Community Says," CBC, November 14, 2018; Darrell Greer, "Naujaat Man Mauled to Death by Polar Bear," *Nunavut News*, September 5, 2018.
(98) "Several Polar Bears Shot without Tags Near Arviat; Bears Not Harvested," CBC, August 2, 2018; Cody Punter, "Arviat Polar Bear Slaughter Sparks Debate," *Nunavut News*, August 8, 2018.

(99) Darrell Greer, "Nine of 12 Polar Bear Tags Used So Far in Rankin Inlet," *Nunavut News*, November 19, 2020.
(100) Beth Brown, "Don't Deduct Polar Bear Defence Kills from Quotas, Inuit Say," *Nunatsiaq News*, November 15, 2018; Sarah Rogers, "Red Tape Hampers Response to Increased Polar Bear Encounters: Nunavut MLAs," *Nunatsiaq News*, October 29, 2018.
(101) 著者によるインタビュー．ジェフ・ヨーク，2020年10月．
(102) Jodie Pongracz et al., "Recent Hybridization between a Polar Bear and Grizzly Bears in the Canadian Arctic," *Arctic* 70, no. 2 (2017): 151-160, Table 1.
(103) Ulyana Babiy et al., "First Evidence of a Brown Bear on Wrangel Island, Russia," *Ursus* 33, no. 4 (2022): 1-8.
(104) Jodie Pongracz et al., "Recent Hybridization"（この文献の表1によると，2012年4月23日と2012年4月25日にグリズリーと雑種らしきクマが目撃された）；アンドリュー・デロシェールとの通信，2021年6月；Ed Struzik, "Unusual Number of Grizzly and Hybrid Bears Spotted in High Arctic," *Yale Environment 360*, July 27, 2012.
(105) "DNA Tests Confirm Hunter Shot 'Grolar Bear,'" CBC, May 9, 2006.
(106) アンドリュー・デロシェールとの通信，2021年6月．
(107) アンドリュー・デロシェールとの通信，2021年6月．
(108) Pongracz et al., "Recent Hybridization."
(109) 下記文献の表1に，2006年4月16日に捕獲された一代雑種（F1）の記録がある．Pongracz et al., "Recent Hybridization."
(110) Pongracz et al., "Recent Hybridization," 153.
(111) 下記文献によると，「これらの8頭は，すべて1頭の雌のホッキョクグマ（10960）の子孫であり，このクマは2頭のグリズリーと交配していた」．Pongracz et al., "Recent Hybridization," 153.

終　章

(1) Gloria Dickie, "As Banff's Famed Wildlife Overpasses Turn 20, the World Looks to Canada for Conservation Inspiration," *Canadian Geographic*, December 4, 2017.
(2) Babar Zahoor et al., "Projected Shifts in the Distribution Range of Asiatic Black Bear (*Ursus thibetanus*) in the Hindu Kush Himalaya Due to Climate Change," *Ecological Informatics* 63 (July 2021).

【著者】

**グロリア・ディッキー**（Gloria Dickie）

ロイター・ニュース・エージェンシーで地球規模の気候・環境問題を担当する通信記者。『ニューヨーク・タイムズ』、『ガーディアン』、『ナショナルジオグラフィック』、『サイエンティフィック・アメリカン』、『ワイアード』などに寄稿している。カナダのナショナル・マガジン・アワードの候補、若手ジャーナリストに贈られるリビングストン賞の最終候補（国際報道部門）などに選定されたことがあるほか、環境ジャーナリスト協会の役員も経験している。カナダ出身、ロンドン在住。

【訳者】

**水野裕紀子**（みずの・ゆきこ）

東京都生まれ。国際基督教大学卒業（生物専攻）。米国デューク大学環境大学院修了（環境管理学）。訳書に『HOPE』、『世界一わかりやすいイカとタコの図鑑』、『5ひきのくまさん』（いずれも化学同人）などがある。

世界（せかい）を旅（たび）して見（み）つめたクマと人（ひと）の長（なが）いかかわり

第1版　第1刷　2025年1月30日

著　　者　グロリア・ディッキー
訳　　者　水野裕紀子
発 行 者　曽根良介
編集担当　津留貴彰
発 行 所　株式会社化学同人

〒600-8074　京都市下京区仏光寺通柳馬場西入ル
編　集　部　TEL 075-352-3711　FAX 075-352-0371
企画販売部　TEL 075-352-3373　FAX 075-351-8301
振　　　替　01010-7-5702
e-mail　webmaster@kagakudojin.co.jp
URL　https://www.kagakudojin.co.jp
印刷・製本　創栄図書印刷株式会社


ISBN978-4-7598-2399-8
乱丁・落丁本は送料小社負担にてお取りかえいたします。

本書のご感想をお寄せください

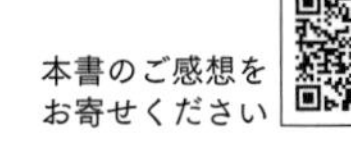